機械部品を加工するための 工具学

切削工具を使う技術・管理するノウハウ

宮崎 勝実 著

まえがき

　切削加工では工具が必需品である．しかし，よい工具をいかに正しく使えるかが，加工する部品の製造原価や品質の善し悪しに影響する．筆者は，「よい工具」を選定あるいは開発できる知識，能力を持ち，そして「正しく使う」技術を修得している者が，工具技術者であると定義している．

　工具技術者は，旋削，穴あけ，歯切り，研削など，膨大な技術領域の知識を深くしなければならない．そのために工具技術者を育成するためには，20年以上かかるのがごく普通であり，経営者や管理者の悩みとなるところである．

　この本は，筆者が38年間にわたり研究と開発を担当してきた技術と，生産ラインで経験した加工技術をまとめたものである．機械工場で加工に関連する業務に2,3年従事した技術スタッフを対象に，工具技術の専門技術者を早期に養成することを目的として編集したものである．

　生産形態は，バッチ方式（batch processing system：一括処理）からグループ，ライン，トランスファへと逐次変革をして，さらにFMS，FMCへと進歩を続けている．

　現在の生産形態では，工作機械はマシニングセンタが主流となり，これまでにない高速に切削することが一般的となってきている．当然のことながら，無人で加工する機会が多くなり，設定した切削条件に適合した工具を，いかに正しく使うかが，無人ラインを具現化させる重要なキーポイントのひとつである．

　高価な投資をして，つくりあげた生産ラインで，工具寿命が短かったり，ばらついたりして稼働率が低下し，無人運転ができないケースがある．なぜ工具寿命が短いのか，工場のスタッフはその真の原因がわからないのが実状である．このような背景から本書では，無人加工ラインを実現するための方策についても理論的に解説している．これまでより高度な無人加工ラインの構築を検討する読者の参考になるものと確信している．この理論解析に用いる工具寿命方程式については，読者がすぐに利用できるように各工具メーカー別の材質ごとにまとめて，巻末に掲載してある．

　工具改善のしかたについては，加工能率向上と工具費の低減について，その改善の糸口となるTCR（Tool Technique for Cost Reduction：費用削減するための工具技術）手法を掲載した．また工具の使いかたノウハウについては，筆者が長年経験した技術を解説しているので，読者の工場における使いかたとの違いをチェックすることができる．さらに新技術を開発するときの着眼点と併せて，筆者が開発した新技術を紹介し，今後の読者の新技術開発にチャレンジする際の参考になると考えている．

　この本を参考として得た知識を自分の知恵とし，より高度な技術を修得して，世界に羽ばたく工具技術者になられることを期待している．なお，本書の製作にあたり，工具メーカー各社をはじめ，多くの方々にご協力をいただき，感謝を申し上げる．

2016年3月

宮崎　勝実

Contens

まえがき ……………………………………………………………………………… i

第1章　工具技術者の使命

1.1　機械加工のトレンド ………………………………………………………… 1
1.2　工具技術者の活躍分野 ……………………………………………………… 2
　　1.2.1　社内ニーズに対する効率的な改善 ………………………………… 2
　　1.2.2　加工技術の将来像と実現するための行動計画 …………………… 2
　　1.2.3　工具関連技術の引上げと技術者の育成 …………………………… 2
1.3　商社マン ……………………………………………………………………… 2
1.4　工具技術者は，工場の王様 ………………………………………………… 3
1.5　使いこなして加工技術を革新 ……………………………………………… 3
1.6　工具再研削の役割はRe-Store ……………………………………………… 3

第2章　実践的工具技術

2.1　工具寿命はなぜバラツクのか ……………………………………………… 7
2.2　工具がもっている機能（工具寿命） ……………………………………… 7
2.3　社内の実力（実績寿命方程式） …………………………………………… 8
2.4　加工の無人稼働を実現するための検討事項 ………………………………10
　　2.4.1　工程設計者へのＰＲ …………………………………………………11
　　2.4.2　工程設計時の検討内容 ………………………………………………11
　　　　2.4.2.1　無人運転時間と工具寿命の関係 ………………………………11
　　　　2.4.2.2　切削速度と工具寿命の関係 ……………………………………11
　　　　2.4.2.3　生産量とピッチタイムの関係 …………………………………11
　　　　2.4.2.4　目標無人運転時間と切削条件の関係 …………………………12
　　　　2.4.2.5　目標切削時間とピッチタイム，
　　　　　　　　同時切削軸数の関係 ……………………………………………12
　　　　2.4.2.6　目標無人運転時間と予備工具数の関係 ………………………12
　　　　2.4.2.7　工具寿命に影響する切削速度以外の要因 ……………………12
　　　　　　（1）被削材の硬度と工具寿命の関係 ………………………………13
　　　　　　（2）切削送りと工具寿命の関係 ……………………………………13

2.4.3　検討項目の計算演習 …………………………………………………… 15
　　　2.4.3.1　切削送りに増減係数を考慮しない場合 ………………………… 15
　　　　（1）例題-1 ……………………………………………………………… 15
　　　　（2）例題-2 ……………………………………………………………… 15
　　　　（3）例題-3 ……………………………………………………………… 16
　　　　（4）例題-4 ……………………………………………………………… 16
　　　　（5）例題-5 ……………………………………………………………… 16
　　　2.4.3.2　切削送りによる増減係数を加味した場合 ……………………… 16
　　　　（1）例題-6 ……………………………………………………………… 17
　　　　（2）例題-7 ……………………………………………………………… 17
　　　　（3）例題-8 ……………………………………………………………… 17
2.5　工具改善の仕方 ……………………………………………………………………… 18
　　2.5.1　改善活動の展開 ………………………………………………………… 18
　　2.5.2　加工費の低減 …………………………………………………………… 18
　　　（1）加工部門のチャージをさげる ………………………………………… 18
　　　（2）切削長さの低減 ………………………………………………………… 19
　　　（3）加工能率の向上 ………………………………………………………… 19
　　　2.5.2.1　TCR-1手法（工具コスト引下げ） ………………………………… 19
　　　2.5.2.2　TCR-2手法 …………………………………………………………… 24
　　　2.5.2.3　TCR-3手法の例題と解説 …………………………………………… 26
　　2.5.3　工具費の低減 …………………………………………………………… 27
　　　2.5.3.1　改善事例と解説 ……………………………………………………… 29
　　　　（1）フォームドカッタの分割化 ………………………………………… 29
　　　　（2）サーフェスブローチの分割化 ……………………………………… 29
　　　　（3）ドリルのスローアウェイ化 ………………………………………… 30
　　　　（4）チップサイズ ………………………………………………………… 30
　　　　（5）ドリルの長さ ………………………………………………………… 31
　　　　（6）メーカーチェンジ …………………………………………………… 32
　　　　（7）工具種類の統一 ……………………………………………………… 32
　　　　（8）特殊工具の見直し …………………………………………………… 33

- (9) 被削性 …………………………………………………………………33
- (10) 切削工具のすくい角 …………………………………………………34
- (11) 再研削精度の向上 ……………………………………………………35
- (12) 再研削コーティング …………………………………………………36
- (13) 工具シャンク部の打痕 ………………………………………………39
- (14) 工具の切れ刃有効長さの増加 ………………………………………39
- (15) 残存価値の再活用 ……………………………………………………41
- (16) 切削熱の除去（オイルミスト供給）………………………………42

2.5.3.2 工具改善活動のまとめ方 …………………………………………45
2.5.3.3 工具改善の着眼点 ……………………………………………………46
2.5.3.4 工具の使い方のノウハウ ……………………………………………53
- (1) ガンドリル ……………………………………………………………53
  - (1)−1 専用機によるガンドリル加工の注意点 ……………………53
  - (1)−2 マシニングセンタによるガンドリル加工 …………………55
- (2) 超硬ドリル ……………………………………………………………57
  - (2)−1 超硬ドリルによる加工上の注意点 …………………………57
    - (2)−1−1 座屈現象 …………………………………………57
    - (2)−1−2 ライフリング ……………………………………58
    - (2)−1−3 ドリルの捻じり戻り現象 ………………………59
    - (2)−1−4 切りくずつまり …………………………………59
  - (2)−2 超硬ドリルの使用区分のめやす ……………………………60
- (3) リーマ …………………………………………………………………61
  - (3)−1 真円度不良 ……………………………………………………61
  - (3)−2 リーマの外径公差の決め方と
              加工穴のバラツキ ……………………………………61
  - (3)−3 面粗さ不良 ……………………………………………………62
  - (3)−4 電着リーマ（ハイブリッドリーマ）………………………64
- (4) 正面フライス …………………………………………………………65
  - (4)−1 仕上げ面粗さの改善 …………………………………………65
  - (4)−2 加工能率の改善 ………………………………………………66

(5) タップ …………………………………………………………………… 67
　　　　(5)-1　止まり穴加工での欠損の発生 ……………………………… 67
　　　　(5)-2　四角部の寸法公差不適当 …………………………………… 68
　　(6) 砥石 …………………………………………………………………… 68
　　　　(6)-1　クランクシャフト研削の特徴 ……………………………… 68
　　　　(6)-2　研削焼け，割れの抑制 ……………………………………… 68
　　　　(6)-3　溝入れ砥石 …………………………………………………… 70
　　　　(6)-4　クランクシャフト研削の改善例 …………………………… 73
　　(7) 旋削用チップ ………………………………………………………… 75
　　　　(7)-1　工具寿命と加工能率 ………………………………………… 78
　　　　(7)-2　加工面粗さの確保 …………………………………………… 78
　　　　(7)-3　工具の5S活動 ………………………………………………… 79
　　　　(7)-4　チップの優位性 ……………………………………………… 79
　　　　(7)-5　チップの使い方の工夫 ……………………………………… 81
2.6　切りくず処理サイクル …………………………………………………… 82
2.7　加工部品の設計変更提案 ………………………………………………… 83
　　(1) 面粗さと加工費 ……………………………………………………… 86
　　(2) 寸法公差と加工費，工具費 ………………………………………… 87

第3章　今後の検討事項

3.1　活動計画書の作成 ………………………………………………………… 89
3.2　高能率加工用工具とマルチツール ……………………………………… 89
　　3.2.1　高能率加工用工具 ……………………………………………… 92
　　(1) ドリルの高速加工 …………………………………………………… 93
　　　　(1)-1　超硬ドリルの加工 …………………………………………… 93
　　　　(1)-2　高速穴あけ加工 ……………………………………………… 93
　　(2) ミーリングの高速加工（ハイブリッドカッタ） ………………… 94
　　(3) 深穴の高速加工 ……………………………………………………… 95
　　(4) 旋削の高速加工 ……………………………………………………… 95
　　3.2.2　マルチツール …………………………………………………… 95

（1）エンドミルによるヘリカルコンタリング粗加工 …………………………96
　　（2）エンドミルによるコンタリング仕上げ加工 ………………………………96
　　（3）U軸制御による偏心加工 ……………………………………………………98
　　（4）マルチC面取りカッタ ………………………………………………………98
　　（5）複雑形状の加工 ……………………………………………………………98
　　（6）ねじ加工用特殊ツール ……………………………………………………99

第4章　工具管理部門の運営

4.1　工具部門と生産技術，他の関連部門との業務体系 …………………… 101
4.2　工具管理部門の組織構成と主要業務 …………………………………… 101
　　（1）技術・管理部門の組織構成と主要業務 ………………………………… 101
　　（2）工場現場部門の組織と主要業務 ………………………………………… 106
4.3　工具管理部門の業務展開表 ……………………………………………… 107
　　（1）品質保証 …………………………………………………………………… 107
　　　（1）−1　工具受入検査 ……………………………………………………… 107
　　　（1）−2　重要工具の検査 …………………………………………………… 114
　　　（1）−3　一般工具の検査 …………………………………………………… 114
4.4　工具管理の技術・業務標準 ……………………………………………… 114
　　（1）新規プロジェクト推進時の業務 ………………………………………… 114
　　　（1）−1　工具材質選定標準 ………………………………………………… 125
　　　（1）−2　切削油の選定標準 ………………………………………………… 125
　　（2）試作から量産時の業務 …………………………………………………… 127
　　　（2）−1　工具メーカーの選定 ……………………………………………… 127
　　　（2）−2　重要工具の選定 …………………………………………………… 128
　　　（2）−3　遊休工具の発生防止 ……………………………………………… 128
　　　（2）−4　切削工具の在庫量の低減活動 …………………………………… 128
　　（3）工具設計業務 ……………………………………………………………… 132
　　　（3）−1　工具図面の作成 …………………………………………………… 132
　　　（3）−2　工具図面用紙 ……………………………………………………… 134
　　　（3）−3　工具設計変更 ……………………………………………………… 135

図4.24　工具図面用紙例 …………………………………………… 136
　4.5　工具部門の管理標準 …………………………………………………… 137
　　　(1)　工具コード体系 ……………………………………………………… 137
　　　(2)　工具図面の管理方法 ………………………………………………… 137
　　　(3)　工具集配 ……………………………………………………………… 138
　　　(4)　スローアウェイカッタのプリセット分担 ………………………… 142
　　　(5)　工具再研削作業の実績集計と分析 ………………………………… 144
　　　(6)　工具発注・予算・在庫管理 ………………………………………… 146
　　　(7)　工具予算の策定方法 ………………………………………………… 151
　　　(8)　工具保管倉庫の新しい形態 ………………………………………… 153
　　　(9)　再研削作業の工数計画 ……………………………………………… 158
　　　(10)　新機種立ち上げ時の工数計画 ……………………………………… 160
　　　(11)　技能者への教育 ……………………………………………………… 170
　4.6　工具管理部門の管理点と管理指標 …………………………………… 172
　　　(1)　管理点 ………………………………………………………………… 172
　　　(2)　管理指標 ……………………………………………………………… 172
　4.7　工具の基礎（新人教育用レジメ） …………………………………… 174
　　　(1)　工具材料の発明年代 ………………………………………………… 175
　　　(2)　切削工具の素材 ……………………………………………………… 176
　　　(3)　表面処理 ……………………………………………………………… 181
　　　　　(3)-1　窒化処理 ……………………………………………………… 181
　　　　　(3)-2　PVD法によるサーメットコーティング ………………… 181
　　　　　(3)-3　CVD法によるサーメットコーティング ………………… 182
　　　　　(3)-4　その他 ………………………………………………………… 182

第5章　技術資料

　5.1　経済的な切削条件の算出例 …………………………………………… 183
　5.2　ガンドリルの破損防止対策の理論的考え方 ………………………… 186
　　　(1)　ガンドリルの欠損の種類 …………………………………………… 186
　　　(2)　フレーキングの発生について ……………………………………… 186

(2)-1　切削抵抗による刃先近傍の応力状態 ……………………… 187
　　　(2)-2　不安定領域直後の急激な力による応力分布状態 …………… 187
　　　(2)-3　フレーキング対策 ……………………………………… 192
　　　(2)-4　補足 ……………………………………………………… 193
　5.3　切削条件の標準化例 ………………………………………… 194
　5.4　工具寿命方程式の例 ………………………………………… 194
　　　鋼材・鋳鉄の標準切削条件 …………………………………… 195
　　　工具寿命方程式（1），（2），（3），（4）…………………………… 228
　5.5　パーソナル技術年表 ………………………………………… 232
　　　切削工具に関する新技術の情報とラインへの導入状況 ………… 233

第6章　演習問題

演習問題（1）……………………………………………………… 239
　　（1-1）切削条件向上方策，(1-2) 理論面粗さの算出 ………… 240
　　（1-2）理論面粗さの算出-2 ……………………………………… 241
演習問題（2）工具寿命方程式の算出 …………………………… 244
　　演習（2-1），(2-2)，(2-3)，(2-4)……………………………… 244
　　演習（2-5）工具寿命の予測，(2-6) …………………………… 245
グループ演習1　シャフト：旋盤工程 …………………………… 246
グループ演習2　シャフト：立型MC工程 ……………………… 247
グループ演習3　部品工具表 ……………………………………… 248
　　演習（1-1）解答例，(1-2) 解答 ……………………………… 249
　　演習（1-2）-2解答例，(2-1) 解答，(2-2) 解答 …………… 252
　　演習（2-3）解答，(2-4) 解答，(2-5) 解答 ………………… 254
　　演習（2-6）解答 ………………………………………………… 257
パソコンを用いた計算例 ………………………………………… 257
　　演習（1-2）-2　解答例演習（2-1）(2-2)(2-3)(2-4) ……… 258
〈工具技術者の実践語録23〉……………………………………… 259
あとがき …………………………………………………………… 260

◇ 図 表 索 引 ◇

表2.6	部品工程工具表	22
表2.13	改善方策の適用例	30
表2.16	工具再研削時の自己チェック標準	36
表2.17	自己チェック時の検査項目	37
表2.19	ホブカッタの再コーティングの経済性	40
表2.22	オイルミスト装置の比較（'98/1現在）	43
表2.23	工具改善活動の費用明細書	47
表2.24	H○○年／上期工具費低減活動進捗表	48
表2.25	工具改善活動のまとめ	50
表2.26	工具改善の着眼点(1)	51
表2.27	工具改善の着眼点(2) 改善例	52
図2.34	ガンドリルのクレーム処理手順	55
図2.35	ガンドリル使用上の注意点	56
図2.37	MCによるガンドリル加工のポイント	57
表2.29	新型電着リーマのランニングコスト比較	65
図2.55	研削抵抗とワークの変形	69
図2.64	溝入れ砥石の使用上の注意点	72
図2.65	CRG，CPGの研削条件改善アプローチ	74
図2.66	CRG,CPG 研削条件改善アプローチ(2)	76
表2.30	クランクシャフトCPGの研削条件の比較	77
図2.72	工具の5Sチェックシート	80
表2.32	ドリル穴径の統一	85
図3.1	工具管理部門の中期計画	90
図3.2	ライン改善の手順例	92
表3.5	マルチツール（例）	97
図4.1	工具管理部門の品質保証体系(1/4)	102
図4.2	工具部門の組織と主要業務内容	106
図4.3	工具部門の業務要領(1/2)	108
図4.4	工具再研削時の自己チェック標準	110
図4.5	自己チェック時の検査項目（例1）	111
図4.6	自己チェック時の検査項目（例2）	112
図4.7	工具受入検査標準	113
図4.8	研削砥石検査要領	115
図4.9	データシート例	116
図4.12	新規プロジェクト推進時の業務	117
図4.12	工具計画時の注意点	118
図4.13	工具材種選定標準(1)	119
図4.13	工具材種選定標準(2)	120
図4.13	工具材種選定標準(4)	122
図4.14	切削油選定標準(1)	123
図4.15	切削油選定標準(2)	124
図4.17	防錆油の選定標準	126
図4.21	工具在庫低減推移	133
図4.23	工具図面変更ルート標準	135
図4.24	工具図面用紙例	136
表4.8	工具コード体系の3〜8桁コード	139
表4.9	標準工具の4〜8桁テーブル(1)	140
表4.9	標準工具の4〜8桁テーブル(2)	141
図4.26	スローアウェイカッタのプリセット分担区分	143
図4.30	立ち上り工具発注手順	147
図4.33	工具の予算管理	149
表4.13	工具予算の策定表	154
表4.15	自販機システム導入の効果例	159
表4.16	タイムスタディ測定用紙の例	161
表4.17	タイムスタディ測定例	162
表4.20	研削盤別ドリル研削単工数	164
表4.21	ドリル種類別研削単工数	165
表4.22	研削盤別タップ研削単工数	166
表4.24	部品別再研削工数原単位と操業度算出例	167
表4.25	スタッフ業務の新機種立ち上り業務負荷工数試算	168
表4.26	計算例（工具の設計工数などの試算）	169
図4.49	工具再研削作業者の必要技術・知識	171
図4.50	工具再研削作業者の必要知識	172
図4.51	工具材料の発明年代	175
表5.1	社内実績寿命方程式	184
図5.2	ガンドリルの欠損の種類と頻度	186
図5.16	ブッシュクリアランスとフレーキングの発生率（テスト数各N=20）	191
図5.22	鋼材旋削切削速度	196
図5.36	鋳鉄旋削切削速度	210
図5.38	鋳鉄材ミーリングの切削条件（切削速度）	212
表5.8	工具寿命方程式(1)	228
表5.11	工具寿命方程式(4)	231
表5.12	硬度係数：w	232

・ページの3/4以上のスペースを占める図表に限定

◇第1章◆ 工具技術者の使命

1.1 機械加工のトレンド

切削工具の固有能力の向上と,設備−治具−ワークの加工系の剛性アップにより,生産ラインの加工能率は**図1.1**に示すように飛躍的に上がり,高能率加工が,ごく当たり前のことになってきた.トランスファマシンと比べて,現在のマシニングセンタの切削条件は,10〜15倍ほどにレベルアップしているが,今後も高能率加工が加速されると考えられる.

しかし,固有能力の高い工具と剛性のある加工系を単に組合せするだけでは,効率的な加工形態(システム)をつくることはむずかしい.

図1.2に示すように,工具と設備−治具−ワークを有機的に結び付けるには,そのインタフェースとも言うべき使用技術が重要なキー技術であり,この工具の使用技術を習得している者が,工具技術者である.

1.2 工具技術者の活躍分野

工具技術者と呼ぶ技術者とは,どんなノウハウを保有し,いかなる技術を修得している者かを,理解している人が少ない.生産技術といえば工程設計をし,設備の仕様書を作成してラインを構築するというイメージがすぐ浮かんでくる.

つまり"つくるもの(製品)をつくる準備(設備)だてをする"ことができる者が,生産技術者である.工具技術者の一般的なイメージとしては,機械に取り付ける工具を設計して,その工具を発注管理する者と考えている見識間違いの経営者や管理者が多い.そこで認識を新たにするためにも,以下に工具技術者が活躍している分野を整理して列記する.

まず,社内ニーズと社内外の技術動向を的確に把握して,

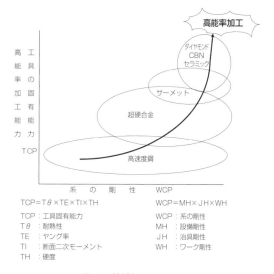

図1.1 機械加工のトレンド

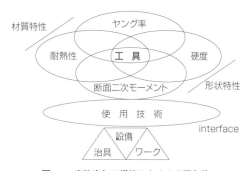

図1.2 高能率加工構築のための必要条件

1) 社内ニーズに対する効率的な改善
2) 社内の加工技術の将来像の提示とそれを実現するためのアクション
3) 上層部から提案されたテーマについて,工具部門としてのブレークダウンと具現化
4) 工具関連技術のレベルアップと技術者の育成
   これらが,工具技術者の大きな役割である.

1.2.1 社内ニーズに対する効率的な改善

生産技術，生産管理分野について上層部の中長期計画をもとに，関連部門がブレークダウンし，テーマを絞込み改善活動を推進するのが，一般的である．
1) 自社にマッチした理想的な生産システムの構築
2) 構築したシステムの良否を判定するための機能の確立
   ① 生産管理：ラインの量と納期に関する出来映えのチェック
   ② 品質管理：ラインの品質に関する出来映えのチェック
   ③ 管理技術：Q（品質），C（コスト），D（納期）を満足するシステムを構築するための基礎技術
3) 上記基礎技術をレベルアップさせるための新技術の開発と研究

以上の社内ニーズに対して工具技術者としての役割は，
1) 工具のデータベース化
   高生産性，運転の無人化，工法の最適化のための最適切削条件，工具寿命，材質，形状についてのデータベースの構築と整備
2) 製造原価の低減
   加工能率の向上，ラインの無人運転時間の延長，加工費の低減，工具費の低減
3) 管理標準のシステム化
   工具発注在庫管理，作業管理，集配管理，工具設計のシステム化

があげられるが，中長期計画に加えて，社内の生産維持のために，より細かな業務の分野でも工具技術者は活躍している．
1) 機械，切削条件，加工品質などの環境予条件を満足する工具の設計および選定
2) 加工中に発生する品質不具合の迅速な解決
3) 生産ラインの諸改善
   ・加工能率（生産性）の向上
   ・加工品質の向上
   ・切りくず処理の改善
   ・工具費の低減
4) 切削油，研削油の選定
5) 工具再研削設備の仕様書の作成，発注，検収
6) 再研削設備に用いる治具の設計と研削砥石の選定

など，範囲が非常に広い．

1.2.2 加工技術の将来像と実現するための行動計画

CAD/CAM，CIMシステムを用いて社内の理想的な生産システムを構築するために，次の技術的課題を具現化し，いかにラインに導入するかが工具技術者にとって大切な役目である．
1) 工具のフレキシブル化と共用化
   ラインや工程の集約化に伴う工具種類の低減
2) 加工の高能率化
   工程集約による加工サイクルタイムの短縮のための切削条件の向上
3) 工具の長寿命化
   切削条件のハイレベル化による工具寿命低下の抑制
4) 環境対応
   ドライ切削化やMQL加工の推進により職場の環境改善と，ISO14000対策

1.2.3 工具関連技術の引き上げと技術者の育成

工具技術者の活躍する分野は，以上に述べたように非常に範囲が広いということが理解されたと思うが，これらの全分野についてその技術を修得したエキスパートになるには，工具技術者の努力と技量にもよるが，相当の年月を必要とする．

従って，加工に関する技術を標準化して，それをレベルアップしつつ，いかに若年層を教育するかが経営者や管理者の大切な課題である．工具技術者の技術および管理のレベルアップの内容については，第3章および第4章を参照願いたい．

1.3 商社マン

1.2.1の予条件を満足する工具の設計と選定については，本来なら生産技術担当者がしたほうが，自分で練り上げた工程設計にそってラインを構築するのに効率的と考えられるが，機械加工は旋削，穴あけ，中ぐり，ミーリング，歯切り，研削とその対象範囲が広いため，これらの技術を生産技術者が習得しておらず，この技術を身につけている工具技術者が生産技術者をカバーしているのが実状といえる．

工具技術者がカバーしないと生産技術者は大事な加工の技術的な範囲を，機械メーカーにすべて依存してしまうケースが多い．

機械メーカーには，これだけの予算で，この部品を月産何個加工したいからツーリングと切削条件を提示するようにと依頼をするのが通例である．機械

メーカーサイドでは納入する機械の検収がスムーズにいくように，過去に実績のある加工方法と条件設定をするため，技術レベルの低いラインができあがってしまう．

逆に，機械メーカーに過去の実績がなく，常識外の加工方法と条件を設定してしまって，機械を納入すると，必ず不具合が発生して生産技術スタッフが解決できる範囲外となり，工具技術者に不具合を対策してほしいと依頼することが多い．

この事後処理としての問題点が多発するようであれば，加工技術については場合によっては，生産技術者にまかせないで，工具担当者がリーダーシップをとる必要がある．

このようなことから生産技術者のことを"商社マン"と呼んでいた時代もあった．

大企業の生産技術スタッフほど，加工のことを知らないという生産技術のミステリーでもある．

1.4　工具技術者は，工場の王様

加工中の品質不具合の解決であるが，生産活動中にライン内で発生する不具合には慢性的不具合と突発的不具合とがある．慢性的不具合は製品の機能を特に低下させることはないが，製作図面で明示してある要求品質を満足してなく，"特採"という名のもとにそのまま黙認の形で加工が続行されている不具合をいう．

一方，突発的不具合は突然に要求品質が大幅に悪くなり，製品機能を悪化させる不具合をいい，設備的トラブルやワークの異常，工具の異常，切削油の管理不良など，その発生要因は非常に多く，不具合発生の真の原因を特定してその対策をとるということは，高度の幅広い技術を必要とする．

加工中の不具合は必ず"工具の刃先に現れる"ため，オペレータや生産技術者はまず，工具原因説をいう．そして真の原因を見つけだすのが工具技術者の役目となってしまう．"刃先を知って加工を知れ"のとうり，刃先の損傷状態でその発生時期と合わせて不具合原因を特定する技術を，もっているものが工具技術者である．

つまり工具技術者は，よい工具を選定し，正しい使い方の技術を修得して，不具合発生の原因を特定でき，使い方の悪さを指摘できる，加工に関する神様のような存在である．この突発的不具合は毎日のように発生する可能性があり，工具技術者がいないか，または未熟な場合は，その工場の生産効率はかなり低いと推定される．20世紀のはじめ欧州で工具技術者を"工場の王様"と称した由縁である．

1.5　使いこなして加工技術を革新

工具技術者は工具を使うだけの技術（ユーザブルテクニック）だけでなく，社内のニーズにあった加工の理論解析や新工具を考案して，専門工具メーカーに開発製造させることも必要である．

新工具を考案するには社内の問題点をよく知り，その問題点についての加工技術を熟知しなければできないことで，工具技術を修得するためにも大切なことである．そして，工具を使っている者が工具メーカーに問題点を提起して，イノベーションへの導火線となることが工具技術者の使命でもある．

図1.3に示すように，ユーザーの工具技術者はメーカーや研究機関の分野まで，範囲を広げて研究し，新しい技術を開発する努力が望まれる．

表1.1と図1.4に筆者が考案した新技術を示す．

1.6　工具再研削の役割はRe-Store

工具管理部門として，ソフトである工具技術は，企業の加工技術の中核であるが，ハードとしての再研削も重要な業務である．

最近この再研削部門を廃止して工具の再研削を外注に依存する企業が散見されるが，筆者の意見としては，外注に依存することにより加工技術の蓄積を放棄したことと同じで，その企業の加工に関するイノベーションには期待がもてないと考えるが，読者はどのように考えておられるのでしょうか．

再研削はRe-Sharpeningであるが，筆者は再研削の役割はRe-Storeであり，Re-Sharpeningはその手段であると考えている．一度使った工具を外観はもとより加工したときの精度，寿命などすべてその工具を新品に復元することが再研削の役割である．

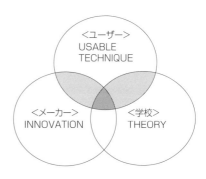

図1.3　分野別技術範囲

表1.1 新工具の発明内容　　　　　　　　　　　発明者：宮崎勝実

NO	申請時期	発明の名称	出願番号	公開番号	公告番号	登録番号	区分
1	昭和45年	研削ならい装置	特願昭45-066652		昭50-39264	p82613	特許
2	昭和46年	正面フライスの刃先フレ測定装置	実願昭47-85448	昭49-45553			実用新案
3	昭和47年	分割式カッター	実願昭47-014947	昭48-092580	昭51－18534	u01160294	実用新案
4	昭和47年	コンビネーションカッター	実願昭47-110935	昭49-068797	昭52-033992	u01223801	実用新案
5	昭和47年	ガンドリル案内装置	実願昭47-100373	昭49-57985			実用新案
6	昭和48年	異形パイプガンドリル	特願昭48-035049	昭49-122090	昭51－021193	p00847047	特許
7	昭和48年	補助油穴付ガンドリル	実願昭48-63395	昭50-14096			実用新案
8	昭和48年	円弧刃型ガンドリル	実願昭48-65754	昭50-15092	昭52-48071	u01272457	実用新案
9	昭和48年	溝入砥石	特願昭48-028991				特許
10		バイト		昭48-972			
11	昭和49年	凸すくい面ガンドリル(1)	実願昭49-053147		昭54-017577	u01314309	実用新案
12	昭和49年	凸すくい面ガンドリル(2)	実願昭49-048036		昭54－014002	u01410902	実用新案
13	昭和50年	ホーニング砥石	特願昭50-141130	昭52-141130	昭58-018192		特許
14	昭和50年	ホーニング砥石		昭60-181			特許
15	昭和53年	ドリル	実願昭53-131667	昭52-86884	昭58-041055	u01548585	実用新案
16	昭和53年	ギャッシュホブ	特願昭53-134491				特許
17	昭和55年	表面ブローチ(1)	特願昭56-14012	昭57-127618			特許
18	昭和55年	表面ブローチ(2)	特願昭56-18568	昭57-132921			特許
19	昭和55年	表面ブローチ(3)	特願昭56-18568	昭57-132920			特許
20	昭和55年	フライスカッター	特願昭56-007616				特許
21	昭和58年	モジュール形埋込式砥石	実願昭58-059440				実用新案
22	昭和60年	メネジ加工用タップ		昭62-127729			実用新案
23	平成3年	NC研削盤用ホルダー					
24	平成4年	デタッチャブルリーマ					
25	平成8年	RF複合カッター	特願平7-174921		平09-29529		特許
26	平成9年	フレキシブル中グリバー					

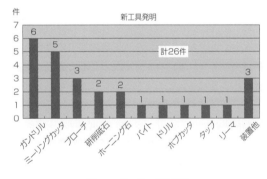

図1.4 新工具の発明件数

図1.5に工具再研削部門の過程概念(インプットアウトプットモデル)を示すが，工具技術者と技能者のノウハウを駆使して再研削(Re-Sharp)を行ない，その出来映えの善し悪しを判断するために，評価項目である切れ刃の鋭さや，フレ，強度をチェックし，所要工数(コスト，納期)で作業が終了したかを管理し，工具寿命や加工品質，加工能率をいかに新品工具に近似復元させるかが，再研削部門の業務の目的である．

その評価結果により新品に復元されれば，ノウハ

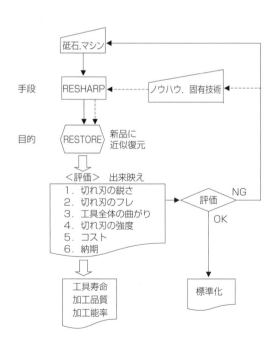

図1.5 工具再研削部門の過程概念(手段と目的)

ウを織り込んだ作業の標準化を図る必要がある．さらに，技能レベルを上げることで，Re-Store の域をこえて新品より工具寿命が長いものを手段である Re-Sharp で作りあげることも不可能ではない．**図 1.6** にその考え方を示す．

ある切削速度で加工すると切削熱が発生する．その熱と工具被削材間の擦過により，工具の刃先は暫時摩耗して加工の寸法公差をはずれる．

この摩耗限界を工具の寿命とするのが理想であるが，加工寸法は工具寸法にたいして，軟鋼などの構成刃先が付着しやすいワークの場合はプラス傾向にあり，鋳鉄材を湿式で加工する場合はマイナス傾向となるが，ここでは，工具寸法がそのまま加工寸法に転化すると仮定した場合，工具研削寸法が T1 の場合は，摩耗限界のときの加工数は N1 で，工具研削寸法が T2 の場合は加工数は N2 となる．

つまり，工具研削寸法が T1 から，T2 にバラツクことにより，工具寿命は N1 から N2 までの分布となる．この時の工具の平均寿命が X1 である．

ここで再研削の寸法の研削公差の下限を T2 から T3 にレベルアップした場合，つまり工具研削公差を T1 〜 T3 の間で研削すれば，摩耗限界の工具寿命は最小値を N2 から N3 に引き上げることができる．

つまり再研削した工具の摩耗限界寿命の平均値は X2 に延びることになる．

つまり Re-Sharp のレベルをあげることにより，Re-Store の域を越えて，出来映えのすぐれた工具を得ることが可能で，再研削業務は，単に摩耗した個所を研削するという考えではなく，技能を駆使して研削精度の極限を目指す努力が望まれる．

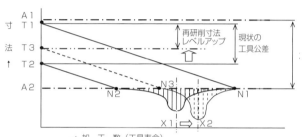

A1：加工公差の上限
A2：加工公差の下限
T1：工具研削公差の上限
T2：工具研削公差の下限
T3：工具研削公差の下限寸法のレベルアップ
X1：工具研削公差が T1〜T2 の時の工具寿命の分布の平均値
X2：工具研削公差を T1〜T3 とした時の工具寿命の分布の平均値

図 1.6　再研削寸法と工具寿命との関係モデル

◇第2章◆ 実践的工具技術

2.1 工具寿命はなぜバラツクのか

工具メーカーは自社で販売している工具について，被削材別に寿命方程式を把握してユーザーにPRしているケースがあるが，実際に社内で加工するとメーカーの式で算出した値より低い場合が多い．

図 2.1 にそのモデルを示すが，本来工具のもっている機能である寿命 T0 自身も製造工程上のバラツキがあるが，このモデルでは T0 のバラツキを無視して解析することにする．

図 2.1 でメーカーの式から算出した本来工具のもっている機能である寿命は T0min であるが，工具をとりまく環境条件つまり，被削材の状態や工具を使う機械の剛性，工具の取り付け方，切削油の種類やかけかたなどで社内での実績寿命は，Tmin 低下する可能性がある．つまり，工具寿命は T0 から T までバラツクことになる．

従って，工具を交換する時期は，作業者が常に工具を監視できる場合は作業者の判断で交換すればよいが，無人加工運転ラインでは工具を交換する時期，つまり，工具寿命をいくらに設定するかが重要なキー技術となる．この設定工具寿命が T に近い値であれば，さほど問題が発生しないが，T0 に近い寿命を設定すると，寿命によるトラブルが発生しやすくなる．

工具寿命はなぜバラツクのか，それは工具をとりまく環境条件や工具の使い方から，避けられない現象であることを知る必要がある．図 2.1 の △Ti を最少にすることが使用技術（UsableTechnique）であり，工具技術者が活躍する舞台である．本書でふれなかった T0 のバラツキについては，それを最少とする製造技術を工具メーカーで構築し，ユーザーに供給しなければならない．

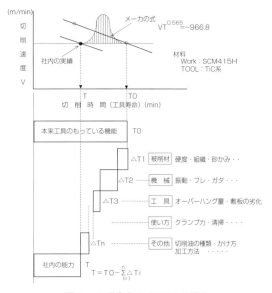

図 2.1 工具寿命のバラツキの要因

2.2 工具がもっている機能（工具寿命）

工具寿命は切削速度に最も影響されて，一般にテーラーの寿命方程式と呼ばれる V–T 寿命方程式で示されるが，前項で述べたように，社内の技術レベルを知る上で，社内の実績値を把握することが大切である．

表 2.1 に代表例として，工具メーカーがユーザーに提示している式を示す．

このメーカーの工具寿命方程式については，巻末にまとめて掲載してあるので，参考にしていただきたい．

この寿命方程式は実験室レベルのもので，バラツキのはいる要因をできるだけ少なくして，採取したデータをもとに作り上げた式といえるが，我々が実

際にラインで加工する場合は前項で述べたように，工具をとりまく環境条件がすべての工程で一定，もしくは安定しているものではない．従って社内での実績寿命は**表2.1**の式で算出した数値と，必ずしも一致しないといえる．

つまり社内で実際に加工したデータをベースに社内の方程式を作り上げることが大切で，しかも工具材質の不統一や切削油の有無など，同一環境条件で加工している工程は少ないであろうから，工法と被削材という大きなくくりで，平均的な工具寿命方程式を作り上げることが実務に役立つといえる．この寿命方程式が社内の平均的な能力つまり工具寿命についての実力といえる．

2.3 社内の実力（実績寿命方程式）

社内の平均的な寿命について**表2.2**に例として，FC250を加工したときのある大手企業の実績寿命方程式と，一般的な切削速度を与えた時の工具寿命比を示す．

この寿命方程式の用途としては，

①工具担当者が工程の監査や調査をする際，その工程の工具寿命と寿命方程式から算出した値とを比較して大幅にかけ離れている場合は，何らかの異常があると考えてその異常要因の対策をとるための参考とする．

②新規に導入する機械の工具交換時期を設定する時の標準寿命として，方程式から算出した値をめやすとして機械を稼働させ，その値について実績寿命を把握して修正をし，その修正値を工具交換時期として標準書を作成する．

③生産技術担当者が機械の仕様書に記載する製品一個あたりの工具交換工数の標準値とし，その工程の作業者のマン工数の試算をする．

④工具改善をするときの目安とする．

表2.1　工具の本来もっている機能（旋削加工の工具寿命）

被削材	メーカー名	工具材種	方程式
S43C	サンドビック	GC3015	$VT^{0.111}=497.9$
S45C	住友電工	AC10	$VT^{0.39}=684.2$
S48C	三菱マテリアル	U610	$VT^{0.351}=716$
S48C	東芝タンガロイ	T812	$VT^{0.328}=527.9$
S50C	NTK	T15	$VT^{0.316}=588.7$

表2.2　平均的工具寿命／加工能率比（被削材：FC250相当）

工具剤	項目	ミーリング 寿命	比	旋削 寿命	比	ドリル 寿命	比	タップ 寿命	比
HSS	式					$VL^{0.35}=62$		$VL^{0.992}=51.5$	
	速度 寿命					V=20 L=25.34	1 1	V=8 L=6.53	1 1
WC (K10)	式	$VT^{0.6545}=8429$		$VT^{0.4}=482$		$VL^{0.95}=787$		$VL^{0.997}=29.5$	
	速度 寿命	V=100 T=876	1 1	V=100 T=22.3	1 1	V=65 L=13.8	3.5 0.5	V=20 L=55	2.5 8.4
WC コーティング	式	$VT^{0.6545}=13270$		$VT^{0.4}=482$					
	速度 寿命	V=200 T=608	2 0.7	V=150 T=18.5	1.5 0.8				
サーメット (TIN)	式			$VT^{0.4}=482$					
	速度 寿命			V=180 T=55.7	1.8 2.5				
セラミック (Al$_2$O$_3$)	式			$VT^{0.43}=1154$					
	速度 寿命			V=250 T=35.1	2.5 1.6				
Si$_3$N$_4$	式			$VT^{0.43}=2308$					
	速度 寿命			V=400 T=58.9	4 2.6				
CBN	式	$VT^{0.6545}=42145$							
	速度 寿命	V=400 T=1231	4 1.4						

などに活用することができる.

これらの内，④の工具改善の目安について，以下に述べる.

図 2.2 に S48C を旋削加工したときの社内の実績寿命を示す.

図中の寿命方程式は前もって社内のデータをもとに作成しておいたもので，他ラインのデータをプロットすると，データ(イ)は V － T 線よりかなり寿命が長く，(ロ)と(ハ)は寿命が 10 分以下で実際の加工ラインでは寿命が低すぎて工具を頻繁に交換しているということが，この図からわかる.

これらの寿命の違いから，さらに詳細に調べてみると，データ(イ)は工具材種がサーメットであって，他はコーティングチップであることが判明した.

これらのデータをもとに方程式を逆算すると $VT^n=C$ の定数 C は 424 ～ 1110 であり，かなりバラツイテいることがわかる.（図 2.2 の (b) 参照）サーメットのデータを除いて定数 C のバラツキを算出したものが図 2.2 の (a) である.

図 2.3 は同じデータを定数 C のバラツキではなく，縦軸の工具寿命として平均値と標準偏差を算出したものである.

工具はできるだけ高能率で加工することが望ましく，できるだけ切削速度をあげて加工時間の短縮を図ることが製造原価を低くおさえる手段であるが，**図 2.3** で切削速度が 180m/min 以上で加工すると，工具寿命は 10 分以下となり，先に述べたように，工具の交換頻度が増えてライン稼働率を下げ，逆に製造原価があがってしまう可能性がある.

従って，工具寿命をあげる必要があり，データ(イ)を参考として図中の工具寿命が 10 分以下の工程は，工具材質をコーティングからサーメットに変更することが得策である.

以上述べたように，社内の平均的実績寿命方程式を作成して，その VT 線図を参考に他工程の寿命を調査し，その寿命がどのレベルにプロットされるかを確認して，ある数値（前述では 10 分）以下の工程の工具改善をしなければならないか，という目安とすることが大切である.

図 2.3 の切削速度が 180m/min 以上の工程の工具材料を，コーティングからサーメットに変更して工具寿命のデータを取り直したものが，**図 2.4** である. 180m/min を境にして 180m/min 以下がコーティングで，それ以上がサーメットである.

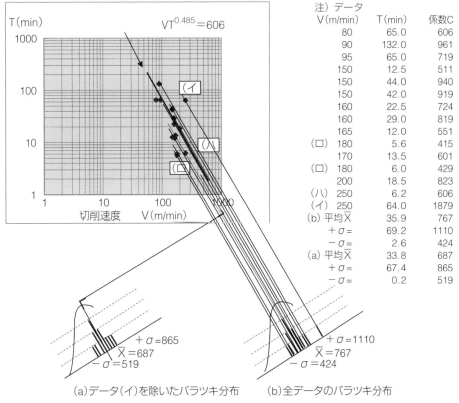

(a)データ(イ)を除いたバラツキ分布　(b)全データのバラツキ分布

注）データ

	V(m/min)	T(min)	係数C
	80	65.0	606
	90	132.0	961
	95	65.0	719
	150	12.5	511
	150	44.0	940
	150	42.0	919
	160	22.5	724
	160	29.0	819
	165	12.0	551
(ロ)	180	5.6	415
	170	13.5	601
(ロ)	180	6.0	429
	200	18.5	823
(ハ)	250	6.2	606
(イ)	250	64.0	1879
(b)	平均X̄	35.9	767
	＋σ＝	69.2	1110
	－σ＝	2.6	424
(a)	平均X̄	33.8	687
	＋σ＝	67.4	865
	－σ＝	0.2	519

図 2.2　寿命方程式 C のバラツキ

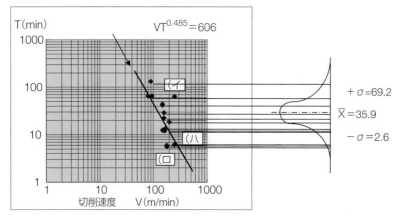

図2.3 工具寿命のバラツキ

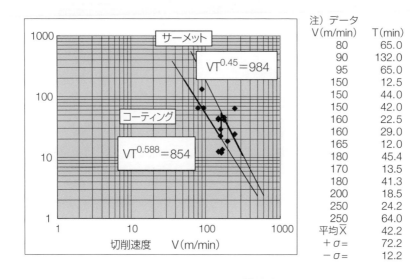

図2.4 改善後の工具寿命

　従って，工具寿命のVT線図はカギ型となり，切削速度が180m/minを境にして，寿命方程式を分けて管理する必要がある．

　この例のように，工具改善をすることにより，寿命の$\bar{X}-\sigma$の値を10分以上とすることが可能である．

2.4　加工の無人稼働を実現するための検討事項

　最近のラインの合理化の傾向として，各工程を自動搬送で結合し全自動化を図った無人ラインの構築がさかんであるが，生産技術スタッフの工程設計の段階での検討のあまさや検討もれから，必ずしも無人化の目標を達成してないケースが多い．これは無人化運転のための阻害要因を事前に検討しなかった結果であり，計画段階から無人運転が実現できないラインであった可能性が大きい．

　この無人化運転の阻害要因は，切りくず処理の問題やインライン品質保証など数多くあるが，なかでも大きなウエイトを占めているのが工具技術上の問題であり，重要なキー技術であるといえる．

　その主なものが工具の寿命に関係するものであって，過度の切削条件を設定し，予備ツールも準備せず，工具寿命が短いから4時間無人運転ができないから，対策改善をしてくれと，工具担当者に相談にきても解決し得ないのが一般的である．

　従って，工具担当者として，加工の基本を生産技術の工程設計者に広報し，伝達することが大切なことといえる．

2.4.1 工程設計者へのPR
(1) 社内の実力を知る

市販されている文献や，メーカーの広報資料に掲載されているV－Tチャートは参考にとどめ，2.3項で述べたように，自社の寿命方程式（データベース）を構築する必要がある．

(2) 短距離と長距離の違い

100メートルを全速力で走るスピードでマラソンの距離を走ることはできないことと同じで，目標の無人化運転に必要な工具寿命を確保するには，その目標とする寿命に適した切削速度を選定することが必要である．また，420本の予備ツールがあれば，たとえ100メートルを走るスピードでも42kmを完走することができる．

以上のことを生産技術の工程設計者にPRする必要がある．工程設計者として具体的に検討すべき事項について，次に述べる．

2.4.2 工程設計時の検討内容

機械の必要とすべきスペックは別として，この項で問題としている工具寿命については，以下のことを検討しなければならない．

社内の寿命方程式をベースとして
(1) 目標無人運転時間に対する切削条件の算出
(2) 目標無人運転時間に対する加工のピッチタイムと同時切削軸数の算出
(3) 目標無人運転時間に対する予備ツール本数の算出

を行ない，これらの解を工程設計に織り込まなければ，目標とする時間の無人運転を実現することは不可能である．以下に，この算出式と計算例について述べる．

2.4.2.1 無人運転時間と工具寿命の関係

目標無人運転時間に対して必要とする工具寿命は，式2.1で示すことができる．つまりピッチタイムに対する実切削時間の比 α は実切削時間比率であり，この α が仮に50%の加工工程であれば，必要とする工具寿命は無人運転時間の半分以上，あればよいことになる．

2.4.2.2 切削速度と工具寿命の関係

工具寿命は切削速度に一番大きく左右されて，速度が早いほど工具寿命は短くなる．この関係は $VT^n=C$ という式で表わされ，一般にテーラの寿命方程式（図2.6参照）とよばれている．ただし，前記のとおり文献やメーカーのPR資料に掲載されているものではなく，社内の実績データで創り上げた式が望ましく，机上検討の結果と実績とのミスマッチを少なくすることができる．

$$T = \alpha \cdot T0 = (T3/Pt) \cdot T0 \quad \cdots \cdots 2.1$$

$$Pt = \sum_i Ti \quad \cdots \cdots 2.2$$

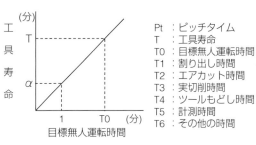

Pt：ピッチタイム
T：工具寿命
T0：目標無人運転時間
T1：割り出し時間
T2：エアカット時間
T3：実切削時間
T4：ツールもどし時間
T5：計測時間
T6：その他の時間

図2.5. 目標無人運転時間と工具寿命の関係

$$VT^n = C \quad \cdots \cdots 2.3$$

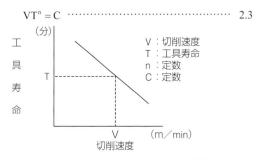

V：切削速度
T：工具寿命
n：定数
C：定数

図2.6. 切削速度と工具寿命の関係

2.4.2.3 生産量とピッチタイムの関係

理論上のピッチタイムは式2.4で与えられる．

専用ラインで仮に生産量が少ない場合は，あえてピッチタイムを短くする必要のないことも意味している．つまり，2.4式でPt0とN0が小さいことは，ラインの稼働率Pが小さくなり，その分ラインが停止している時間が長いことになる．従って，生産量が少なくなったら切削条件を下げて，工具寿命を延ばすほうが費用を抑制することができる．

$$Pt0 = \frac{Tk \cdot nk \cdot P}{N0} \quad \cdots \cdots 2.4$$

Pt0：理論上のピッチタイム（分／個）
Tk：稼働時間（分／日）
nk：稼働日（日／月）
N0：生産量（個／月）
P：ライン稼働率
　　設備故障，段取り，工具交換，点検等のダウンタイムを除いたもの

2.4.2.4　目標無人運転時間と切削条件の関係

目標無人運転時間 T0 と切削条件の関係は，式2.5で与えられる．式から，目標無人運転時間 T0 が長いほど，切削速度 V を下げる必要があることがわかる．この時にはチップのノーズ R の大きさは，必要面荒さを確保するため，2.7式を満足させなければならない．

$$V = \left(\frac{C^{\frac{1}{n}}}{\alpha \cdot T0}\right)^n \quad \cdots\cdots\cdots\cdots\cdots\cdots\cdots 2.5$$

$\alpha = T3 / Pt$

$$N = \frac{1000}{\pi \cdot D} \cdot V = \frac{1000}{\pi \cdot D} \cdot \left(\frac{C^{\frac{1}{n}}}{\alpha \cdot T0}\right)^n$$

$F = N \cdot f$

$T3 = N / F$

$$f = \frac{L}{N \cdot T3} = \frac{L}{\dfrac{1000}{\pi \cdot D} \cdot \left(\dfrac{C^{\frac{1}{n}}}{\alpha \cdot T0}\right)^n \cdot \alpha \cdot Pt}$$

$$= \frac{\pi \cdot D \cdot L (\alpha \cdot T0)^n}{1000 \cdot C \cdot \alpha \cdot Pt}$$

$$= \frac{\pi \cdot D \cdot L \cdot T0^n \cdot \alpha^{n-1}}{1000 \cdot C \cdot Pt} \quad \cdots\cdots\cdots\cdots 2.6$$

$$R = \frac{f^2}{8H} \cdot \beta = \frac{\beta}{8H} \cdot \left(\frac{\pi \cdot D \cdot L \cdot T0^n \cdot \alpha^{n-1}}{1000 \cdot C \cdot Pt}\right)^2 \quad \cdots\cdots 2.7$$

N：主軸回転数(min⁻¹)　H：面荒さ(mm)
F：切削送り(mm/min)　β：面荒さ係数
f：送り(mm/rev)　L：切削長さ(mm)

2.4.2.5　目標切削時間とピッチタイム，同時切削軸数の関係

実切削時間 T3 は，切削長さ L を一分間あたりの送りで割ったもので，これと式2.1, 2.3 とから，目標無人運転時間とピッチタイムの関係は式2.8で与えられる．ここで，複数個の予備ツールを確保できない場合で，かつピッチタイム Pt が理論上のピッチタイムより大きい場合は，計画の生産量を加工するためには同時に複数軸で加工する必要がある．

この同時切削軸数は，式2.9で解を得ることができる．

$$T = \alpha \cdot T0 = \frac{T3}{PT} \cdot T0$$

$$T = \left(\frac{C}{V}\right)^{1/n}$$

$$T3 = \frac{L}{\dfrac{1000}{\pi \cdot D} V \cdot f}$$

$$Pt = \frac{L \cdot T0}{\left(\dfrac{C}{V}\right)^{1/n} \cdot \dfrac{1000 \cdot V \cdot f}{\pi \cdot D}}$$

$$= \frac{\pi \cdot D \cdot L \cdot T0 \cdot V^{\frac{1-n}{n}}}{C^{1/n} \cdot 1000 \cdot f} \quad \cdots\cdots\cdots\cdots\cdots 2.8$$

$$Z = \frac{Pt}{Pt0}$$

$$Z = \frac{Pt \cdot N0}{Tk \cdot nk \cdot P} \quad \cdots\cdots\cdots\cdots\cdots\cdots\cdots 2.9$$

Z：同時切削軸数

2.4.2.6　目標無人運転時間と予備工具数の関係

前項の同時多軸加工ができない場合は，計画の生産量を加工するために，相応の切削条件で加工する必要があり，さらに工具寿命が式2.1を満足しない場合は予備のツールを準備して，自動的に工具を交換する必要がある．この予備ツールの必要数は，式2.10で与えられる．

$$A \cdot T = \frac{T3}{Pt0} \cdot T0$$

A：予備ツール数

$$A = \frac{T3}{T \cdot Pt0} \cdot T0 = \frac{T3 \cdot T0}{\left(\dfrac{C}{V}\right)^{1/n} \cdot Pt0}$$

$$= \frac{\pi \cdot D \cdot L \cdot T0 \cdot V^{\frac{1-n}{n}}}{C^{1/n} \cdot Pt0 \cdot 1000 \cdot f}$$

$$= \frac{\pi \cdot D \cdot L \cdot T0 \cdot V^{\frac{1-n}{n}}}{1000 \cdot C^{1/n} \cdot f} \times \frac{N0}{Tk \cdot nk \cdot P} \quad \cdots\cdots 2.10$$

2.4.2.7　工具寿命に影響する切削速度以外の要因

工具寿命は切削速度以外にもいろいろな要因に影響を受けるが，それらの要因のなかで，被削材の硬さと切削送りについての影響度を以下に述べる．

前述したテーラの寿命方程式と呼ばれる式は切削送りや被削材の硬度は，ある一定の数値に固定して式を導いているが，実際の加工では送りや硬度は必ずしも式を算出した時の値とは一致しないで異なる場合が多い．このようなケースでは送りや被削材の硬度の数値をもとに補正する必要があり，以下にその解析例を示す．

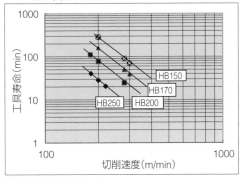

V(m/min)	T(min)
220	20.6
200	28.2
181.5516	40.1
280	24.7
200	77
180	109.9
300	39.6
280	50.3
200	161.8
300	70.9
280	89.8
200	284.3

図 2.7 硬度差による寿命方程式

(1) 被削材の硬度と工具寿命の関係

SCM415 の材料を住友電工の工具材質 T110A を用いて加工した場合,硬度差によりメーカーでは式 2.11 から式 2.14 をユーザーに提供しているが,この式をまとめて硬度もパラメータとして寿命方程式に取り込んだものが式 2.15 である.

〈寿命方程式〉

$HB250 VT^{0.301} = 546.7$ ……………………… 2.11

$HB200 VT^{0.296} = 723.5$ ……………………… 2.12

$HB170 VT^{0.288} = 865.4$ ……………………… 2.13

$HB150 VT^{0.292} = 1041.2$ ……………………… 2.14

式 2.11 から 2.14 をまとめると式 2.15 を得る.

$$VT^{0.292} \times \left(\frac{HB}{150}\right)^{1.319} = 1041.2 \quad \cdots\cdots 2.15$$

式 2.15 のように工具寿命は切削速度と硬度の関数として与えられ,この式から工具寿命 T を求めると,式 2.17 を得る.

$$T = \left(\frac{1041.2}{V}\right)^{\frac{1}{0.291}} \times \left(\frac{HB}{150}\right)^{-4.5171} \quad \cdots\cdots 2.16$$

$$Kh = \left(\frac{HB}{150}\right)^{-4.5171} \text{とすると}$$

$$T = \left(\frac{1041.2}{V}\right)^{\frac{1}{0.291}} \times Kh \quad \cdots\cdots 2.17$$

この Kh が硬度による寿命低減係数である.

$HB \times Kh^{0.221} = 150$ ……………………… 2.18

同じ条件下で加工するとき,加工するワークの硬度が高くなると被削性が悪化傾向となり,工具寿命は

Kh01	HB150
0.3	195.7
0.27	200
0.043	300

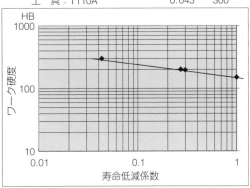

図 2.8 寿命低減係数式

低下する.この寿命低下傾向を示すものを寿命低減係数と称し,図 2.8 にその例を示す.

SCM415 のワークを工具材種 T110A で加工するとき,HB150 での工具寿命を 1.0 とすると HB250 のワークでは寿命低減係数 Kh は 0.1 で工具寿命は 90% 低下することを示している.

(2) 切削送りと工具寿命の関係

切削送りを増加させると,切削抵抗や切削熱が大きくなり工具の刃先への負荷が増し,工具寿命は低下する.一例として,工具材質 U610 で SCM440 のワークを加工して,送りを変化させたときの工具寿命の低下状況を図 2.9 に示す.

送り f=0.4mm/rev で 200m/min の切削速度で加工すると寿命は 40min であるが,同じ速度で,送りを 0.8mm/rev にあげて加工すると,工具寿命は 1/4 の 10min まで低下してしまうことがわかる.

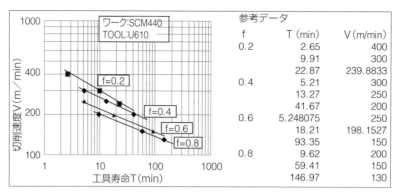

図2.9 送りの差による寿命方程式

〈寿命方程式〉

$f=0.2 \quad VT^{0.218}=494.6$ …………………… 2.19

$f=0.4 \quad VT^{0.195}=413.9$ …………………… 2.20

$f=0.6 \quad VT^{0.176}=333.3$ …………………… 2.21

$f=0.8 \quad VT^{0.158}=286.0$ …………………… 2.22

式2.19から2.22をまとめると式2.23を得る．

$$VT^{0.195} \times \left(\frac{f}{0.4}\right)^{0.31} = 413.9 \quad \cdots\cdots 2.23$$

この式2.23から工具寿命Tを求めると，式2.25となり，このKfが切削送りによる工具寿命の低減係数である．

$$T = \left(\frac{413.9}{V}\right)^{\frac{1}{0.195}} \times \left(\frac{f}{0.4}\right)^{-1.5897} \quad \cdots\cdots 2.24$$

$$Kf = \left(\frac{f}{0.4}\right)^{-1.5897} \quad \text{とすると}$$

$$T = \left(\frac{413.9}{V}\right)^{\frac{1}{0.195}} \times Kf \quad \cdots\cdots 2.25$$

$$f \times Kf^{0.221} = 150 \quad \cdots\cdots 2.26$$

切削送りと工具寿命の低減係数の関係を**図2.10**に示す．図から，切削送り f=0.4mm/rev の時の工具寿命を1.0とした場合，送りを半減して0.2mm/revとすると，寿命低減係数は3.0となり，寿命が3倍となることを表している．

以上のように，工具寿命は主に切削速度に左右されるが，ワークの硬度や切削送りにも大きく影響を受けることを理解しなければならない．

工程が異なっても，切削送りはそんなに大きな差はないケースが多く，また毎日ラインに投入されるワークの硬度については製造現場としては未知数の場合が一般的である．

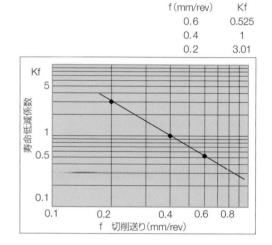

図2.10 切削送りと寿命低減係数の関係

従って，工具寿命を単純に議論する場合は切削速度を主要因と考えても大きな間違いではないが，実際のラインで工具寿命が低くて作業者が頻繁に工具を交換している加工工程では，切削速度と切削送りおよびワークの硬度も調査してなにが悪さをしているかを見極めて改善をすることが大切である．

本論である無人加工運転を実現させるために最も大切なことは，工程設計するときに生産技術者は以下のことを十分に理解しなければならない．

①工具は使い方が正しくても必ず摩耗するものである．

②工具の摩耗は主に切削速度に影響をうけるので，設定した速度が正しいかどうか理論的な解析を行なうこと．

③生産量が多く，加工能率を高めに設定したら，必ず予備ツールの準備をすること

④ワークの硬度は機能上の設計硬度の範囲に対して，生産技術硬度として低めの範囲を決めて標準化し

ておいて，削りやすさの環境を作っておくこと．

以上，目標無人運転時間に対する各種パラメータについての解析をしめしたが，次項にその計算例を示す．

2.4.3　検討項目の計算演習

計算例として，切削送りによる増減係数を考慮しない場合と増減係数を加味した場合について，以下に示す．

2.4.3.1　切削送りによる増減係数を考慮しない場合

予条件

被削材	ギヤブランク　S43C　HB250
	径×加工長　　φ250×26
	加工箇所　　　外形仕上げ加工
	要求面荒さ　　Hmax12.5μ
生産量	7000 個／月
ライン稼働時間	8時間×60分×2直=960分／日
稼働日数	15日／月
ライン稼働率	90%
目標無人運転時間	4時間×60分=240分
工具材質	ACO5
工具寿命方程式	$VT^{0.15}=200.7$

(1) 例題-1

> 目標無人運転時間他の予条件を満足する切削条件とチップのノーズRおよび工具寿命を求めよ．

(1-1) 加工ピッチタイム

$$PT0 = \frac{Tk \cdot nk \cdot P}{N0} = \frac{960 \times 15 \times 0.9}{7000} = 1.85 \text{min/個}$$

(1-2) 切削条件

$$V = \frac{C}{(T3/Pt0 \times T0)^n} = \frac{200.7}{(1/1.85 \times 240)^{0.15}}$$

$$= 96.737 \text{m/min}$$

$$N = 96.737 \times 1000 / \pi \times 250 = 123.17 \text{rpm}$$

$$f = \frac{\pi \cdot D \cdot L \cdot T0^n \cdot \alpha^{n-1}}{1000 \cdot C \cdot Pt0}$$

$$= \frac{\pi \times 250 \times 26 \times 240^{0.15} \times (1/1.85)^{0.15-1}}{1000 \times 200.7 \times 1.85} \approx 0.21 \text{mm/rev}$$

$$F = N \cdot f = 123 \times 0.21 \approx 25.8 \text{mm/min}$$

(1-3) チップのノーズR

$$R = \frac{\beta}{8H} \cdot f^2 = \frac{1.5}{8 \times 0.0125} \times 0.21^2 = 0.66 \to 0.8 \text{mm}$$

(1-4) 工具寿命

$96.737 \times T^{0.15} = 200.7$

∴ T=129.727min

Tc=L/F=26/25.8=1.00775min/ケ

n=T/Tc=129.727/1.00775 ≒ 129 ケ /edge

〈確認〉

T0=Pt0·n=1.85 × 129=238.65min

上記計算で求めた数値を採用すれば，目標無人運転時間の4H（240分）はほぼ満足する．ただし，この計算では安全率は考慮してないので，実際の工程設計をする場合は10から15%ほどは余裕を加味する必要がある．

(2) 例題-2

> メーカーのカタログから次の切削条件を設定してしまった場合で，先の予条件を満足させるための予備ツール数を求めよ．
> 〈設定条件〉
> V=150 mm/min　　N=191 min^{-1}
> f= 0.2 mm/rev　　F=38.2 mm/min

(2-1) 計算

$$PT = \frac{\pi \cdot D \cdot L \cdot T0 \cdot V^{(1-n/n)}}{C^{1/n} \cdot 1000 \cdot f}$$

$$= \frac{\pi \times 250 \times 26 \times 240 \times 150^{(1-0.15)/0.15}}{200.7^{1/0.15} \times 1000 \times 2} = 23.45 \text{ min}$$

Z=Pt/Pt0=23.45/1.85

=12.65 ケ ……………… 予備ツールの数13個

(2-2) 注記

設定した条件では予備ツールの数が多くて実用的ではない．従って，次の対応が必要である．

①切削条件を下げる．

②条件をおとせない場合はV-Tチャートを参考にして高速の条件に耐えられる工具材種を選定しなおす．

(3) 例題-3

> 予条件では稼働日数が15日の計画であったが，都合により10日で加工しなければならなくなった．この時の切削条件を求めよ．ただし，正味切削時間比率は60%とする．

(3-1) ピッチタイム

$$PT0 = \frac{960 \times 10 \times 0.9}{7000} = 1.23 \text{ min}$$

(3-2) 切削条件

T3=0.6 × Pt0=0.6 × 1.23=0.738min

$$V = \frac{200.7}{(0.738/1.23 \times 240)^{0.15}} = 95.23 \text{ m/min}$$

N=95.23 × 1000/ π × 250 = 121.25 rpm

$$f = \frac{\pi \times 250 \times 26 \times 240^{0.15} \times (0.738/1.23)^{0.15-1}}{1000 \times 200.7 \times 1.23}$$

= 0.29054 mm/rev

F=122 × 0.29054=35.446mm/min

(3-3) ノーズ R

$$R = \frac{1.5}{8 \times 0.0125} \times 0.29054^2 = 1.266 \rightarrow 1.6 \text{ mm}$$

(3-4) 工具寿命

95.23 × $T^{0.15}$=200.7   ∴ T=144.042min

Tc=26/35.446=0.7335min

n=T/Tc=144.042/0.7335=196.37 個/edge

(4) 例題−4

> 正味切削時間比率が 60% とならず, 工具交換や寸法計測等に 0.85 分/個かかってしまう場合の予条件を満足する切削条件を求めよ.

(4-1) ピッチタイム問題−3の(3−1)と同じ 1.23min

(4-2) 切削条件

T3=1.23 − 0.85=0.38min

$$V = \frac{200.7}{(0.38/1.23 \times 240)^{0.15}} = 105.2 \text{ mm/min}$$

N=105.2 × 1000/ π × 250=133.95min⁻¹

$$f = \frac{\pi \times 250 \times 26 \times 240^{0.15} \times (0.38/1.23)^{0.15-1}}{1000 \times 200.7 \times 1.23}$$

= 0.51 mm/rev

F=134 × 0.51=68.38mm/min

(4-3) ノーズ R

$$R = \frac{1.5}{8 \times 0.0125} \times 0.51^2 = 3.9 \rightarrow 4.0 \text{ mm}$$

(4-4) 工具寿命

105.2 × $T^{0.15}$=200.7

T=74.167min

Tc=26/68.38=0.38045min/個

∴ n=T/Tc=74.167/0.38045=194.95 個/edge

(4-5) 無人運転時間の確認

T0=1.23 × 195=239.85min

(5) 例題−5

> 問題 4 の 10 日で加工したいとき, 切削送りを 0.51mm/rev で加工するとチップが破損する可能性があるため, f=0.3mm/rev で対応したいが, 正味切削時間比率を何パーセントに改善すればよいか.

$$f = \frac{\pi \times 250 \times 26 \times 240^{0.15} \times (T3/1.23)^{0.15-1}}{1000 \times 200.7 \times 1.23} = 0.3$$

$$(T3/1.23)^{0.15-1} = \frac{1000 \times 200.7 \times 1.23}{\pi \times 250 \times 26 \times 240} \times 0.3$$

= 1.5939675

∴ T3=0.71min/個

α=T3/Pt0=0.71/1.23=0.5772

つまり正味切削時間比率を 58% にすれば f=0.3mm/rev で加工することが可能である.
このときの切削条件およびノーズ R, 工具寿命は次のとうりである.

$$V = \frac{200.7}{(0.71/1.23 \times 240)^{0.15}} = 95.79 \text{ m/min}$$

N=95.79 × 1000/ π × 250=121.96min⁻¹

F=122 × 0.3=36.6mm/min

$$R = \frac{1.5}{8 \times 0.0125} \times 0.3^2 = 1.35 \rightarrow 1.6 \text{ mm}$$

95.79 × $T^{0.15}$=200.7

∴ T=138.521min

$$n = \frac{T}{L/F} = \frac{138.521}{26/36.6} = 194.995 (195個/edge)$$

T0=Pt0 × n=1.23 × 195=239.85min

2.4.3.2 切削送りによる増減係数を加味した場合
予条件

被削材	シャフト SCM440　HB250
	径 × 加工長　　φ100×250
	加工箇所　　外形荒加工
生産量	2000 個/月
ライン稼働時間	8 時間 ×60 分 ×2 直 =960 分/日
稼働日数	10 日/月
ライン稼働率	85%
目標無人運転時間	4 時間 ×60 分 =240 分
工具材質	U610
工具寿命方程式	$VT^{0.218}$=494.6 for f=0.2mm/rev
正味切削時間比率	75.5%

(1) 例題-6

> 予条件を満足する切削条件とチップの
> ノーズRおよび工具寿命を求めよ．

(1-1) 加工ピッチタイム

$$Pt0 = \frac{Tk \cdot nk \cdot P}{N0} = \frac{960 \times 10 \times 0.85}{2000} = 4.08 \text{ min/個}$$

$T3 = Pt0 \times \alpha = 4.08 \times 0.755 = 3.08 \text{min}$

(1-2) 切削条件

$$V = \frac{C}{(T3/Pt0 \times T0)^n} = \frac{494.6}{(3.08/4.08 \times 240)^{0.218}}$$

$= 159.2 \text{ m/min}$

$N = 159.2 \times 1000/\pi \times 100 = 506 \text{min}^{-1}$

$$f = \frac{\pi \cdot D \cdot L \cdot T0^n \alpha^{n-1}}{1000 \cdot C \cdot Pt0}$$

$$= \frac{\pi \times 100 \times 250 \times 240^{0.218} \times (3.08/4.08)^{0.218-1}}{1000 \times 494.6 \times 4.08}$$

$\fallingdotseq 0.16 \text{ mm/rev}$

$F = N \cdot f = 506 \times 0.16 \fallingdotseq 80.96 \text{ mm/min}$

(1-3) 工具寿命

$159.2 \times T^{0.218} = 494.6$

$\therefore T = 181.262 \text{min}$

$Tc = L/F = 250/80.96 = 3.08794 \text{min/個}$

$n = T/Tc = 181.262/3.08794 \fallingdotseq 59 \text{個/edge}$

〈確認〉

$T0 = Pt0 \cdot n = 4.08 \times 59 = 240.72 \text{min}$

…（連続無人運転可能）

(2) 例題-7

> 予条件の工具寿命方程式は切削送りが
> 0.2mm/revのときのものであるが(1-2)の計
> 算結果 f=0.16mm/rev で加工すれば，目標の無
> 人運転時間等を満足するので，切削送りを加
> 味したときの工具寿命を求めよ．

(2-1) 工具寿命方程式の修正

$$V \times \left(\frac{T'}{Kf}\right)^{0.218} = 494.6$$

$VT'^{0.218} = Kf^{0.218} \times 494.6$

$Kf = \left(\dfrac{f}{0.4}\right)^{-1.5897} = \left(\dfrac{0.16}{0.4}\right)^{-1.5897} = 4.29146$

$VT'^{0.218} = 4.29146^{0.218} \times 494.6$

$\therefore VT'^{0.218} = 679.4$ ……… 修正した寿命方程式

(2-2) 切削速度を前項の159.2m/minで加工したときの工具寿命と連続無人運転時間

$V \equiv 159.2 \text{m/min}$

修正した寿命方程式より $T = 777.58 \text{min}$

$n = \dfrac{T}{L/F} = \dfrac{777.58}{250/80.96} = 251.8 \text{個/edge}$

$T0 = Pt0 \times n = 4.08 \times 251 = 1024 \text{min}$

予条件より切削送りを下げたことにより，工具寿命として17Hの無人運転にも対応できることになる．

(3) 例題-8

> 切削送りを0.16mm/revで，無人運転時間を
> 240分に押さえた場合，何日加工日数を短縮
> できるか．

修正寿命方程式 $VT^{0.218} = 679.4$ $f = 0.16 \text{mm/rev}$

$T0 = 240 \text{min}$

$\alpha = T3/Pt0 = 0.755$

$$V = \frac{679.4}{(T3/Pt0 \times 240)^{0.218}}$$

$$= \frac{679.4}{(0.755 \times 240)^{0.218}} = 218.7 \text{ m/min}$$

$$f = \frac{\pi \cdot D \cdot L \cdot T0^n \alpha^{n-1}}{100 \cdot C \cdot Pt0}$$

$$= \frac{\pi \times 100 \times 250 \times 240^{0.218} \times 0.755^{0.218-1}}{1000 \times 679.4 \times Pt0} = 0.16$$

$$\therefore Pt0 = \frac{\pi \times 100 \times 250 \times 240^{0.218} \times 0.755^{0.218-1}}{1000 \times 679.4 \times 0.16}$$

$= 2.97 \text{ min/個}$

$T3 = 2.97 \times 0.755 = 2.24 \text{min/個}$

$$N = \frac{1000 \cdot V}{\pi \cdot D} = \frac{1000 \times 218.7}{\pi \times 100} = 696 \text{ min}^{-1}$$

$F = N \cdot f = 696 \times 0.16 = 111.36 \text{mm/min}$

$VT^{0.218} = 679.4$

$V \equiv 218.7$

$\therefore T = 181.197 \text{min}$

$n = \dfrac{T}{L/F} = \dfrac{181.197}{250/111.36} = 80.7 \text{個/edge}$

$T0 = n \cdot Pt = 80 \times 2.97 = 237.6 \text{min}$

$Pt0 = \dfrac{Tk \cdot nk \cdot P}{N0} = \dfrac{960 \times nk \times 0.85}{2000} = 2.97$

∴ nk=7.279 日

つまり，修正方程式のレベルがあがった分，切削速度を上げられて加工期間を7.5日に短縮することができる．

2.5 工具改善の仕方

工具技術者の役割と活躍分野については1.2項で述べたが，生産活動に従事している現場技術者として改善すべき内容を整理すると
(1)生産性の向上(加工能率の向上)
(2)加工品質の向上
(3)総加工費の低減
　－1　加工労務費の低減
　　　　加工時間，段取り時間，計測時間，工具交換時間の短縮
　－2　直接材料費の低減
　　　　材料費の低減
　－3　間接材料費の低減
　　　　工具費，工具再研削費，油脂費，電力費の低減

などがあげられる．

これらの内，工具技術者が行なうべき改善の内容とその方法について，つぎに述べる．

2.5.1 改善活動の展開

改善を実施するにあたり，自社のニーズを的確にとらえて，現在どの項目を改善することが最優先かを絞り込んで進めるのが理想であるが，ここでは一般論として工具に関係する改善の仕方について説明する．加工費の構成要素を次式に示す．

総加工費：$C_{00}=C_r+C_c+C_k$ ………… 2.27
労務費：$C_r=\alpha \cdot L/F + T' \cdot \alpha/n$ ………… 2.28
　加工費：$\alpha \cdot L/F$
　工具交換費：$T' \cdot \alpha/n$
直接材料費：$C_c=W \cdot C_m$ ………… 2.29
間接材料費：$C_k=C_t/(n \cdot e)+T'' \cdot \beta/n+\gamma$ …… 2.30
　工具費：$C_t/(n \cdot e)$
　工具再研削費：$T'' \cdot \beta/n$
　油脂費他：γ

式の構成要素について費目を低減させる方向性を**表2.3**に示す．例えば，工具費を低減させるには工具価格 C_t を下げる，再研削回数 e を増やす，工具寿命 n を上げるという手段をとればよい．さらに，切削送り F，切削速度 V，ワークの取りしろ d を低減すれば工具寿命 n があがることを表している．

2.5.2 加工費の低減

加工費を低減するには，表2.3から次の対策をとることが有効である．
(1)加工部門のチャージをさげる．
　この手段としては，①労務費の低減つまり作業者の低年齢化と②償却費の低いラインや機械で加工する．

表2.3　総加工費の低減マトリックス

費目＼要素	W ワーク重量 kg	Cm 材料単価 円/kg	α 工作チャージ 円/H	L 切削長さ mm	F 切削送り mm/min	Ct 工具価格 円	n 工具寿命 個/reg	e 再研削回数	T' 交換時間 min	T'' 再研時間 min	β 再研チャージ 円/H	V 切削速度 m/min	d ワークの取りしろ mm
総加工費低減	⊖	⊖	⊖	⊖	±	⊖	⊕	⊕	⊖	⊖	⊖	±	⊖
1 材料費低減	⊖	⊖											
2 加工費低減			⊖	⊖	⊕							⊕	
3 工具費低減						⊖	⊕	⊕				⊖	⊖
4 工具交換費低減			⊖		⊖		⊕		⊖			⊖	⊖
5 再研削費低減					⊖		⊕			⊖	⊖	⊖	⊖
6 その他切削処理													⊖

⊖：要素を下げれば費目が低減する
⊕：要素を上げれば費目が低減する
±：費目により上下どちらにも影響する
♀(上)：他の要素の影響を及ぼす要素
♀(下)：他の要素から影響を受ける要素

(2) 切削長さの低減

組立部品であれば，組み立てる相手の部品とよく照合して，必要でない箇所は鋳肌もしくは鍛造のままとして，できるだけ削る箇所を少なくすることが重要で，常に製作図面の変更ができないかと考える習慣を身に付けることが大切である．

(3) 加工能率の向上

加工の能率指標を**表2.4**示す．穴あけやフライス加工の場合は切削送りで加工能率を表現するが，旋削加工の場合は，切削速度と回転あたりの切削送りの積で表現するのが一般的である．

加工能率を上げるということは，表2.4の物差しの数値を上げることである．

穴あけとフライス加工の物差しは一分間あたりの送りFであるが，送りFの計算式をみると旋削と同じで切削速度Vか一回転あたりの送りfを増加させれば，加工能率を上げることができる．

また，フライス加工の一回転あたりの送りfは一刃あたりの送りftと刃数Ntの積であるので，このFtとフライスの刃数Ntを増やすことによって加工能率をあげることが可能である．

この加工能率をあげるために，切削速度Vと切削送りfをどのくらいの値に設定したらよいかという目標値がなければ，徐々にあげるか，もしくはある値にて加工して発生した問題点を解決するといったトライ＆エラーで改善する手がある．

このトライ＆エラーは，技術を蓄積する過程の一つと考えれば，すべてがむだにはならないが，時間がかかるのが難点である．

従って，この目標値を設定することが技術者の大切な仕事となる．目標値の決め方は，世の中のハイレベルの切削条件と社内の最高条件を調査して，改善する工程の条件がどのくらいのレベルかを確認して，目標条件を設定することである．

参考として現時点での世の中のハイレベルの切削条件の例を**表2.5**に示す．

無人運転を狙いとしたラインまたは機械で加工能率をあげる場合は，やみくもに切削速度Vや切削送りfをあげないで，2.4項で述べた項目を優先して検討することが必要である．従って，この項では一般的なラインでの改善のアプローチについて述べる．改善の進め方については二つの方法がある．

一つは社内もしくは社外の類似部品と比較して対象としている部品の加工費が高いのかどうか確認して，高ければ改善するというやり方と，あと一つは現状の加工費をあたまから何パーセント下げるというポリシーで改善をする仕方があり，どちらが多いかというと，管理者的発想とも言える後者が多く，技術者を悩ませることになる．

筆者はこの改善の仕方をTCR(Tool Technique for Cost Reduction)手法として後輩達を教育をしてきた．このTCR手法について次に述べる．

2.5.2.1 TCR-1手法(工具コスト引下げ)

この手法は類似部品と比較して改善を進めるやり方で，**図2.11**にそのフローチャートを示す．

以下に，各手順の①〜⑧について順を追って説明する．

(1) 手順①

部品工程工具表は工程(機械)別に作成して，その工程の工具に関するデータをまとめたもので，加工箇所と使用している工具の仕様と価格および切削条件等を明記し，その時の工具寿命と製品1個あたりの工具費つまり工具原単位を算出した表である．

この工具に関するデータベースである部品工程工具表はその工程の加工技術を集積した資料で全ての改善はこの資料をもとに展開していく．

また，各工程別に作成した部品工程工具表の原単位をラインとしてまとめることにより，その製品を加工するのに必要な工具費を把握することができる

表2.4 加工能率指標

	切削能力比	物差し	計算式
旋削	切削表面積 / 単位時間	(m/min) (mm/rev) $V \times f$	$V = \pi \cdot D \cdot S / 1000$ $f = F/S$
穴あけ	切削距離 / 単位時間	(mm/min) F	$F = S \times f$ $= 1000 \times V \cdot f / \pi \cdot D$
フライス			$F = S \times f$ $= 1000 \times V \times ft \times Nt / \pi \cdot D$

表 2.5　ハイレベルの切削条件

工法	項目	被削材区分	FC（鋳鉄） 実験室データ	FC（鋳鉄） 量産データ	STEEL（鋼材） 実験室データ	STEEL（鋼材） 量産データ
フライス（荒）	工具名		セラミック多刃ミル	セラミックミル	多刃ハイレーキ	多刃ハイレーキ
	工具径		160	125	80	80
	工具材質		Si3N4	Si3N4	超硬コート	超硬コート
	刃数		10	6	8	8
	被削材質		FC250	FC250	SS400	SS400
	硬度		HB180	HB180	HB150	HB150
	切削速度		1000	800	300	300
	送り／刃		0.3	0.18	0.4	0.31
	送り／分		5968	2200	3820	2960
	切り込み		5.0	3.0	3.0	4.0
	クーラント		DRY	DRY	DRY	DRY
フライス（仕上）	工具名		CBNフィニッシュミル	CBNフィニッシュミル		
	工具径		100	250		125
	工具材質		CBN（80%）	CBN（MBC）	超硬コート	超硬コート
	刃数		1	24		8
	被削材質		FC230	Cu−Cr鋳鉄	SS400	SS400
	硬度		HB180	HB180	HB150	HB150
	切削速度		6000	1800	600	300
	送り／刃		0.33	0.13	0.21	0.15
	送り／分		6303	7150		917
	切り込み		1.0	0.5		1.0
	クーラント		DRY	DRY	DRY	DRY
ドリル	工具名		TAC	DSC−F	ZET1	KM
	工具径		10	8	8.5	18
	工具材質		超硬	超硬	超硬コート	超硬コート
	被削材質		FC250	FC250	S48C L/D=1.8	S50C L/D=6
	硬度		HB180	HB180	HRC31	HB240
	切削速度		319	100	250	89
	送り／刃		0.2	0.3	0.3	0.31
	送り／分		2031	1194	2809	488
	クーラント		内部給油	内部給油	内部給油（70kg）	ミスト
	寿命：m/reg		100	10	1.5	17.2
タップ	工具名		シンクロタップ	高速タップ	V−OT−POT	スパイラル
	ホルダ形式		ミーリングチャック	逆転機構内蔵	ミーリングチャック	ミーリングチャック
	工具径		12	12	10	20
	工具材質		粉末ハイス（CPMT15）		微粒超硬＋Vコート	粉末ハイス
	被削材質		FC250	FC250	S45C	SS400
	硬度		HB180	HB180	HRB92	HB150
	切削速度		60	40	190	45
	送り／刃		1.75	1.75	1.5	2.5
	送り／分		2785	1857	9072	1790
	クーラント		内部給油	外部給油	水溶性	ミスト
	寿命：m/reg		12	30		
旋削（荒）	工具形式			SNGA434A		
	工具材質		Si3N4	SX2	Al2O3	超硬コート
	被削材質		FC200	FC200	S45C	SCM420
	硬度		HB180	HB180	HB150	HB180
	切削速度		1000	800	1000	280
	送り／刃		0.7	0.5	0.3	0.3
	送り／分					
	切り込み		4.0	2.0	1.0	5.8
	クーラント					
旋削（仕上）	工具形式			TNGN334N		
	工具材質		CBN	HC6		
	被削材質		FC200	FC200	SCM420	
	硬度		HB180	HB180	HB180	
	切削速度		1200	800	500	
	送り／刃		0.3	0.4	0.6	
	送り／分					
	切り込み		0.5	0.3		
	クーラント					

ので,予算管理等の管理資料として有効に活用することができる.この部品工程工具表の例を表2.6に示す.

表2.6はコネクティングロッドのボルト穴あけ工程をまとめたもので,加工箇所別の工具の詳細と切削条件を明記してあるので,工具寿命の確認等の技術検討するうえでも,有効に活用できるデータベースである.

(2) 手順②

次の手順③で,加工費(労務費)や部品工程工具表でまとめた工具原単位(工具費)等,その工程のコスト構成を把握する.

(3) 手順③

コスト構成から加工費,工具費のなにを低減するのか,改善の狙いを決める.一般的には加工費のほうが製造原価にしめる割合が高いので,加工能率をあげるケースが多い.しかし工具技術担当者として

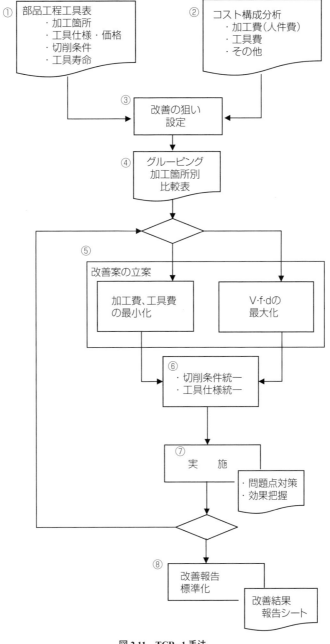

図2.11 TCR-1手法

表 2.6 部品工程工具表

担当	主任	課長
山川 ㊞	山田 ㊞	山本 ㊞

品番	6199-88-2731	品名	コネクティングロッド
設備	改造不二越 TRZ-2	工程	080 穴あけ
被削材	S48C	硬度	HB260～320

NO.	工程 加工箇所	品名	図番	仕様	勝手	刃数	コード	使用工具 数/SET	メーカー	材質	② 工具価格	③=①×② セット価格	④ 工具寿命	⑤ 研削数	⑥=③/(④×⑤) 原単位	工具交換 ①/④ ⑨=工数X	切削条件 N	V	F	f1	f2	d	oil	ツールホルダ NO.	備考
1	ロッドボルト穴ザグリ 2STR	ザグリカッタ	ZC-1663	φ12×95×160	R	4	72716630	2	神鋼	KMC8							480	18	48	0.1					
2	キャップボルト穴ザグリ 2STR	ザグリカッタ	ZC-1663	φ12×95×160	R	4	72716630	2	神鋼	KMC8							480	18	48	0.1					
3	ロッドボルト穴ザグリ 3STL	ザグリカッタ	ZC-1663	φ12×95×160	R	4	72716630	1	神鋼	KMC8							480	18	48	0.1					
4	ロッドボルト穴あけ 3STL	ストレートドリル	SD-609	φ9.15×125×195	R	2	74106090	2	不二越	HS53M							630	18	88	0.1					
5	キャップボルト穴あけ 3STR	ストレートドリル	SD-610	φ11.15×110×180	R	2	74106100	1	不二越	HS53M							520	18	88	0.2					
6	キャップボルト穴あけ 3STL	ステップドリル	STD-911	φ10.85×20.42-φ20	R	2	74209110	2	神鋼	KMC8							490	17	80	0.2					
7	キャップ ボルト穴ザグリ 3STL	TAザグリ	ZC-1664	φ19.2×φ20×210	R	1	72716640	2	住友	AC2000							980	60	39	0.04					
8	3STL	カッタ TAチップ	標準	TPMH110304-SF			72000000	2	住友	AC2000															
9	ロッド、キャップ 4STR	面取りカッタ	MC-716	φ53×9×φ22	R	8	72807160	2	ダイロイ	K10							510	85	102	0.2					
10	ロッド、キャップ 4STR	メタルソー	MC-717	φ65×4.76×φ22	R	10	72807170	2	ダイロイ	K10							510	104	102	0.2					
11	ロッド 5STR	リーマ	MR-797	φ9.78×120×190	R	6	74687970	2	神鋼	KMC8							480	15	86	0.18					
12	キャップ 5STR	リーマ	MR-798	φ11.41×120×190	R	6	74697980	2	神鋼	KMC8							420	15	86	0.2					
13	ロッドボルト穴 バリ取り 6STR	フレックスホーン		BC-12 AC#180			77000000	2	BRM								1000	38	500	0.5					
14	キャップボルト穴 バリ取り 6STR	フレックスホーン		BC-12 AC#180			77000000	2	BRM								1000	40	500	0.5					
15	キャップボルト穴 タップ 7STR	タップ	ST-372	11×125×90	R	4	74913720	2	タンガロイ	SKH56							230	8	287	1.3					
16	ロッド 小端面穴 7STL	ステップドリル	STD-912	φ5×8.5-φ8×100	R	2	74209120	1	不二越	HS53M							950	15	76	0.1					
17	ロッド小端面取 フライス 7STL	TAカッタ	FM-339	φ80×81×φ28	R	6	72123390	1	住友								480	120	48	0.1					
18	7STL	TAチップ		SPMT120308			72000000	6	住友	AC325											0.02				
備考																									

は自部門で管理している工具費を特に低減しなければならない場合もある.

(4) 手順④

①で作成したデータをもとに類似の加工工程をまとめて,解析に必要となるデータを抜き出して比較表を作成する.

表 2.7 が,この加工箇所別の比較表であるが,この表のうち特に必要とするデータは,切削条件と工具寿命である.

(5) 手順⑤

比較表と改善の狙いを対比して改善案を立案する.当然,改善の目標値は前持って設定しておく必要がある.

表 2.7 の比較表の例では,使用している工具材質の差と切削速度の差から工具寿命がかなりバラツイていることがわかる.ここでの検討例としては,グルーピングしたボルト穴あけ加工工程の加工能率を30%あげることを目標として,**表 2.8** の改善案を作成した.改善案は歩留まりを考慮して,目標値より多めに,立案することが必要である.

この改善案を立案するうえでの着眼点としては

ⅰ) 工具寿命を平均化するため,切削速度 V を統一する.数値の目安は,**表 2.5** に示す世の中のハイレベルの条件を参考にする場合と,社内の最高条件を設定する場合とがある.

ⅱ) 切削送り f についても統一する.

参考資料がなくて,いくらに統一したらよいかわからない場合は,ドリルによる穴あけ加工では,径×(0.01〜0.02)の範囲内で改善目標値を満足する数値をきめてもよい.

があげられる.

改善のために,切削条件をきめる場合は,本来なら,メーカーの工具寿命方程式を参考としてきめるのが理想であるが,式の入手が困難な場合は,過去の経験から数値を決めて,トライすることも必要である.

(6) 手順⑥

グルーピングした各工程の切削条件を,できるだけ統一して,次に工具の材質など仕様の統一をはかる.この工具仕様の統一については,改善をすぐに実施しなければならないケースもあり,さらに,改善用の工具の製作期間がかかる場合は,手順⑦の改善案を実施して,工具寿命が極端に短くなった場合,事後処理として材質の変更を行なう場合もある.

(7) 手順⑦

改善案を実施して,発生した問題点を把握してその対策のために切削条件の変更をして,再確認をし,効果を把握をする.

表 2.7 ボルト穴加工比較表

No	穴径寸法	被削材			使用工具			工具寿命	現状の切削条件				
		品番	材質	硬度 HB	仕様	材質	価格		S	V	F	f	L
1	9.15	6199-88-2731	S48C	260〜320	9.2×125×195	HS53M	1520	100	630	18	88	0.1	24
2	182	6155-13-5510	S48C	260〜320	11.5×130×200	SKH51	2500	150	330	12	66	0.2	30
3	148	1234-22-2211	S48C	260〜320	10.5×135×200	KMC2	2200	100	450	15	68	0.15	28
4	180	1230-Z56666	S48C	260〜320	10.5×140×210	KMC2	2200	120	450	15	45	0.1	32
5	224	1230-961030	S48C	260〜320	13.2×150×220	SKH56	6840	30	600	25	60	0.1	38
6	171	1230-J00000	S48C	260〜320	13.2×160×220	SKH56	6840	30	600	25	60	0.1	38
7	144	6199-33-4444	S48C	260〜320	14.5×180×235	SKH56	7500	100	260	12	65	0.25	45

表 2.8 改善案

No	穴径寸法	被削材 品番	現状の切削条件					改善案				加工能率比
			S	V	F	f	L	S	V	F	f	
1	9.15	6199-88-2731	630	18	88	0.1	24	690	20	103.5	0.15	1.18
2	182	6155-13-5510	330	12	66	0.2	30	550	20	82.5	0.15	1.25
3	148	1234-22-2211	450	15	68	0.15	28	605	20	90.7	0.15	1.33
4	180	1230-Z56666	450	15	45	0.1	32	605	20	90.7	0.15	2.02
5	224	1230-961030	600	25	60	0.1	38	480	20	96	0.2	1.60
6	171	1230-J00000	600	25	60	0.1	38	480	20	96	0.2	1.60
7	144	6199-33-4444	260	12	65	0.25	45	440	20	66	0.2	1.02

平均 1.429

(8) 手順⑧

改善が完了したら，関係部門に改善の内容を報告して，PRすることも必要である．

以上がTCR-1手法であるが，改善をすすめるには，まず現状の実体を知ることが先決で，そのための有効なツールが部品工程工具表や比較表である．そして，実体にたいして，どのような改善をするのかという改善の目標を明確にして，世の中のハイレベルの条件に近づけるための試行をおこなう努力が必要である．

2.5.2.2 TCR-2手法

TCR-1手法は類似工程をグルーピングして，加工能率向上の指標として実切削時間だけをとりあげたが，実際の加工ラインでは非切削時間の占める割合が多い工程もあり，両方を合わせたピッチタイムで判断する必要がある．ここでは，このピッチタイムをベースに，生産能率を向上させる改善のアプローチの手法について図2.12にて説明する．

この生産性を向上させる方法は，段取りの改善にて非切削時間を短縮する方法と切削条件を上げて，実切削時間を短縮する方法とがあり，理想は両方を併用することであるが，工具技術者の業務範囲として，切削条件を上げる方法に限定して述べることにする．

(1) 手順①

改善する対象ラインを選定する．

(2) 手順②

対象ラインをどのくらい改善するか，その目標値を決める．現状のピッチタイムT分の内訳として，実切削時間A_j分と非切削時間B_j分の数値を調査し，目標値として決めた生産能率の向上α%から，実切削時間をどのくらい低減すればよいかを算出する．図2.12のβ_jが実切削時間の低減率である．

(3) 手順③

実切削時間の低減率を求めたら，次に対象ラインのどの工程を改善するかを決める必要がある．

ラインの各工程のピッチタイムを図示化したピッチダイヤグラム上で，生産能率をあげる時間$\alpha \cdot T$の線を引いて，その線よりはみ出したものが改善を必要とする工程である．図2.12のラインでは，ピッチタイムは工程No2で決まり，改善工程はこのNo2と工程No3，5である．

これらの各工程のピッチタイムの低減係数αは，次のとうりである．

工程No2 　　$\alpha_2 = \alpha$

工程No3のα_3は

$$T_3 \cdot \alpha_3 = T_2 \cdot \alpha_2 - (T_2 - T_3)$$
$$\therefore \alpha_3 = 1 - T_2(1 - \alpha)/T_3$$

工程No5 　　$\alpha_5 = 1 - T_2(1 - \alpha)/T_5$

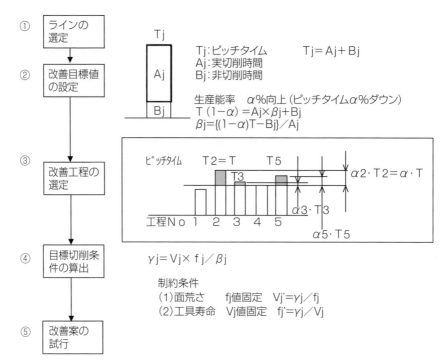

図 2.12

そして，各工程の実切削時間の目標低減係数 β は

工程No2　　$\beta_2 = \{(1-\alpha)\cdot T_2 - B_2\}/A_2$

工程No3 の β_3 は

$A_3\cdot\beta_3 = T_3(1-\alpha_3) - B_3$

$A_3\cdot\beta_3 = T_3 - T_3\cdot\alpha_3 - B_3$

$\alpha_3 = 1 - T_2(1-\alpha)/T_3$ であるから

$A_3\cdot\beta_3 = T_3 - T_3\{1 - T_2(1-\alpha)/T_3\} - B_3$

$A_3\cdot\beta_3 = T_3 - T_3 + T_2(1-\alpha) - B_3$

$A_3\cdot\beta_3 = T_2(1-\alpha) - B_3$

$\therefore \beta_3 = \{(1-\alpha)\cdot T_2 - B_3\}/A_3$

工程No5　　$\beta_5 = \{(1-\alpha)\cdot T_2 - B_5\}/A_5$

となる．

(4) 手順④

各工程の目標低減率が決まったら，次に目標切削条件を決める必要がある．切削能率の指標としては，2.5.2(3)項で述べたように，切削速度 V (m/min) と切削送り f (mm/rev) の積で表示する．ただし，改善対象工程で加工する場所が，たとえば，外径の加工と端面の加工の切削条件が異なるように，複数箇所ある場合が多いので，一箇所の場合と複数箇所加工する場合に分けて述べる．

1) 加工箇所が一箇所の場合の能率指標 γ

工程No2　　　　　$\gamma_2 = V_2 \times f_2/\beta_2$

工程No3　　　　　$\gamma_3 = V_3 \times f_3/\beta_3$

工程No5　　　　　$\gamma_5 = V_5 \times f_5/\beta_5$

2) 加工箇所が複数箇所ある場合の能率指標 γ

　　　　　工具 No

工程No2　A　　　$\gamma_2A = V_2A \times f_2A/\beta_2$

　　　　　B　　　$\gamma_2B = V_2B \times f_2B/\beta_3$

　　　　　C　　　$\gamma_2C = V_2C \times f_2C/\beta_4$

　　　　　D　　　$\gamma_2D = V_2D \times f_2D/\beta_5$

工程No3　A　　　$\gamma_3A = V_3A \times f_3A/\beta_3$

　　　　　B　　　$\gamma_3B = V_3B \times f_3B/\beta_4$

　　　　　C　　　$\gamma_3C = V_3C \times f_3C/\beta_5$

工程No5　A　　　$\gamma_5A = V_5A \times f_5A/\beta_5$

　　　　　B　　　$\gamma_5B = V_5B \times f_5B/\beta_6$

　　　　　C　　　$\gamma_5C = V_5C \times f_5C/\beta_7$

　　　　　D　　　$\gamma_5D = V_5D \times f_5D/\beta_8$

　　　　　E　　　$\gamma_5E = V_5E \times f_5E/\beta_9$

上記の工具別の切削条件加工能率指標 γ をもとに，切削条件を決めるのであるが，その工程の制約条件がある場合はその条件を加味する必要がある．

その制約条件がなにもなければ，切削速度 V と切削送り f の積を γ_j にひきあげればよいが，たとえば，現状の条件で加工面粗さの工程能力がない場合，あるいは，現状の条件で工具寿命が短い場合，どうしても条件をいじれない場合がある．従って，加工上の制約条件を考慮して目標切削条件を設定する必要がある．

3) 面粗さの工程能力がなくて fj を上げられない場合は，切削条件 Vj を上げる

3-1) 加工箇所が一箇所の場合

工程No2　　　　　$V_2 = \gamma_2/f_2$

工程No3　　　　　$V_3 = \gamma_3/f_3$

工程No5　　　　　$V_5 = \gamma_5/f_5$

3-2) 加工箇所が複数箇所ある場合

　　　　　工具 No

工程No2　A　　　$V_2A' = \gamma_2A/f_2A$

　　　　　B　　　$V_2B' = \gamma_2B/f_3B$

　　　　　C　　　$V_2C' = \gamma_2C/f_4C$

　　　　　D　　　$V_2D' = \gamma_2D/f_5D$

工程No3　A　　　$V_3A' = \gamma_3A/f_3A$

　　　　　B　　　$V_3B' = \gamma_3B/f_3B$

　　　　　C　　　$V_3C' = \gamma_3C/f_3C$

工程No5　A　　　$V_5A' = \gamma_5A/f_5A$

　　　　　B　　　$V_5B' = \gamma_5B/f_5B$

　　　　　C　　　$V_5C' = \gamma_5C/f_5C$

　　　　　D　　　$V_5D' = \gamma_5D/f_5D$

　　　　　E　　　$V_5E' = \gamma_5E/f_5E$

4) 現状の工具寿命が短くて切削速度 V を上げられない場合は，切削速度 f を上げる

4-1) 加工箇所が一箇所の場合

工程No2　　　　　$f_2 = \gamma_2/V_2$

工程No3　　　　　$f_3 = \gamma_3/V_3$

工程No5　　　　　$f_5 = \gamma_5/V_5$

4-2) 加工箇所が複数箇所ある場合

　　　　　工具 No

工程No2　A　　　$f_2A' = \gamma_2A/V_2A$

　　　　　B　　　$f_2B' = \gamma_2B/V_2B$

　　　　　C　　　$f_2C' = \gamma_2C/V_2C$

　　　　　D　　　$f_2D' = \gamma_2D/V_2D$

工程No3　A　　　$f_3A' = \gamma_3A/V_3A$

　　　　　B　　　$f_3B' = \gamma_3B/V_3B$

　　　　　C　　　$f_3C' = \gamma_3C/V_3C$

工程No5　A　　　$f_5A' = \gamma_5A/V_5A$

　　　　　B　　　$f_5B' = \gamma_5B/V_5B$

　　　　　C　　　$f_5C' = \gamma_5C/V_5C$

　　　　　D　　　$f_5D' = \gamma_5D/V_5D$

　　　　　E　　　$f_5E' = \gamma_5E/V_5E$

5) 現状の工程で面粗さの工程能力がなくて，かつ工

具寿命が短くて切削速度 V も上げられない場合は，バイト（チップ）のノーズ R を大きくするか，工具材質のグレードアップを図ってから，切削条件の改善をする必要がある．

2.5.2.3 TCR-2 手法の例題と解説

前章で TCR 手法について述べたが，その例題として TCR2 手法について以下に述べる．

表 2.9 がラインの工程別の加工時間と工具仕様および切削条件である．

問題のピッチタイムを 40% 低減するためには，工程 No2 と No3，No5 の 3 工程の改善をする必要がある．この 3 工程について，前節で述べた手順に従って，ピッチタイム低減係数 α と実切削時間係数 β を算出，そしてこの β をもとにして，各工程で使用している工具によって切削条件が異なるため，工具別に能率指標 γ を算出したものを**表 2.10** に示す．

たとえば，工程 No2 では $\alpha=0.4$，$\beta=0.429$ で工具 No2 の CNMG120412 の現状の加工能率指標は，切削速度は 150m/min と送り 0.2mm/rev から V・f=30 であるが，改善のための能率指標は 30/0.429=69.93 となる．この**表 2.10** の算出係数をもとに，改善案をまとめたものが**表 2.11** である．

表 2.11 の V' は切削送り f は現状のままで，切削速度だけで改善する場合を示し，f' は逆に切削速度を現状のまま送りだけで改善する数値を示す．

ここで，V' と f' のどちらを採用すべきか検討をする必要があり，たとえば切削速度だけで改善をする場合の V' の値と使っている工具材料をみて，V' で加工した場合，その工具材料では極端に工具寿命が低下しないかを確認する必要がある．

一方，切削送り f' で加工した場合，工具への負荷が増えて刃先の欠損が発生する心配がないかを検討する必要がある．例えば，工程 No2 の場合，V' も f'

例題 図 2.13 に示すラインは 5 工程で構成されていて，加工時間の最も長い第 2 工程でピッチタイムがきまっている．このラインの生産性を上げるために，ピッチタイムを 40% 低減したいが，これを満足する各工程の工具別の目標切削条件を求めよ．

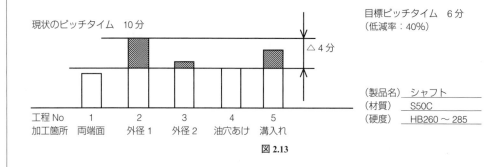

現状のピッチタイム　10 分

△ 4 分

目標ピッチタイム　6 分
（低減率：40%）

工程 No	1	2	3	4	5
加工箇所	両端面	外径 1	外径 2	油穴あけ	溝入れ

（製品名）　シャフト
（材質）　S50C
（硬度）　HB260 〜 285

図 2.13

表 2.9　工程調査票

工程 No	加工時間	実切削時間	非切削時間	工具仕様				V (m/min)	f (mm/rev)	※d (mm)
				工具 No	工具名	寸法	材質			
1	5分	4分	1分	01	チップ	φ100	WC コート	100	0.6	3
2	10	7	3	02	チップ	CNMG120412	WC コート	150	0.2	3
				03	チップ	DNMG150412	WC コート	180	0.2	3
				04	チップ	TNMG220408	WC コート	120	0.15	4
3	7	4	3	05	チップ	CNGG120412	TIC	120	0.2	0.5
				06	チップ	DNMG150412	TIC	200	0.1	0.5
				07	チップ	TNMG220408	TIC	220	0.1	0.5
4	6	4	2	08	ドリル	φ6	HSS	15	0.1	30
5	8	6	2	09	チップ	幅10	WC コート	80	0.1	8/半径
				10	チップ	幅6	WC コート	100	0.2	8/半径
				11	チップ	幅8	WC コート	100	0.1	8/半径

※：ドリルと溝入れは加工深さを示す　　　　　　　　　　□ 枠内：改善対象工程

も高すぎて，どちらも改善案としては，採用できそうもないため，Vとfの両方の値を変えて改善目標の加工能率指標を満足しなければならない．

工程No2は外径の荒加工であるため，加工品質より，工具寿命を重視する必要があり，切削速度は極端に大きな値を採用することは得策でない．

従って，まず妥当な切削速度を決めて，目標に達しない不足分を送りでカバーする手段を選ぶ必要がある．切削速度を決めるにあたり，本来なら，メーカーから取り寄せた寿命方程式をもとに工具寿命を確認してからきめるのが理想であるが，工具技術者のいままでの経験から，このくらいであれば，工具寿命の大幅な低下がなく加工できるだろうという速度を決める．

この設定した速度が，**表2.11**のV"である．

そして，V"では目標の加工能率指標を満足しないので，V"をベースにf"を算出する．工程No3は仕上げ加工で加工品質を重視して，面粗さが悪くならないように，切削送りf"をまず決めてV'"を逆算する．同様に工程No5は溝入れ加工で切削送りを大きくするとビビリが発生しやすいためf"を決めてからV'"を算出して，改善の目標加工能率指標を満足する切削速度と送りを**表2.11**の改善案V,fの値を決定する．そして，この改善案の切削条件を検証するために，テスト加工して，改善目標のピッチタイムを満足したかどうか，それと工具寿命の把握および加工品質上の問題点の有無を，確認する必要がある．

2.5.3 工具費の低減

製品1個あたりの工具費を原単位と呼ぶ．工具原単位は式2.31に示すように，工具の購入価と工具寿命および繰り返し使用回数で決まる．繰り返し使用回数は，何回その工具が繰り返し使用できるか，という数値で，再研削して使う工具であれば再研削可能回数，またスローアウェイ工具であればEdge（コーナ）数である．

$$C_{TG} = C_T / (S_N \cdot e) \quad \cdots\cdots\cdots 2.31$$

C_{TG}：工具原単位　（円／個）
C_T：工具価格　　（円）
S_N：工具寿命　　（個／Edge）
e：繰り返し使用回数（回）

式(2.31)から工具費を低減するには
(1)工具の価格を下げる
(2)工具寿命を延ばす
(3)Edge数または再研削回数を増やす
が上げられる．

それに，一度使い終わった工具を修正して

表2.10　算出係数

工程No	ピッチタイム低減係数 α	実切削時間係数 β	工具No	加工能率指標 γ
2	0.4	{(1−0.4)×10−3}/7=0.429	02	150×0.2/0.429=69.93
			03	180×0.2/0.429=83.92
			04	120×0.15/0.429=41.96
3	1−10×(1−0.4)/7=0.143	{(1−0.4)×10−3}/4=0.75	05	120×0.2/0.75=32.0
			06	200×0.1/0.75=26.67
			07	220×0.1/0.75=29.34
5	1−10×(1−0.4)/8=0.25	{(1−0.4)×10−2}/6=0.667	09	80×0.1/0.667=11.99
			10	100×0.2/0.667=29.99
			11	100×0.1/0.667=14.99

表2.11　改善案

工程No	工具No	f固定の場合 V'	V固定の場合 f'	V"	f'" γ/V"	V'" γ/f"	改善案 V	改善案 f
2	02	69.93/0.2=349.7	69.93/150=0.47	250	0.28		250	0.28
	03	83.92/0.2=419.6	83.92/180=0.47	250	0.34		250	0.34
	04	41.96/0.15=279.8	41.96/120=0.35	250	0.17		250	0.17
3	05	32/0.2=160	32/120=0.27		0.20	160	160	0.20
	06	26.67/0.1=266.7	26.67/200=0.14		0.20	134	134	0.20
	07	29.34/0.1=293.4	29.34/220=0.14		0.20	147	147	0.20
5	09	11.99/0.1=119.9	11.99/80=0.15		0.15	80	80	0.15
	10	29.99/0.2=150	29.99/100=0.3		0.15	200	200	0.15
	11	14.99/0.1=149.9	14.99/100=0.15		0.15	100	100	0.15

(4) 使用済み工具の再生活用

も工具費を低減する有効な手段である．

　これらの4項目について，改善の着眼点と改善方策を**表2.12**にまとめて示す．この改善方策を，どの工具に適用すべきかが大切であるが，マトリックス表としてその例を**表2.13**に示す．**表2.13**の(1)～(16)の代表的な改善項目について，次項に事例として解説するが，以下にワンポイント注記を記述する．

(1) 複雑なフォームドカッタ等は刃先部分をできるだけ小さくして，シャンク部分と分割して組立式とすることにより，消耗部分の価格を低減する．

(2) サーフェースブローチも切れ刃部分と本体部分を分けてボルト締めにして，一体型と同形状として，刃先部のみ交換する．

(3) 超硬の大径ドリルはできるだけスローアウェイ式を用いる

(4) 削りしろに対して，必要以上に大きなサイズのチップを使わない

(5) 加工深さに対して必要以上に長いドリルは，避ける

(6) すべての工具について，機能が同等以上で廉価のものが他社にないか，定期的に比較する

(7) 特殊仕様をやめて，標準品とし，かつ種類を統一して管理費を下げる

(8) 習慣的にロング仕様の特殊品を使用してないか

(9) 削り易さ，削られ易さを検討するか，または担当部門に検討させる

(10) すくい角が少なくて切れ味が悪くないか

(11) 再研削の作業性を重視すると，粗い砥石を使う傾向があるが，細粒砥石を用いることにより，作業性は若干低下するが，工具寿命向上効果のほうが大きい

(12) 再研削ごとにコーティングして，コーティング費用をかけても，工具寿命の低下が抑制できるため，経済的に有利

(13) シャンク部のキズ，打痕，サビはホルダに取り

表2.12　工具費の低減方策

No	項目	No	改善の着眼点	No	改善方策
1	工具価格の低減	1	工具のVE	1	工具形状のシンプル化
		(1)	工具製作工数の減少	2	低価格材への変更
		(2)	工具材料のローコスト化		
		2	低価格工具とメーカーの採用	3	標準工具の採用
				4	円高下での輸入工具の採用
2	工具寿命の向上	1	$VT^{n_1} \cdot MC^{n_2} \cdot Mt^{n_3} = C1$ の改善 ……… 2.32		
		(1)	n_1 の減少，$C1$ の増大	5	耐熱・耐摩耗性のよい工具材の採用
		(2)	V の減少	6	切削速度の適正化
		(3)	MC^{n_2} の減少	7	工具・治具・設備の高剛性化
		(4)	Mt^{n_3} の減少	8	被削材の改良
		2	$\theta T^{n_4} = C2$ の改善 ……………………… 2.33		
			$\{\theta = K \cdot V^{n_5} \cdot f^{n_6} \cdot ((90-\varepsilon^{n_7})/84)\}$ …2.34		
		(1)	n_4 の減少，$C2$ の増大		
		(2)	θ の減少		
		-1	V の減少	9	切削速度の適正化
		-2	f の減少	10	切削送りの適正化
		-3	ε の増大	11	工具すくい角の適正化（増大）
		3	ワーク（被削材）のVE	12	無加工化・削代減少・形状の簡素化
		4	再研削精度の向上	13	面荒さ向上（新品寿命の維持）
		5	工具取り扱い管理の改善	14	切刃部のチッピング・シャンク部の打こん・曲がり破損防止
3	再研削回数の増大	1	工具形状の改善	15	切刃有効長さの増加
4	再生活用	1	資源の有効活用	16	残在価値の再活用（使用済み工具の修正再活用）

(注) 表中の式2.32は一般的な工具寿命方程式に切削速度と剛性係数，被削性係数を取込んだ試験式を示す
　　 この工具寿命方程式の切削速度の代わりに要素として切削熱に置き換えたものが2.33式である．
　　 式③は切削熱の実験式のパターンを示す．

　　　MC　　：工具, 治具, 設備の剛性係数
　　　Mt　　 ：被削性係数
　　　θ 　　 ：切削熱
　　　K　　　：常数
　　　ε 　　 ：すくい角

付けた際，刃先のフレが生じる原因となり，工具寿命の低下，加工品質の悪化を招く
(14) スローアウェイ式の場合，ポジティブチップをネガティブチップに変更できないかまた特殊工具は，コストを上げない範囲で刃長増が図れないか
(15) 使い終わった工具も捨てる前に，サイズダウンや修正して他工程で使えないか
(16) オイルミスト装置を使って，発生熱を冷却して工具寿命の向上が図れないか
(17) その他

・工具材料のグレードダウン
  欠損やチッピングが発生して，刃先のホーニング処理でカバーできないときは，材質を柔らかいものに変更する
・工具交換基準の変更
  工具を交換する時，あと10％余分に加工できないかという意識を作業者に植え付けて，実践する
・一括発注
  在庫負担にならない範囲で一括発注して値引きをする

2.5.3.1 改善事例と解説

表2.13の改善項目について，代表的な改善事例や説明を以下に述べて読者の今後の工具費の低減活動の参考に供したい．

(工具形状のシンプル化)

フォームドツールはコストが高く，工具費を低減するには消耗部分をできるだけコンパクトにして，廃却する費用を少なくする必要がある．

(1) フォームドカッタの分割化

図2.14の(a)はボールエンドミルとザグリの部分とが一体型となったもので，加工時間は二箇所を同時に行なうので短時間ですむが，工具は複雑となり高価になる．この複雑な工具はザグリ部よりボールエンドミルのほうが負荷が大きく，速く損傷する．損傷したら，再研削して加工をするが，何回か再研削して廃却することになる．

(b)はボールエンドミルとザグリ刃部を分割して組立式にしたもので，早く消耗するボールエンドミルのみ交換することにより，下記計算例で示すように，工具原単位を約30％低減することが可能である．

〈計算例〉

一体型フォームドカッタ価格　　　　23,000円
再研削回数　　　　　　　　　　　　8回
工具寿命　　ボールエンドミル部　100個/Reg
　　　　　　ザグリ部　　　　　　500個/Reg
工具原単位　23,000/｛(8+1)*100｝
　　　　　　＝25.56円/個 …………①
分割型フォームドカッタ価格
　　　　　　ボールエンドミル部　12,000円
　　　　　　ザグリ部　　　　　　16,000円
工具寿命　　ボールエンドミル部　100個/Reg
　　　　　　ザグリ部　　　　　　500個/Reg
工具原単位　12,000/｛(8+1)*100｝＝13.34円/個
　　　　　　16,000/｛(8+1)*500｝＝3.56円/個
　　　　　　　　　　計16.9円/個　………②

原単位比②/①＝0.661

従って，分割型のほうが33.9％低い工具費で加工することができる．この例のようなフォームドカッタで，加工する負荷の相違から，刃部の損傷状況が異なる場合は分割型のほうが工具費低減に効果がある．

(2) サーフェースブローチの分割化

エンジンの部品であるシリンダブロックやコネクティングロッド等の加工に用いるサーフェースブローチは，一般的にコバルト含有量の多い高級ハイ

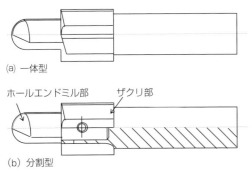

図2.14　フォームカッタの分割化

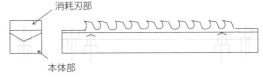

図2.15　サフェースブローチの分割化

表2.13 改善方策の適用例

No	改善方策	改善項目	スローアウェイチップ	フォームドバイト	バイトホルダ	エンドミル	Tスロットカッタ	フォームドカッタ	カッタブレード
1	工具形状のシンプル化	分割化						(1)○	
		スローアウェイ化						○	
2	低価格品への変更	ミニチュア化	(4)○						
		メーカーチェンジ	(6)○	○	○	○	○	○	○
3	標準工具の採用	種類の統一	(7)○						
4	円高下での輸入工具の採用	海外調達	○			○			
5	耐熱・耐摩耗性のよい工具材料の採用	グレードアップ	○			○			○
		表面処理	○	○		○	○		
6	切削速度の適正化		○			○	○		
7	工具・治具・設備の高剛性化	工具剛性アップ		○				○	
8	被削材の改良		(9)						
9	切削送りの適正化		○	○		○		○	○
10	工具すくい角の適正化		(10)○		○				
11	無加工化・削代減少 形状の簡素化								
12	面粗さ向上（新品寿命の維持）	再研精度アップ	(11)	○		○	○	○	
		再研再コート		○		○			
13	切刃部のチッピングシャンク打こん・曲がり破損防止		○			○	○	○	○
		(13)		○	○				
14	切刃有効長さの増加		(14)○						○
15	残在価値の再活用（使用済み工具の修正再活用）	再生活用	(15)○			○			
16	その他	グレードダウン	○					○	
		切削油変更				○	○		
		交換基準変更	○					○	
		切りくず処理	○						
		一括発注	○	○	○				
		オイルミスト供給	(16)○			○			

スを使っており，切刃部より本体のほうが材料費の占める割合が多い．このサーフェースブローチの場合も使い終わったら捨てる消耗刃部を小さくすることにより，工具費を低減することが可能である．図2.15にその例を示す．

図2.15の本体部は高級ハイスを用いる必要はなく，工具鋼を焼き入れしたもので十分である．切刃部は本体にボルト締めしておいて，消耗したら刃部のみ交換し，本体は何度も繰り返して使用することが可能であり，工具費を約10%低減することが可能である．

(3)ドリルのスローアウェイ化

ドリルで加工すると，ドリルの先端の形状は118度の円錐状となるが，スローアウェイドリルは，この円錐形状とはならないが，下穴形状に制約がなければ，径が15mm以上のドリルはできる限りスローアウェイ式を使うことを奨める．スローアウェイ式の利点は，切刃部に超硬コーティングチップを用いて高能率加工をすることができる点と，再研削をする必要がなく管理しやすいことである．**表2.14**はスローアウェイドリルの改善例であるが，加工時間は1/5で，ランニングコストは1/7となった例である．
(低価格品への変更)
(4)チップサイズ

最近は鍛造や鋳造の技術が進歩して，削りしろを少なくしたニアネットシェイプが叫ばれており，加

ホブカッタ	サーフェースブローチ	キーブローチ	ピニオンカッタ	HSSドリル	WCドリル	リーマ	タップ	ガンドリル	センタードリル	砥石	ダイヤドレッサ
	(2)○										
					(3)○						
				(5)○	(5)○						
○	○	○	○	○	○	○	○	○	○	○	○
				(8)○	○	○	○				
				○	○			○	○	○	
				○	○	○	○				
	○	○	○								
○				○	○	○	○			○	
				○	○	○		○			
○				○	○	○				○	○
○	○										
○	○	○	○	○	○	○	○	○	○		
(12)○	○	○	○	○	○	○	○	○	○		
○	○	○	○	○	○	○	○				
				○	○	○					
○	○			○	○						
				○				○		○	○
					○						
○	○	○	○			○	○	○		○	
				○	○						
				○	○		○	○			
				○							
○				○	○	○					

工に使用するスローアウェイチップも大きなものを用いる必要がない．ISOやJISの規格を変更して，各サイズ共1～1.5mmほど小さくしてコストを下げることができれば理想であるが，各工程で使用しているチップのサイズと削りしろを再調査して，チップサイズをワンランク下げられないか検討することが大切である．

(5) ドリルの長さ

ドリルのガイドブッシュを用いないで加工する場合のドリルの長さは，加工長プラス再研削しろ以内におさえる必要がある．再研削しろは一般的には20～30mmで，必要以上に長いと加工中に座屈現象を起こして，ドリルの損傷が早まったり，破損を起こしやすくなる．

ガイドブッシュを用いる場合は，加工長プラスガイドブッシュまでの距離と再研削しろ以内に押さえる必要がある．できればガイドブッシュを用いる場合とガイドブッシュを用いない場合とに分けて加工長に対するドリルの長さの標準を作成しておくことが大切である．

表2.15がその参考例であるが，ドリルの溝長と全長については表の注記に示すように数値を丸めて，標準数として10mm飛びに設計すると，ドリル種類の統一化が図れて種類の増加防止となる．このように，工具を設計するときは，極力種類を増やさないように配慮することが大切である．

表 2.14 ドリルのスローアウェイ化による効果

被削材 : FC250
硬度 : HB180～220
ドリル径 : φ17.5

		①HSSドリル	②スローアウェイ ドリル	比②／①
回転数	N min⁻¹	455	1365	
切削速度	V m/min	25	130	
送り	F mm/min	91	478	
	f mm/rev	0.2	0.35	
加工長	L mm×穴数	40×5	40×5	
工具寿命	n 個/reg	100	250	
加工時間	T min	2.2	0.42	1/5
工具価格	Ct 円	15000	1000 (チップの価格)	
再研削数	e 回	15	3	
原単位	C_{TG} 円/個	10	1.4	1/7
再研工数	T"min	7.2	2	
再研費用	C_{rg} 円/個	6.1	0.7	1/4
ランニングコスト	$C_{TG}+C_{rg}$	16.1	3.1	1/5

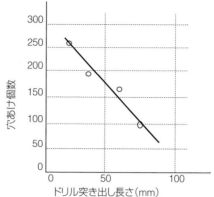

ドリル径 : φ5
被削材 : SK-7 (HB 216～227)
切削速度 : 23.6m/min
送り : 0.17mm/rev
切削長 : 15mm貫通
切削油 : 水溶性
使用機械 : ボール盤

図 2.16 ドリルの突き出し量と寿命
(第46回切削油技術研究会資料)

このように，ドリルの標準寸法を整備することにより，必要以上に長いドリルを使うことを避け，ドリル寿命の低下防止を図ることができる．**図 2.16** にドリルの突き出し長さと穴あけ個数の関係を示す．

(6) メーカーチェンジ

工具の価格はタングステンやコバルト等のレアメタルの市場価格で変動することがあるが，一般には大きく，また短期間に変動する品物ではない．しかし，メーカーによってかなりの価格差がある場合もあるため，定期的に3社か4社から見積を取り寄せ，価格比較をして工具寿命等の機能が同じであれば，廉価なメーカーの工具を採用することが大事である．

メーカーを変更する場合，メーカーあるいは商社が納得する方法を考えなければならない．その方法の例として，

1) オリンピック

工具価格，寿命，加工品質についての競争促進

2) 技術提案制度

ラインもしくは工程の改善目標を提示して，メーカーに技術提案指示

3) 入札制

対象工具の仕様を提示し，数社から入札させて，廉価のメーカーを抽出

4) CS 評価

メーカーを点数評価して，点数の低いメーカーを変える，もしくは点数が上がるように指導

評価項目の例

・オリンピック，技術提案，入札への参加回数と，採用件数
・技術情報提供件数
・来訪技術者の技術レベル
・技術者の来訪回数
・新技術開発力
・納期達成率等

(標準工具の採用)

(7) 工具種類の統一

新たにラインを設置したり，設備を更新する場合，機械メーカーで設計したツーリング図をチェックして承認するのが一般的な業務の流れであるが，このときにできるだけ ISO や JIS にて規定してある標準工具を使うように機械メーカーに厳しく指導する必要がある．もちろん，ISO や JIS の規定品以外でも，工具メーカーの標準品で常に在庫を確保している工具も採用してよい．

ツーリングの承認図の段階で機械メーカーに対して，標準工具を採用するように指導しないと，機械をつくりやすい方向でツーリング図を作成してしまうケースが多く見られ，機械に合わせて工具は専用設計となり，工具の価格が高くなり，加工が始まると，ランニングコストを押し上げる結果となってしまう．

標準工具を採用することにより，工具種類が増加

表 2.15 ドリルの長さの設計標準

ドリル径	加工長	ガイドブッシュまでの距離	再研削しろ	①溝長	シャンク	②シャンク長	③ネック部	②+③	全長
φ14以下	L1	L2	20	L1+L2+30	MT1	65	11	76	①+76
φ14.1〜φ23	L1	L2	25	L1+L2+35	MT2	84	13	97	①+97
φ23.1〜φ32	L1	L2	30	L1+L2+40	MT3	99	13	112	①+112
φ32.1〜φ50	L1	L2	45	L1+L2+60	MT4	124	16	140	①+140

(注) 1 ガイドブッシュなしでの加工の場合は L2=0 で算出
2 算出した溝長は繰り上げして 10mm 飛びに設定のこと
3 算出した全長は四捨五入して 10mm 飛びに設定のこと

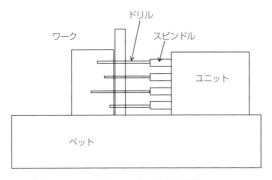

(a) ドリルの長さがマチマチの穴あけ専用機

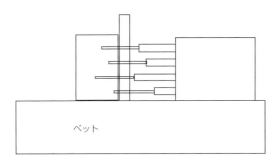

(b) ドリルの長さを統一した穴あけ専用機

図 2.17 工具種類を増やさない機械の例

するのを抑制し,さらに発注したときの納期が短くて,管理工数の低減にも寄与することができる.一般論であるが,100種類の工具が200種類に増えると,管理する手間は約 $\sqrt{200/100} = 1.4$ 倍となり,管理費用が膨れる結果となる.

図 2.17 に穴あけ専用機の例を示す.

機械の設計段階で工具の種類をできるだけ少なくすることを考えて,(b)のようにスピンドルの長さを変えた機械を設計させる必要がある.このように一見単純なことであるが,これが工程設計者が見過ごしてしまうことが多い.工具の種類を低減することは,工具の管理費用を抑制するだけでなく,今後の生産ラインの改善にも大きな効果があるので,関係部門を含めて工具種類の増加を抑える必要がある.

〈工具種類の増加を抑制する手段〉

イ)工具形状,材質の統合
ロ)加工部品の設計変更(2.7項の例参照)
ハ)加工法を変更して,一つの工具で数種類の形状を加工

工具形状や材質の統合では,調達先の工具メーカーを絞ることが先決といえる.なお,ロ)の設計変更提案については,2.7項で,ハ)の一つの工具で数種類の形状を加工する方法は,3章の3.2.2項で具体例を紹介する.

(8)特殊工具の見直し

企業が活発に活動しているときは,工場では効率よく生産する目的で,レイアウトの変更をして,加工する場所や機械をかえることがある.

特に機械を変更する場合,機械の仕様が変わり,標準工具で十分に加工できるケースでも,生産技術担当者は,従来の特殊工具をそのまま使う工程設計をすることが,よくある.

いままで使っていたからという習慣が製造原価を上げている結果となっていることに,気づかなければならない.

このように,機械や工程を変更するときに,本当に特殊工具でなければ加工できないのかを見直しするように,生産技術担当者を指導教育することが工具技術者として大切な業務でもある.

(9)被削性

いくら剛性のある良い機械に工具を取り付けて加工しても,切削する被削材が削りにくければ,生産性が落ち,工具の消耗が早まり工具費が上がることになる.

ステンレス鋼やニッケルベースの耐熱鋼など被削性のよくない材料を加工するときは,別として,一般の合金鋼を加工するときも,ある時期から急に工具寿命がおちて,ひどい時は加工すらできないことがある.

設備や治具,工具,切削油などすべて調べても,

工具寿命が低下する原因となるものは見つからず，切削条件も変わってないのに，このような現象がおきることがある．

筆者が経験したことでは，購買部門の改善活動で材料費の低減をするため，鍛造メーカーを変更するときに，このような工具寿命が極端に低下した例を幾度となく遭遇してきた．素材の入庫のときに取り寄せる素材検査表を調べても，硬度は規格内で問題はなく，成分もスペックどうりにできあがっている．

ただ，素材の含有成分の内，不純物として硫黄が0.035％未満という規格で，その工具寿命が悪い素材は0.005％であった．従来の問題のなかったメーカーの素材検査表は0.03％であり，この不純物として入っていた硫黄の含有量の差で，工具寿命におおきな違いがでていたのである．

当然，材料としては硬度も組成も全て規格どうりで，非金属介在物が少なく高級な材料であるが，削りやすさという点からは，よい材料とはいえない．

従って，素材標準として JIS の規定どうりでなく，削りやすい被削性のよくなる自社の生産技術標準を整備することが，安いものづくりのコツといえる．

被削性は数量的に被削性率として MR 値（Machinability Rating）で表示するが，その実験式の例を式 2.35～2.36 に示す．

AISI 1213 鋼[1)]

$$MR = 159 - 850 \times C(\%) - 1800 \times Si(\%) + 150 \times S(\%) \quad \cdots\cdots 2.35$$

AISI 12L14 鋼類似の複合快削鋼[2)]

$$MR = 265 - 600 \times C(\%) - 1300 \times Si(\%) - 100 \times Mn(\%) + 100 \times S(\%) + 100 \times Pb(\%) \quad \cdots\cdots 2.36$$

式から，C（炭素）やSi（シリコン），Mn（マンガン）は含有量が多くなると MR 値が小さくなり，被削性は悪くなる．

S（硫黄）と Pb（鉛）は MR 値を大きくするため，被削性がよくなることがわかる

この S や Pb 以外に被削性を改良する元素として，Ca（カルシウム），Bi（ビスマス），Te（テルル），Se（セレン）などが知られている．

（工具すくい角の適正化）

(10)切削工具のすくい角

すくい角の大小は，直接切れ味の善し悪しに影響する．

工具は**図 2.18** に示すように，必ず，すくい角と逃げ角およびクサビ角があり，すくい角がプラスのものをポジティブタイプといい，すくい角がマイナスのものをネガティブタイプと区分している．この三つの角度の合計は 90 度となり，すくい角は大きいほど切れ味がよい反面，クサビ角が少なくなり刃先の強度が低下する．

カミソリの刃先の製作工程は荒研（第 1 研），中研（第 2 研），仕上研（第 3 研）に分かれており，くさび角は第 1 研が 11～14 度，第 2 研 15～20 度，第 3 研 20～25 度となっている．[3)]（**図 2.19**）

通常の機械加工で使用する切削工具と比べると，非常にくさび角が小さく，髭を剃るのには良いが，このカミソリで機械加工をすると一瞬のうちに破損してしまう．

つまり，我々が毎日加工している金属と髭との被削性の差であり，それが切削抵抗の大小として刃先に作用するため，被削性の悪い切削抵抗の大きい金属を加工する場合は，切削抵抗に負けない強度を保有させるために，適度のクサビ角が必要となる．

ごく一般的な工具の刃先角度は，以下の構成となっている．

(1)ポジティブタイプ
・すくい角　　　　6°
・くさび角　　　　78°
・逃げ角 6°

(2)ネガティブタイプ
・すくい角　　　　－6°
・くさび角　　　　90°
・逃げ角 6°

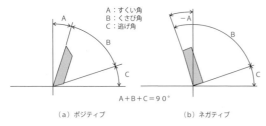

図 2.18　工具すくい角

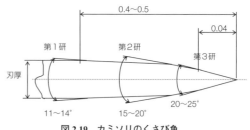

図 2.19　カミソリのくさび角

参考資料
1) E.J.Paliwado：Trans, ASM, 47（1955）P680
2) E.J.Paliwado：Trans, ASM, 50（1958）P258
3) 精密工学会誌　54/11/1988P16　山田克明他

カミソリの剃り角は，刃を取り付けるホルダの形状できまるが，20～25°に設定されているのが一般的である．剃り角と刃先角を20°とすると，**図2.20**に示すように，逃げ角は10°ですくい角は60°となる．この大きなすくい角のために，カミソリは切れ味がよく，柔らかい髭を剃るのに有効な働きをしている．

切削工具の場合，切れ味をよくするために，**図2.21**の(a)のようにすくい角を19°にすると，くさび角は65°となり刃先の強度が低下して，切削中にチッピングや欠損が発生してしまうが，(b)のように刃先処理をすることにより刃の尖端のくさび角は95°となり，チッピングを防ぐことができる場合もある．

刃先処理の角度は25～30°で幅は0.1～0.3mmが一般的であるが，幅については，一刃あたりの送りfmm/刃の1～1.5倍がよい．この刃先処理でチッピングが防止できるメカニズムについては，2.5.3.4項で説明する．このすくい角を増加することにより，特に効果がでるのが鋳鉄材のミーリング加工である．

鋳鉄材のミーリング加工は加工数とともに逃げ面摩耗が進行して加工面の穴や加工の終わり側にコバ欠けが発生する．（**図2.22**）

カッタのアプローチ角（コーナ角）によっても左右されるが，コバ欠けの発生が少ないアプローチ角の大きなカッタでも逃げ面摩耗が進行すると，コバ欠けがでてくる．**図2.23**にアプローチ角によって，切りくず厚さと送り方向に作用する切削抵抗の差を示すが，アプローチ角が大きいカッタのほうが，切りくず厚さや切削抵抗が少ないことがわかる．従って，アプローチ角が大きいカッタで，すくい角を大きくして，切れ味をよくすれば，コバ欠けの発生を遅らせることができ，工具寿命を延ばすことが可能である．

（工具面粗さ向上）
(11) 再研削精度の向上

再研削精度については，1.6項の**図1.6**で説明したように，工具寿命に影響するだけでなく，加工品質に直接影響する大切な要素である．従って，再研削後の品質チェックをいかに行なうかが重要となってくる．

加工する製品の品質チェックは作業者がその出来映えを自己チェックして，重要項目については品質管理部門である検査グループで，その良否判定のための計測をし，品質の悪い製品を後工程に送らないようにする．

「工具の善し悪しが品質を決める」のとうり，工具の品質が良くなければ，良い製品を造ることはできない．

工具を再研削して品質の出来映えチェックを作業者が行ない，製品の検査のように，専門の検査グループを置き，品質保証をすることが理想であるが，こ

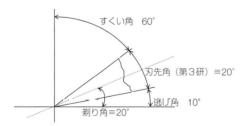

図2.20　カミソリのすくい角[3]

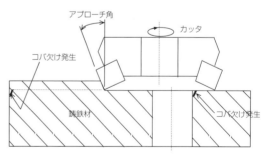

図2.22　ミーリング加工時のコバ欠け

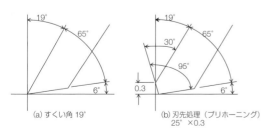

図2.21　刃先処理

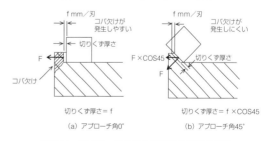

図2.23　アプローチ角による切りくず厚さの差

表 2.16 工具再研削時の自己チェック標準

工具再研削自己チェック標準

対象作業　　工具再研削

対象作業者　工具再研削作業者

対象品目　　再研削工具全点

再研削の完了した工具についてはすべて，下記手順にて自己チェックを実施すること

No	作業名	作業上の要点
1	自己チェック	自己チェック用の「工具検査項目」を参照し，指定してある項目について不具合の有無を確認のこと
2	測定チェック	再研削した箇所について，工具図面の寸法公差内か確認 測定には下記測定具を使用のこと
3	修正	寸法公差外の場合は，再々研削を行ない，修正する
4	データ記録	指定された重要工具については，データシートに，検査結果を記録する (記録データは3年以上保管のこと)

測定具使用区分

No	測定項目	チェック精度 (mm)			備考
		一般公差	0.03以上	0.02以下	
1	長さ	ノギス	マイクロメータ	工具顕微鏡	
2	径	ノギス	マイクロメータ	工具顕微鏡	
3	フレ	―	ダイヤルゲージ スモールテスター	ダイヤルゲージ スモールテスター	
4	フォームドプロフィル	投影機，工具顕微鏡			
5	チッピング	ルーペ，マイクロスコープ，工具顕微鏡			
6	歯形	―	―	歯車試験機	
	備考				

の再研削後の品質チェックのための人を投入している企業はほとんど皆無といえる．

従って，工具は再研削時の作業者による自己チェックで品質を確認しているのが実状であり，技能差のある作業者に同じレベルで自己チェックさせる標準化が大切なことといえる．

その標準書の例を**表2.16**と**表2.17**に示すので参考としていただきたい．

(12) 再研再コーティング

耐摩耗性を向上させる目的で，工具の表面に各種硬質物質をコーティングさせる技術が開発されてから，工具寿命が飛躍的に延びた．このコーティングには，CVD処理(化学的処理)とPVD処理(物理的処理)があり，その特徴を**表2.18**に示す．コーティング層の母材への密着強度はCVDのほうが強く，その分コーティング層を厚く処理することが可能である．

この処理層が厚いということで，切れ刃の稜線部分が丸くなり，加工面が粗くなる場合があることと，断続切削時に剥離する場合もある．一方，PVD処理はCVD処理より密着強度に劣るためコーティング層を厚くすると剥離する可能性がある．

これらの相違から，CVD処理は処理母材は超硬合金およびそれと同等の材料に処理をして，PVD処理はCVD処理のように高温処理すると母材が軟化してしまう材料もしくは，超硬合金でも主に，仕上げ加工の連続切削に適用すると，耐摩耗性が向上してコーティング処理の効果が発揮される．

表 2.17 自己チェック時の検査項目

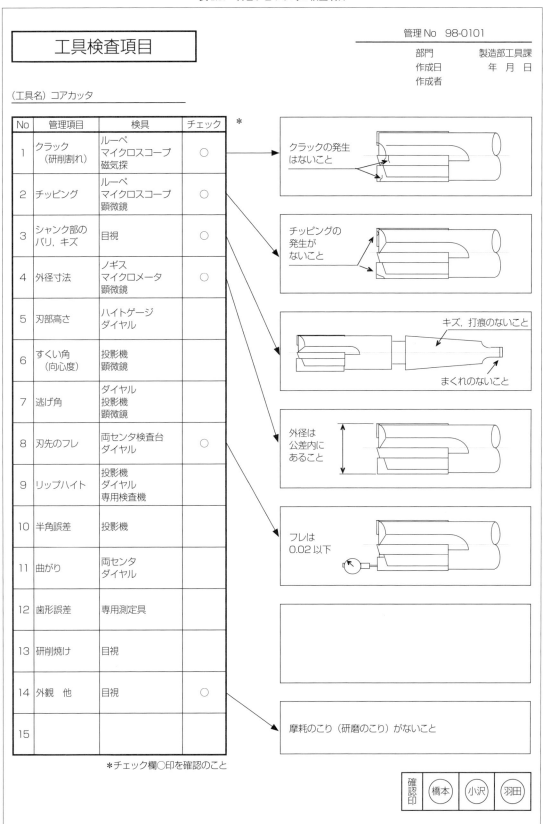

表 2.18　CVD 法と PVD 法の比較

	CVD 処理	PVD 処理
1. 処理法	炉中でガス状四塩化チタン (TiCl₄) と水素メタンガスを用いて工具の表面に付着させる.（内部浸透は微量）	炉内の TiC などを電子ビームにより蒸発させて,中間電極の放電によりイオン化させて皮膜させる.
2. 処理温度	通常　1,000℃前後	通常　500℃以下
3. コーティング物質	TiC, TiN, TiCN, Al₂O₃ など各種	TiC, TiN, TiCN, TiAlN など各種
4. 処理母材	通常,超硬合金と同等ないしは,それ以上の耐熱性を有する材料	ハイス,ろう付工具 超硬合金他各種
5. コーティングの特徴	①靱性が高い ②耐摩耗性が高い ③耐熱性が高い ④PVD より厚く処理可能 ⑤強度：母材よりやや低下 ⑥母材の形状の制約はない	①靱性が高い ②耐摩耗性が高い ③炉を大きくすると処理ムラが発生する可能性がある ④母材の強度とほぼ同じ ⑤穴の内面等は不向き
6. 主な用途	旋削の一般的加工	ハイス工具（ホブカッタ,ドリルタップ他） ミーリング加工

CVD：Chemical Vapor Deposition（化学蒸着法）
PVD：Physical Vapor Deposition（物理蒸着法）

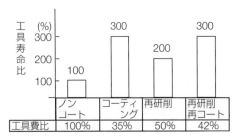

(a) ホブカッタ
m2.5 PA20 溝数16　φ90×150L×φ40
SKH55＋（TiNコート）

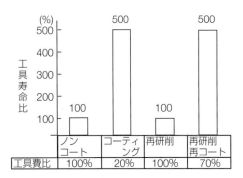

(b) バイト
80×60×140角バイト
SKH55＋（TiNコート）

図 2.24　再研削再コート化による寿命向上

このコーティング処理により,工具寿命が大幅に向上する可能性があるが,欠点は再研削をする工具の場合は再研削により,コーティング層がなくなってしまい,その効果が激減することである.しかし,再研削後に再コーティングをすることにより,寿命低下を防ぐことができる. 図 2.24 は再コーティングしたものと,しないものとの比較例である.

図 2.22 の (a) は歯車加工用ホブカッタの例で,コーティングすることにより,ホブ寿命は3倍にあがるが,すくい面を再研削することにより,すくい面のコーティングがなくなり,再コーティングしたものより寿命が低下する.ただし,逃げ面のコーティングは残っているため,ノンコートに比べれば寿命は2倍となっている.

つまり,再コーティングすることにより,寿命は新品のコーティング品と同等となり,コーティング費用をかけても,工具費を節約することができる.

この寿命低下防止の効果と再コーティングする費用をかけて,どちらが経済的に有利か計算する必要があるが,その例を以下に示す.

(12−1) 工具費の比較

$$CT = P_0 / (N_0 + N_1 \times Re_1) \quad \cdots\cdots 2.37$$

　$Re_1 = B_0 / RB_1$

　CT：再コートなしの工具費（円/ワーク）

　P_0：工具購入費（円）

　N_0：新品工具の寿命（個）

　N_1：再コートなしの再研削当たりの工具寿命（個）

　Re_1：廃却までの再研削回数（回）

　B_0：工具の有効再研削刃幅（mm）

　RB_1：再コートなしの工具研削しろ（mm）

$$CRT = (P_0 + P_1 \times Re_2 + P_2 \times Re_2/4) / (N_0 + N_2 \times Re_2) \quad \cdots\cdots 2.38$$

　$Re_2 = B_0 / RB_2$

　CRT：再コートありの工具費（円/ワーク）

　P_1：再コート費用（円）

P_2：4回に一回の皮膜除去費用(円)
Re_2：コートありの再研削回数(回)
N_2：再コートありの再研削当たりの工具寿命(個)
RB_2：再コートありの工具研削しろ(mm)

(12-2)工具の再研削費用

$$RT = CH_1 \times (T_0 + TR_1 \times Re_1) / (N_0 + N_1 \times Re_1) \cdots\cdots 2.39$$

$$RCT = CH_1 \times (T_0 + TR_2 \times Re_2) / (N_0 + N_2 \times Re_2) \cdots\cdots 2.40$$

RT：再コートなしの工具再研削費用(円/ワーク)
RCT：再コートありの工具再研削費用(円/ワーク)
CH_1：工具再研削のマンチャージ(円/min)
T_0：新品工具の再研削時間(min)
TR_1：再コートなしの工具再研削時間(min)
TR_2：再コートありの工具再研削時間(min)

(12-3)工具の交換費用

$$KT = CH_2 \times TG \times (1 + Re_1) / (N_0 + N_1 \times Re_1) \cdots\cdots 2.41$$

$$KCT = CH_2 \times TG \times (1 + Re_2) / (N_0 + N_2 \times Re_2) \cdots\cdots 2.42$$

KT：再コートなしの工具交換費用(円/ワーク)
KCT：再コートありの工具交換費用(円/ワーク)
CH_2：工作のマンチャージ(円/min)
TG：工具交換時間(min)

式2.37と式2.38から，CT＞CRTであれば，再コーティングして工具費が低減できるといえる．

この時の再コーティングによる工具費の効果は，CT－CRTである．

さらに，CT＞CRTの条件下であれば，工具の再研削費用と工具の交換費用も節約することができる．

因みに工具の再研削費用と交換費用の算出式を式2.39～2.42に示す．

表2.19は，この式2.37～2.42による経済性の検討例であるが，再コーティングにより，No1と2は工具費およびトータルコストの低減に寄与する．

この例のように，経済的にどちらが優位かを検討することが，製造原価を低減する上で大切な作業となる．

(13)工具のシャンク部の打痕

工具をチャッキングする部分であるシャンク部に打痕や損傷があると，マシンに取り付けたとき刃先がフレて正しい加工ができない場合があるので注意を払う必要がある．

〈打痕の悪影響〉
−1)刃先がフレて，加工精度が悪くなる．
加工径の拡大，面粗さの悪化
−2)工具寿命の低下や欠損の原因となる．
−3)取付ホルダをキズつけ，工具の取付精度がより悪くなる．

従って，工具を管理するときや，工具を取り付けるときは刃先だけでなく，シャンク部の打痕や損傷状況を十分にチェックする必要がある．特に，テーパシャンクの場合は打痕があると，ホルダに取付けた際，必ず刃先がフレるので，長い工具などは特に悪い影響がでやすいので注意が必要である．

このテーパシャンクの場合，打痕やキズがなくても，ホルダに取付た際，刃先がフレているケースがあるが，これは工具のテーパとホルダのテーパ部の精度が必ずしも，一致していないことによるもので，この場合，180°反転して再度，取り付けるとフレが収まる可能性がある．またテーパシャンクのタングが変形して，センタ穴の歪みが発生し，両センタで再研削作業をすると精度が悪化する可能性があるので，注意を要する．

(14)工具の切刃有効長さの増加

工具費は式2.31に示す各要素できまるが，この要素の一つである工具の繰り返し使用回数eはスローアウェイチップの場合は，三角形→四角形→五角形→六角形と変更することにより，工具原単位を下げることができるが，ろう付け工具の場合は有効再研削しろを工具交換(寿命)時の摩耗量で割った値，すなわち再研削可能回数がこのeに相当する．

従って，耐熱性，耐摩耗性のよい工具材料に代えて，寿命時の工具摩耗量をへらすか有効再研削しろを増やすかで，このeを増加することができる．

この二つのうち，よりやりやすい方法が有効再研削しろを増やす方法である．

つまり，切刃有効長さを増加することにより，比較的簡単に工具費を低減することができる．

図2.25と**表2.20**にこの例を示す．

表2.20は一般的な摩耗量での検討例であるが，たとえばドリルの場合，通常摩耗量が1.0であり，切刃有効長さを3mm増加すれば，再研削可能回数eは3回増えることになる．当然切刃有効長さを長くすれば購入価格が高くなるが，表2.20に示した増加量α程度であれば価格が上がることはないといえる．つまり増加量αは購入価格が変わらない範囲内に押さえることが大切であるが，若干価格が高くなって

表 2.19 ホブカッタの再コーティングの経済性

No	ホブカッタ仕様	ホブカッタ価格(円)	再コート費用(円)	旧コート剥離費用(円)	有効再研削幅(mm)	ホブカッタ寿命 新品(個/reg)	ホブカッタ寿命 再研品(個/reg)	再研削量(下段コート品)(mm)	再研削時間(min)	ホブカッタ交換時間(min)	再コーティングなし 工具費 CT(円)	再コーティングなし 再研費 RT(円)	再コーティングなし 交換費 KT(円)	再コーティングなし 合計 C(円)	再コーティングあり 工具寿命(個/reg)	再コーティングあり 工具費 CRT(円)	再コーティングあり 再研費 RCT(円)	再コーティングあり 交換費 KCT(円)	再コーティングあり 合計 CC(円)	再コート優劣
1	m2.5 PA20 溝数12 1口	180,300	8,300	2,850	8.3	210	54	0.2 / 0.25	5	10	73.56	5.64	11.27	90.47	210	66.7662	2.26	3.10	72.12	○
2	m2.5 PA14.5 溝数12 1口	180,300	8,300	2,850	9.5	620	160	0.2 / 0.25	5	10	21.93	1.92	3.84	27.69	620	21.6201	0.77	1.05	23.43	○
3	m3.0 PA20 溝数12 1口	157,200	8,300	2,850	8.1	320	160	0.2 / 0.25	5	10	23.12	1.98	3.97	29.07	320	42.0289	1.48	2.03	45.54	×
4	m3.5 PA20 溝数12 1口	151,300	8,300	2,850	8.3	180	60	0.2 / 0.25	5	10	56.67	5.17	10.35	72.19	180	73.1831	2.64	3.61	79.43	×
5	m4 PA20 溝数12 1口	158,200	8,300	2,850	8.1	40	20	0.2 / 0.25	5	10	186.12	15.87	31.74	233.72	40	336.98	11.88	16.25	365.10	×
6	m2.5 PA20 溝数12 1口	183,200	8,300	2,850	8.3	60	30	0.2 / 0.25	5	10	140.38	10.58	21.17	172.14	60	235.095	7.92	10.83	253.85	×

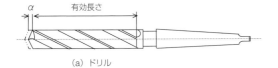
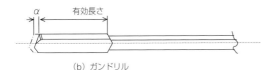
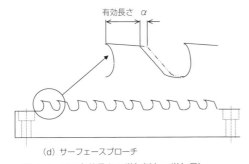

図 2.25 切刃有効長さの増加例（α：増加量）

表 2.20 再研削可能回数 e の増加による原単位低減効果

工具名	一般的摩耗量(mm)	増加量α(mm)	e増加数(回)	一般的再研数(回)	減退低減効果
ドリル	0.5〜1.0	3	3	φ10：15	△16%
ガンドリル	0.3〜0.8	2.5	3	φ8：15	△16%
ブレード	0.5〜0.8	1.5	2	8	△20%
ブローチ	0.1〜0.2	0.4	2	ランド幅3mm 10	△16%

も、再研削可能回数 e が増えることにより、式 2.31 の原単位が低減できるならば、切刃有効長さを増加すべきである．

このように、切刃有効長さを増加することにより、比較的簡単に工具費を 20% 近く低減することが可能である．

この切刃有効長さを増加するときの注意点は
イ) ドリルの場合、長さを増加しすぎると寿命が低下するケースがあるので、増加量は経験的にドリル径の 1/3 程度におさえることが望ましい．

長くすると、座屈現象（加工中の縄飛び現象）が起きる危険があり、ドリルの寿命が低下したり、破損を起こしやすくなる．

$$F_Z = \pi^2 \times E \times I/L^2 \quad \cdots\cdots 2.43$$

　F_Z：座屈荷重
　E：ヤング率
　I：断面二次モーメント
　L：ドリルの主軸端面からの突出量

式 2.43 から、ドリルの突出量 L の二乗で影響を受けるため、不安定な加工状態となりやすいので、極端に長くすることは避けたい．

ロ) サーフェースブローチは切刃有効長さ、つまりランドを増加させると加工中に切りくずづまりが発生する危険があり、ランド幅の 15% 以下に抑えることが望ましい．

(15) 残在価値の再活用

使い終わって寿命に達した工具は廃却するのが一般的であるが、使い終わったものでも価値が残っており、特に工具全体が一体型で同じ材質で成形してある工具ほど、その残在価値が多い．

表 2.21 に残在価値の例を示すが、工具の購入コストを工具消耗比率で割った値を TV 値と称し、TV 値の大きいものほど価値があり、そのまま廃却すべきではない．

表 2.21 で算出した TV 値を図に表したものが、図 2.26 であるが、この例ではサーフェースブローチが最も TV 値が大きく、再活用等の改善をする必要がある．

（サーフェースブローチの改善例）

ブローチのランドが残った分を全て取り除き刃彫りをすれば、刃の高さ（**表 2.21** では 3.5mm）だけ薄いブローチを再生することができるが、この場合再生工数がかなりかかって、再生費用が高くなりコストメリットを出しにくい．従って、改善の着眼点として、工具消耗比率 α を大きくする方法を選ぶ必要がある．

この工具消耗比率 α を大きくするには、算出式の分子（再研削しろ）を増やす方法と、分母（本体の体積）を減らす方法があるが、再研削しろを増やすには限界があり、仮に増やしても大きな効果は期待できない．

従って、本体の体積を減らすことにより、工具消耗比率 α を大きくし、TV 値を下げることが有効である．

この着眼点から、**図 2.15** や **図 2.27** の分割型ブロー

表 2.21 工具の残存価値（TV 値）

項目	スローアウェイチップ	サーフェースブローチ	ドリル	砥石—1	砥石—2
形状	(例) SNMA120408 □12.7×4.76t	(例) 36×30×310 PT=8.69 NT=29	(例) φ12×192×MT1	(例) 760×48.5×304.8	(例) 1065×47.2×304.8
廃却時の形状	3／0.1／0.5 ×8 edge	L／1/3L／3.5 L=3 1/3L=1.0	25	廃却径：560	廃却径：750
α	α=0.6/666.6 =0.0009001	α=7308/306702 =0.0238	α=1887.3/21714.7 =0.0869	α=10056.3/18463 =0.5447	α=21194.3/38602.6 =0.549
TV 値	TV=0.7/0.0009001 =777.7	TV=64/0.0238 =2689.1	TV=3.5/0.0869 =40.3	TV=66.4/0.5447 =121.9	TV=341/0.549 =621.1

$$TV = \frac{C}{\alpha} = \frac{\text{工具購入費用}}{\text{工具消耗比率}}$$

注　$\alpha = W'/W$
α：廃却体積比率
W'：摩耗や再研削，ドレスによる減耗体積 (mm^3)
W：新品時の体積 (mm^3)

TV：TOOL Value 値
C：工具購入コスト（千円）

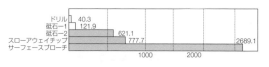

図 2.26　TV 値

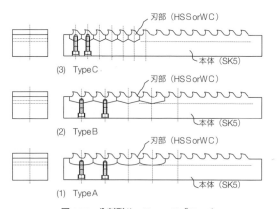

図 2.27　分割型サーフェースブローチ

チを作成することにより，工具費の低減が可能である．

分割型ブローチは，本体を繰り返し使用して，刃部を小さくすることで，工具消耗比率を大きくし，TV 値つまりランニングコストを低減することができる．

(16) 切削熱の除去（オイルミスト供給）

加工すると，剪断熱や摩擦熱により必ず熱が発生する．この熱のことを切削熱というが，切削速度が低ければ切削熱もあまり上がらず，冷却しないで乾式で加工することもできるが，工具の摩耗を抑制するために冷却することが望ましい．

この冷却には，次の方法が一般的に用いられる．
イ) 切削油や切削水をかける
ロ) エア（圧縮空気）をかける
ハ) オイルミストをかける

切削油剤は機械や被削材を汚して作業環境を悪くさせるだけでなく，廃液処理することにより地球環境の汚染も引き起こす可能性があり，近年，特にヨーロッパ諸国では切削油剤を使わないドライ加工の研究が盛んに行なわれている．

エア供給法はこれらの環境破壊の心配はないが，冷却性が劣るため実用的ではなく，このエアにごく少量の切削油剤を混入させるオイルミスト供給法が実用化され，環境汚染も少ないことから，従来，切削油剤を用いて湿式加工をしていた各種ラインでオイルミスト供給法が採用されると考えられる．

このオイルミスト供給装置の仕様比較を，表 2.22 に示す．

これらの装置で共通して注意しなければならないのは，液の供給量が多い場合は機械をスプラッシュガードで囲って，ミストコレクター等を取り付けて，噴霧を外部に出さないよう配慮することである．

ただし，液の供給量が少ないものは特にスプラッシュガードで機械を囲う必要はない．表 2.22 にはフジ BC のブルーべのデータがないが，各種テストの

表 2.22 代表的なオイルミスト装置の比較 ('98/1 現在)

商　品　名	ZELS MBM00	マジックカット	ミスタークール 1 型 (旧ドンガン改良)	クールデッカー 2 型 (旧ドンガン改良)	クールデッカー 3 型 (再改良型)
液供給量 (cc/min)	2～10cc/h	100～300	3～5	3～5	1～30
ミスト吐出圧 (kg/mm^2)	max.3	5～7	5～7	5～7	5～7
ミスト流速 (m/sec)	25	25	25	25	25
エア供給量 (L/min)	max.300	max.250	max.250	max.250	max.250
エア供給圧 (kg/mm^2)	max.4	4～7	4～7	4～7	3～7(max.10)
ミスト粒径 (μm) 推定	0.1～0.5	25	5	5	0.5～5
切削液の種類	不水溶性 (植物油)	水溶性または不水溶性	水溶性, 不水溶性の 2 液混合	水溶性	水溶性
切削油の指定	有り	無し	無し	有り	有り
切削液単価 (円/L)					
タンク容量	1.5	外付オプション	35	35	58
ミスト供給法	外部給油, 軸心給油	外部給油, 軸心給油	外部給油	外部給油	外部給油, 軸心給油
切削液供給法	エア圧	エア圧	エア圧	エア圧	電磁定量ポンプ
外部動力源	不要	不要	不要	不要	電力 8w
ミストの状態					
供給量の制御	容易	普通	普通	容易	容易
パイピング可能距離 (m)	100				10
ミストの推力	弱い	強い	弱い	強い	強い
最大主軸回転数 (工具軸心給油時)	40,000	3000(推定)	旧型は軸心給油不可	3000(推定)	3,000 ・2,000 以上は増圧ホルダ要
装置の大きさ	W282×D325×H470		W500×D350×H735		W500×D450×H721
実施例 & 問題点	・ミストの吹出圧, 量が弱い ・供給エアの脱水を要す (水分が有ると微粒になりにくい)	・200cc 以上で使用	・改良品は工具の軸心給油が可能	・浅穴 (L/d<2) の加工に採用	・浅穴 (L/d=3.8) の加工に採用.

43

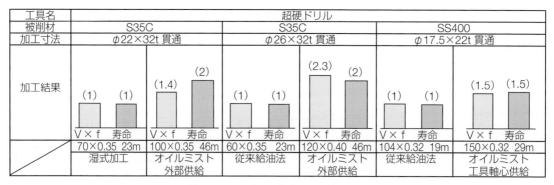

図 2.28 オイルミスト供給による穴あけ加工

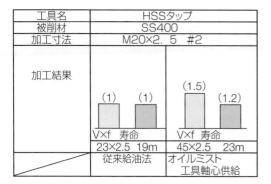

図 2.29 オイルミスト供給によるタップ加工

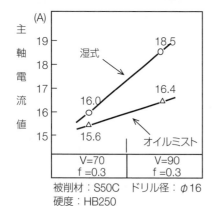

図 2.30 所要電力比較

結果から，微量噴霧タイプで環境汚染が少なく，安定した加工が期待できる．

図 2.28 から図 2.30 にクールテック−3型を用いて加工した結果を示す．

ドリル加工では加工能率 V × f を 1.4 〜 2.3 倍に上げても，工具寿命は低下せず，逆に 1.5 〜 2 倍のびている．また，タップ加工についても，加工能率を 50 % アップしても工具寿命は低下しない．ただし，この図の例のようにドリルの加工深さが比較的に浅い場合（ドリル径の 2 倍以下）は，ミストは内部給油でも外部給油でも差がでないが，加工深さが 2 倍以上の場合やタップによるねじ加工は，工具軸心にオイルホールのついた工具を用いてミストを工具の軸心から給油することが望ましい．

このケースで外部給油で加工すると，潤滑性や冷却性が低下して，加工中に工具が焼き付きをおこし，極端に寿命が低下するか，または工具が破損する危険性がある．

このオイルミスト装置を用いて準ドライ加工をする時の注意点を以下に述べる．

イ）ミスト供給法は軸心供給として，工具の刃先近傍にミストが進入しやすくする．

ロ）軸心供給法はスピンドルスルータイプとツールの横から供給するサイドスルータイプがあるが，工具が回転を始めてミストが噴出するまでの時間を短縮するための工夫が必要である．

ハ）また，高速回転（3000min^{-1} 以上）で加工する場合はミストが遠心力で供給穴に結露して，工具先端に届くミストの量が少なくなるため，増圧ホルダを使う．

ニ）タップによるめねじ加工の場合，必ず軸心供給として，特に水溶性を用いる装置で，加工する場合は供給量を増やす必要がある（10cc/min 以上）．

ホ）不水溶性を用いる装置の場合は供給エアに水分が混入していると，ミストが微細とならないので，エアの脱水をすることが望ましい．

ヘ）ミストの量が多ければいいというものではなく，ミスト量が多すぎると気化作用が遅れて，効果が出にくい．ミスト量の適否は調整しながら対象とする切削条件に合った適量を見つけだすのが理想であるが，簡易的なチェック法としてはミストの噴出口に手鏡をあてて，20 〜 30 秒ミストを噴出させ曇り具合で噴出量を確認する方法がある

ト）供給量の多いミスト供給装置を使う場合は機械

をスプラッシュガードで囲って，ミストコレクタを取り付け，ミストを吸引することが望ましい．
チ）不水溶性を用いる装置の場合は，万一の火災の危険性を避けるため，スプラッシュガードのない開放型の機械のほうがよい．

このミストやセミドライ加工は，すべての加工領域に適用できるものではなく，**図 2.31** に適用の概念図を示すが，比較的に切削温度の低い工程に適用すべきで，高速切削領域では工具寿命をある程度維持するためにも湿式加工をすることを推奨するが，高速切削領域でミスト加工しても，寿命が低下しない工具の開発が望まれる．

次に，ミスト加工の欠点と代替法について述べる．
ミスト加工の欠点は，
1) エア供給のコンプレッサの能力に余裕のある場合は問題ないが，多くの工程で使用すると，コンプレッサの増設が必要となり莫大の費用が発生する．

また，エアの費用は，400cc/min 供給するミスト装置では，約 0.6 円/min かかる．
2) マシンやツールなどの備品の汚れが発生する．

特に，鋳鉄の加工では，切りくずの微粉末や，遊離カーボンの付着による汚れが発生．
3) 浮遊粒子物質として，大気を汚染する危険性がある．環境基本法の法律第 91 号第 16 条第 1 項で，浮遊粒子物質の発生の危険性のあるものを，禁止．
4) 工具寿命の低下による，工具費が増大する危険性がある．

があり，このミスト加工は，加工の原理原則としては，いまだ未完成の分野であり，筆者は次の代替技術に注目している．
1) 切削液に温泉水の活用
2) 冷風切削

これらは，いずれも長短があり，今後の加工技術のレベルアップのために，関係者による改良が望まれる．

〈温泉水の特徴〉
1) 安全で，低コスト
2) 廃水は雨水系に排水可能
3) 作業性，保守性が容易
4) 温泉特有の発錆の危険性
5) 潤滑性が低いことによる，高速加工時の焼き付きの発生の危険性

〈冷風加工の特徴〉
1) 加工の原理原則に最もかなっている．
2) 工具寿命の増大の可能性がある．
冷風加工に適した工具材料の開発が要求される．
3) 装置が大きく，今後の小型化が望まれる
4) 騒音が大きい

2.5.3.2 工具改善活動のまとめ方

(1) 損益分岐点

製品の原価を決める費用について表 2.23 にその例を示すが，工場を運営するための必要費用は自己部門費と補助部門費に区分され，このうち自己部門費は材料費と労務費，経費で構成される．

また材料費や労務費，経費それに補助部門費は表に示すように，各々の費目に分けて，これらの各費目について，年度ごとにどのような増減をするかを把握し，売上高と比較をして，利益計算をすることが必要となる．

この利益計算を検討する一つの指標として損益分岐点という尺度があり，**図 2.32** に示す．

先の**表 2.23** の各費目について生産量に比例して発生する費目を変動費とし，生産量の増減に関係なく発生する費目を固定費とに分類して，この変動費と固定費の合計が製造原価で売上高線との交点が損益分岐点である．

変動費と固定費への分類については，企業の経営方針で決定されるもので，一般的な分類を表 2.23 の参考欄に示したが，労務費につ

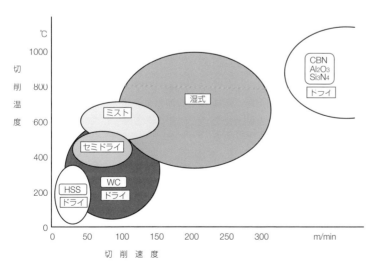

図 2.31 ドライ・セミドライ加工の適用概念

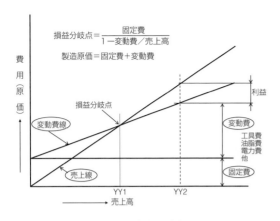

図 2.32 損益分岐点

いては生産量の増減に合わせて季節工やパートの人工を常に調整する場合は変動費扱いとなるが，季節工やパートが少なく，従業員のほとんどが社員の場合は固定費に分類するのが一般的である．

図 2.32 の変動費と固定費の合計費用と売上高との交点である損益分岐点 YY1 より，売上高が少なければ赤字経営となり，その企業の体力（余剰金当の蓄え）がなければ，経営が成り立って行かなくなる．売上高が損益分岐点より多ければ，たとえば図の YY2 の売上であれば合計費用との差が利益となる．

(2) 工具改善活動のまとめ例

表 2.23 で固定費を低減することも大切であるが，変動費も少なくすることによりが損益分岐点を引き下げることになるので，変動費である工具費を低減することも重要である．

工具費の低減方策については，2.5.3 章で述べたが，改善活動のまとめかたについて以下に述べる．

まず，改善方策を立案したら**表 2.24** の例に示す低減活動進捗表を作成する．

この例はある機種を構成する社内加工部品についての改善内容を 1 枚のシートにまとめたもので，このように機種別でまとめるか，またはライン別もしくは小規模な工場であれば，工場単位でまとめてもよい．

この低減活動進捗表は改善をする担当者が自己管理するためのもので，記入する内容は改善対象の部品とその工程および現在使用している工具情報，特に原単位については正確に算出しておく．そして，対象工程の改善内容を記入して，予測工具寿命と原単位をもとめ，計画日程にそって改善を実施し，実績原単位を明確にする．

この改善担当者用の進捗表をもとに，月次の進捗状況をビジュアル化したものが表 2.25 である．

この表をまとめることにより，管理者が改善の進捗状況をチェックしたり，会議体での説明資料としても活用できる．

表中の○で囲った部分はコメントである．

改善内容欄には各月ごとに改善対象部品名を No で表示して，計画を（ ）内に記入し，改善のテストを実施したら［ ］をつけて記入する．また，廃案や追加改善内容も記入し，目標値にたいして未達の場合は，その理由を把握する．そして，改善の計画と実績値を月毎にまとめてグラフにプロットし，改善の進捗状況がすぐ判るようにする．

以下にこの表について簡単に説明する．

イ) 表の上段中央のグラフは月次の計画と実績原単位を表す．白丸の点線は計画で，実績は黒丸の実線で表す．表の例では 11% の改善計画を表しいる．

ロ) ある機種のトータル工具原単位を前期の実行値と今期の計画値をグラフにプロットし，それらの内訳として下段の表に部品別に明記する．

ハ) **表 2.25** の例は 6 月までの進捗状況であるが，改善計画は必ずしも計画通りいかない場合もあり，実績値の記入と共に，コメントとして未達理由を記入し，必要により未達分の挽回のために代替案を立案し，＊印を付けて期初に計画した改善案と区分けして管理する．

ニ) 改善推進担当者の受け持つ機種を決めて，必要な機種について改善計画を立案する．

2.5.3.3 工具改善の着眼点

生産量が年ねん増加している状態では，消耗品である工具費にあまり目を向けず，生産現場では出来高への偏重からラインの稼働率や消化率に重点がおかれやすいが，一旦，生産量が低減傾向で推移すると，工具等の消耗品の節約が叫ばれるが，生産量の増減に関係なく工具をうまく使ってトータルコストの低減に努めるべきである．

そのためには，実際に仕事をする（切りくずを出す）工具の改善が重要であり，以下に改善の着眼点を列記するので読者の参考としていただきたい．

表 2.26 に工具改善の着眼点(1)を示すが，定常的に繰り返して加工する工程で，常に安定した状態を保つためのアプローチは，①環境条件標準化，②標準環境条件の異常の把握，③標準環境条件のレベルアップであり，そして①から③を繰り返し回すこと

表 2.23　工具改善活動の費用明細書

適用		年度	1998	1999	2000	2001	2002	参考
材料費	変動予算	工具						A
		油脂						A
		電力料						A
		小計						
	半期材料							B
	月別材料							B
	治具型							B
	固定材料合計					A：変動費		
						B：固定費		
	材料費合計							
労務費	直接工労務費	直接工：定時＋賞与						
		直接工　残業						A, B
		直接工労務副費						A, B
								A, B
	労務費合計							
経費	福利厚生費							
	原価償却費							
	賃借料							B
	保険料							
	固定資産税							
	大口修繕費							B
	小口修繕費							B
	工程整備費							B
	試験研究費							B
	旅費交通費							B
	通信費							B
								B
	小計							B
	自己部門費合計							B
補助部門費	労務福利部門費							B
	管理監督部門費							B
	製品費							
	一般管理費							
	小計							
人員	直接							
	間接							

が必要となる．

①の標準化で大切なことは，標準化した物や数値がなぜそのように決められたのかを理屈で理解することである．

②では，加工すると工具は必ず切削熱と切削抵抗を受けるため，何らかの異常の発生がつきものであることを知ることであるが，慢性的な状態を発見することが最も大切である．この異常を知る上で，**表2.27**に工具改善の着眼点(2)として例を揚げる．③のレベルアップでは，工程の平均寿命を上げて，問題が発生するか否かを確認して問題が発生したら，その問題を改善することで技術のレベルアップに結び

表 2.24　H○○年／上期

NO	機種	部品名	工程 設備名	工程 加工箇所	現状 工具名	現状 図番	現状 仕様材質	現状 メーカー名	現状 コスト Reg数 寿命	現状 原単位	改善 工具名	改善 図番	改善 仕様材質	改善 メーカー名
1		シャフトA	NCL-1	外径荒旋削	TAチップ		CNMG 120408 TIC		450 4 16	35	TAチップ		CNMG 120408 WCコート	
2		シャフトA	NCL-2	溝入れ	特殊TAチップ	A-100	6.5×45 TIC		1,890 2 35	135	特殊TAチップ	A-100A	6.5×45	
3		シャフトA	DML	リセンター	センタードリル	D-880	φ6 II型 SKH51		3,300 4 45	92	センタードリル	D-880A	φ6 II型 SKH51+コート	
4		シャフトA	OG	外径仕上げ	砥石	G-160	φ510×32 19A80H7V		19,700 1 650	152	砥石	G-200	φ350×33 CBN120L	
5		シャフトB	ML	荒ML	特殊TAチップ	A-555	22×21 ×5.5 P30+TiN		2,880 2 40	180	特殊TAチップ	A-555A	22×21 ×5.5 P30+TiN	
6		ブラケット	TRZ	ボルト穴あけ	ステップドリル	D-90	φ8.5 ×117 K10		21,000 5 200	210	ステップドリル	D-90A	φ8.5×117 K10	
7		ハウジング	HMC-1	ボルト穴ザグリ	ザグリカッタ	C-450	φ38×190 NT4 K10		17,500 8 1,000	22	TA式ザグリカッタ	C-450A	13×13×5 2NT WCコート	
8		ハウジング	HMC-2	合わせ面	MLカッタ	A-900	19×19 NT40 K10		40,000 4 100	100	MLカッタ	A-900A	19×19 NT40 K10+TiN	
9		ハウジング	HMC-3	ボルト穴あけ	ステップドリル	T-110	φ10.3 P30		12,000 4 50	60			φ10.3	
10		ギヤA	GH-1	歯切り	ホブカッタ	H-220	φ90×130 3口 SKH55+TiN		250,000 12 500	42	ホブカッタ	H-220	φ90×130 3口 SKH55+TiN	
11		ギヤA	GH-2	内径仕上げ	砥石	G-222	φ55×40 WA60I7V		3,000 1 500	6	砥石	G-222A	φ55×40 X60I	
12		ギヤB	SV	歯面仕上げ	シェービングカッタ	V-60	φ225×25		180,000 20 200	45	シェービングカッタ	V-60	φ225×25	
13		ギヤB	GH-3	歯切り	ホブカッタ	H-225	φ110 ×130 SKH55+TiN		230,000 12 500	38	ホブカッタ	H-225A	φ90×130 3口 SKH55+TiN	
14		カバー	DZ-1	ボルト穴あけ	ステップドリル	D-33	φ12.5 ×14×190 SKH55		5,500 10 100	6	ステップドリル	D-33A	φ12.5 ×14×190 K10	
15		ブロック	HMC-4	ポンプ取付下穴あけ	ドリル	D-441	φ29.5 ×230 SKH55		12,000 10 150	8	ドリル	D-441A	φ29.5 ×230 SKH55+TiN	
16		ブロック	HMC-5	Oリング溝	カッタ	M-80	20×25 ×160×MT3		15,000 3 200	25	カッタ	M-80A	20×25 ×160×MT3	
17		ブロック	HMC-6	オイル穴	ガンドリル	D-71	6×600		13,000 8 30	54	ガンドリル	D-71A	6×600	
追		ブロック	HMC-7	ネジ穴	タップ	T-060	M14 #3		2,200 1 200	11	タップ	T-060A	M14 #3	
追		シャフトB	DZ-2	油穴あけ	ストレートドリル	D-218	8.5×74 ×155 SKH55		2,150 5 30	72	ストレートドリル	D-218A	8.5×77 ×158 SKH55	

工具費低減活動進捗表

(計画) コスト Reg数 寿命	(実績) コスト Reg数 寿命	原単位 計画 実績	原単位効果 (予測) (実績) (金額)	テスト開始 テスト完了	改善内容	日程 4	5	6	7	8	9
500 4 25	500 4 50	25 13	10 23 1,200	3月 4月	サーメット→コーティングチップ化により 欠損防止，寿命向上	→ →					
2,300 2 50	2,320 2 43	115 135	20 0 0	4月 5月	材質変更により寿命向上		→	効果なし			
4,000 4 80		63	29	6月	PVDコーティング化による寿命向上			→			
490,000 1 30,000		82	70	4月	プロフィル研削のCBNマシンへの変更						→
2,880 2 90	2,880 2 60	80 120	100 60	3月 4月	TiNコーティング種類変更寿命向上	→ →					
21,000 5 300		140	70		取付ボルト穴数減少 (VE提案) 40穴→30穴			→			
3,000 8 500	3,000 8 500	2 2	20 20	3月 4月	スローアウェイ化によるコストダウン	→ →					
40,000 4 200	40,000 4 200	50 50	50 50	4月 5月	特殊チップのコーティング化による 寿命向上			→			
2,100 4 50		11	50	9月	切削条件をおとして (V=80→30) 超硬ドリル→HSS 標準ドリルに変更コストダウン						→
250,000 12 1,000	250,000 12 1,000	21 21	21 21	4月 5月	ホブシフト量の変更 (1mm→0.5mm)	→ →					
4,000 1 2,000		2	4	7月	砥粒の変更 (WA→CX) による 寿命向上				→		
180,000 25 200		36	9	5月	再研削用砥石の粒度変更 (WA→SG) による，一回あたり の再研削量低減			→			
190,000 12 500		32	7	9月	コストの廉価な海外メーカー品の採用						→
10,000 10 300		3	2	6月	ドリルの材質変更 (HSS→WC) による寿命向上			→			
12,900 10 300	13,000 10 160	4 8	4 0	3月 4月	TiNコーティング化による寿命向上	→ →	効果なし				
1,200 2 200		3	22	8月	スローアウェイ化によるコストダウン					→	
11,300 8 30		47	7	9月	使用住みガンドリルのシャンクの 再利用による再生活用						→
	2,850 1 500	6	5	5月 5月	タップの材質を粉末ハイス化 による寿命向上		→				
	2,150 7 30	51	20	5月 6月	ドリルの切れ刃長増 (+3) による再研削量の増加		→				

表 2.25 工具改善活動のまとめ

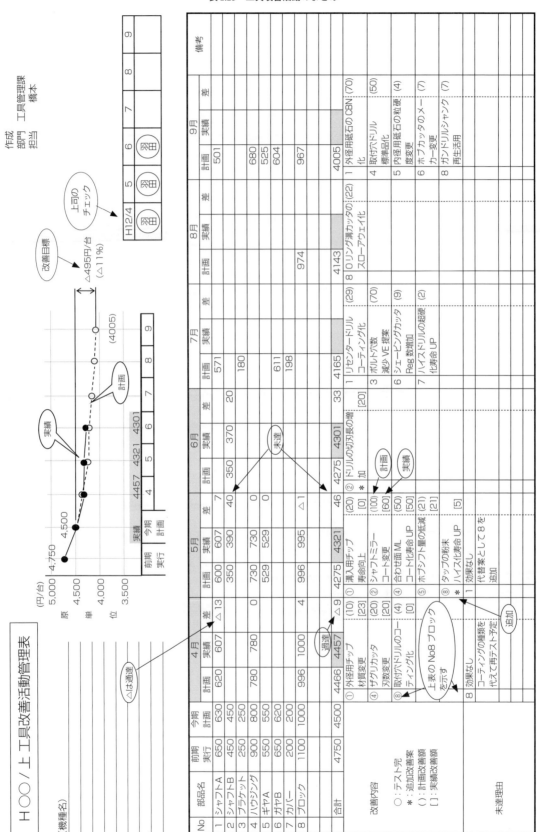

50

表 2.26 工具改善の着眼点(1)

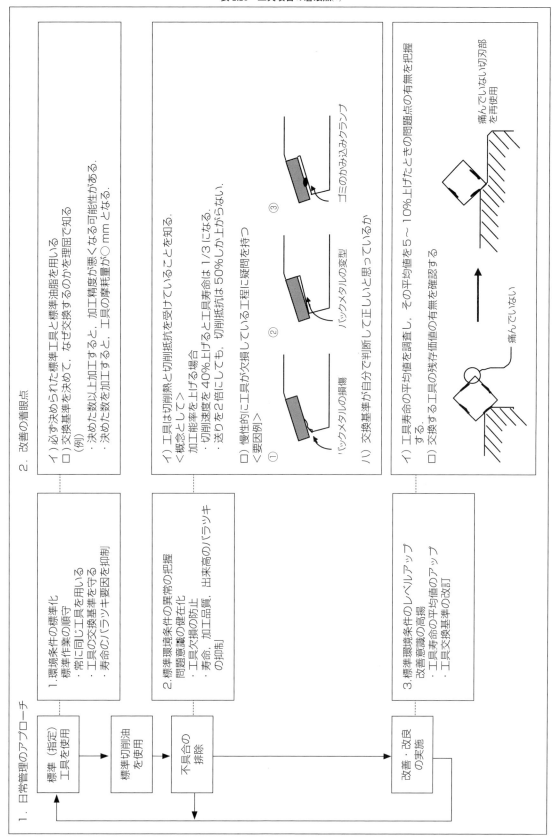

表 2.27 工具改善の着眼点(2) 改善例

No	工具名	注意事項（改善内容）
1	ガンドリル	1. 超硬ガイドブッシュの内径の摩耗の痛み具合について栓ゲージおよび目視で、1回/日チェックをする（寿命、チッピングの影響大） 2. 切削油の圧力は規定値より低下してないか 3. オーバーロードプロテクターが作動してマシンが停止したら、原因が刃先のチッピングであれば交換して、切りくずの絡み付きであれば、切りくずを除去して再加工する（切りくずの長さはドリル径の5倍以下が目安）
2	ドリル	1. 必要以上に溝長と全長が長いドリルを使っていないか短いものへ代えて加工できないか 2. シャンク部のテーパーとホルダーのテーパーがあっているか（テーパ当たりが悪くて低寿命となっている例が多い） 3. 取り扱い時、テーパ部には絶対にキズ、打痕を付けないこと 4. 食い付け時と抜け際時は送りをダウン（特に超硬ドリルを用いる場合は1/2にダウンすることが望ましい） 5. 鋳鉄、アルミ合金の加工では、工具寿命が長く、外径のバックテーパーがなくなり欠損するケースがあるので、定期的にチェックすること
3	タップ	1. 切削油をタップの先端部に最大量かかっているか 2. メクラ穴加工の場合はタップの先端部が下穴の底に干渉すると欠損するので、特に超硬タップの場合はタップの長さと下穴の底とのセットに注意を要する。マシニングセンタでの加工では、プログラムで加工深さを設定するが主軸は停止しないでモータイナーシャで何度か回転するので、この時底にタップが干渉する場合がある 3. タップホルダのテンション、コンプレッション機能が悪いものはネジ山が拡大するケースが多いので、定期的にチェックと整備が大切
4	リーマ	1. ドリルの1〜3項および5項と共通 2. 鋼加工の場合切削油の劣化による寿命の低下が起きる場合あり <水溶性>腐敗、濃度低下 <油　性>他油混入　に注意を要す
5	研削	1. ドレス量とドレス回数が多すぎないか、砥石は研削中の摩耗（自成作用）より、1回/日チェックをする（寿命、チッピングの影響大）習慣的にドレス量と回数を決めてないか 2. 他の工具と比べて高価であるため、廃却径まで必ず使う習慣をつける（残存価値を捨てないこと）
6	ミーリング	1. ワークの幅に対して必要以上に大きな径のカッタを使っていないか小さいほど、回転を上げられ加工能性率が上がる 2. 主軸にカッタを取り付けたら、必ず刃先のフレを確認すること取付時にゴミが混入して、刃先の偏摩耗や面粗さの悪化を発生させることあり測定個所はリング基準面で、最低でも90分割の4点測定を行う 3. 鋳鉄ワークのチリ部の加工では、チップが欠損する危険性が大きいので、加工を避けること 4. 2パス加工は1パス加工にできないか
7	旋削	1. チップの強度の高い箇所で黒皮を加工して、それから外径や内径を加工する手順となっているか（図 2.75 参照） 2. ホルダーのオーバーハング量は最小にすることとワークの形状でオーバーハング量を長くするときは、アゴ付ホルダとして強度を保つこと <オーバーハング過大>　　<改良型ホルダ> ×　　　アゴ付 3. チップの全稜を使用したか、使ってないedgeはないか

つくことになる．

2.5.3.4 工具の使い方のノウハウ
(1) ガンドリル

深い穴を効率よく加工する場合，ガンドリルが用いられる．特に穴径の10倍以上の深穴の加工は一般のツイストドリルより，ガンドリル加工は生産性のよい工法である．

最近はガンドリルの専用機を用いないでマシニングセンタで加工する例も増えているが，専用機でもマシニングセンタでも使い方を知らないで，ラインに導入すると切削中にガンドリルが欠損するトラブルが発生しやすいので注意を要する．

一旦欠損トラブルが発生すると，適切な処置をしないと連続して発生し，ラインの停止やガンドリルは高価であるため工具費が余分に出費するという問題点のある工具である．

以下に筆者が経験した例をもとに，専用機とマシニングセンタに分けて使用上のノウハウを述べる．

(1)-1 専用機によるガンドリル加工の注意点

鋼材を加工する場合はマシニングセンタでの加工は避けて，専用機で加工すべきである．

その理由はマシニングセンタの場合は専用のガイドブッシュを用いないで加工することが特徴であることと，設備を設置してから何年か経つとガンドリル加工には好ましくない設備的不具合が発生するためである．

これらについては(1)-2項で説明する．

鋼材を加工するガンドリルは，**図2.33-1(b)**に示す一枚刃を使用し，(a)の二枚刃ガンドリルは鋳鉄材加工用である．

この専用機によるガンドリル加工（この項では以下単にガンドリル加工と記述する）で一番やっかいなトラブルがガンドリルが破損することであるが，この破損には各種の要因が影響している場合が多い．また，ガンドリル専用機は，一定の負荷（切削抵抗）が主軸にかかると機械が自動的に停止するオーバーロードプロテクタ機能が付いているのが一般的であるが，この機能が作動すると破損を防止することができるが，作動した原因を取り除かないと，頻繁に機械が停止して，ライン稼働率が落ちて生産性の悪化を招く．

これらの不具合の現象を**図2.33-2**に示す．

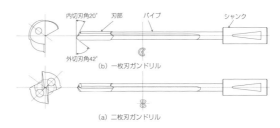

図2.33-1 ガンドリルの形状

不具合分類		不具合内容
破損	a) フレーキング	外切刃の貝殻状の欠け / すくい面に広く，逃げ面に浅い
	b) ネック部折損	(A) 超硬部とパイプのロー付け部の折れ / 超硬の一部がパイプに残っている / (B) ろう付け部からはがれる / ろう付け部からきれいにはがれる
	c) 大破	切刃が丸ぼーず状態の破損 / 超硬部はワーク内部に残り，パイプの損傷が大きい
低寿命	d) 初期的過負荷	最初の1か目から切削できない
	e) 異常摩耗	何個も加工してないのに逃げ面摩耗が多い
	f) 切りくず巻き付き	切削中に切りくずがパイプに巻き付いて過負荷となる
加工穴径	g) 不安定	

図2.33-2 ガンドリルの不具合現象

(1)-1-1 ガンドリルの不具合内容
a) フレーキング

ガンドリルの外切刃と外周マージン部の交点付近のすくい面に発生する剥離で，すくい面に広く，逃げ面に浅い貝殻状の欠けをいう．

このフレーキングが発生すると，f)の切りくずがパイプに巻き付いたり，切削抵抗が増大する．この過負荷を検知して機械が停止すればよいが，過負荷を検知できない場合はc)の大破に発展する場合が多い．発生する原因はガンドリルのガイドブッシュの不具合に起因する．このフレーキングの発生メカニズムについての理論的解析を，第五章の5.2項で述べる．

b) ネック部折損

この現象は図 2.33-2 の(A)と(B)とがあり，大破に発展するケースが多いが，大破してない場合は，加工完了後，ガンドリルを引き抜くときに発生する．メーカーの製造工程でのろう付け作業が不完全の場合は，ろ付け面からきれいにはがれ(B)の状態となる．

c) 大破

一次的な破損ではなく，フレーキングやネック部の折損あるいは，異常摩耗などが発生したまま機械が停止することなく，継続して加工した時に発生する二次的な現象であり，発生原因の把握とその対策に手間どるケースが多い．

d) 初期的過負荷

被削性が極度に悪いか，ガンドリルの刃先形状の不具合による場合が多く，ガンドリルを交換しても，すぐに過負荷となって機械が停止してしまう．

e) 異常摩耗

一般的な鋼加工の場合，例えば硬度がHB220からHB280の炭素鋼や合金鋼の加工ではガンドリルの寿命は延切削長で 5～10m ほどであれば，正常であるが，それ以下の加工しかしてないのに，逃げ面や外周マージン部の摩耗が多い場合は，チッピング等による二次的摩耗と考えてよい．

f) 切りくずの巻き付き

ガンドリル加工で発生する切りくずは，短いほどスムーズに排出されるが，不具合があると，切りくずが長くなりパイプにからみつく場合がある．一般にガンドリルの径の 3～5 倍の切りくず長さであれば，問題が発生することはないが，切削油の圧力低下や，ガンドリルの刃先形状の悪さがあると，切りくずは長くなって過負荷となってしまう．

g) 加工穴径の不安定

ガンドリルは，一般公差の穴を加工するのに用いるのが通常であるが，H8級以上の精度であれば加工できないこともない．しかし，切削中に構成刃先による径の拡大が発生する可能性があるので，できるだけ仕上げ加工には用いないほうがよい．

ガンドリル加工の場合，以上の不具合が発生するケースがあるが，どの加工でも同じであるが，ラインでトラブルが発生すると，工具の刃先に不具合が現れるので，最初に工具技術担当者のところに情報が入り，そのトラブルの処置を要求してくるのが，通例である．

(1)-1-2　ガンドリルのクレーム処理手順

図 2.34 に工具技術担当者の立場としてのクレーム処理の手順を示す．

クレームが発生したときの処理は，工具担当者として，まず工具の異常を確認する必要がある．再研削が悪くて二番当たりがないか，または製造時のミスでろう付け不具合がないかを確認する必要がある．

しかし，よく見られる不具合発生の原因は図 2.34 の対策順序のNo4 と 5 である．

ガイドブッシュは超硬合金製とすべきで，特に内径部の損傷があると切りくずの絡みつきやチッピングが発生しやすいので，定期的にチェックすることが望ましい．

また，長い期間ガイドブッシュを交換しないまま使用していると，内径が摩耗して，フレーキングが発生しやすくなる．ガンドリル加工に用いる切削油は活性タイプが一般的であるためポンプの損傷が早く，油圧が低下しやすい．

この切削油圧が低下した状態で加工をすると，切りくずの絡みつきが発生して，機械の停止やガンドリルの破損が起きやすいので，圧力を常に観察する習慣を付ける必要がある．

ガンドリルのクレームはほとんどがこのNo4 と 5 に集中しているといえる．また，工程の管理として見過ごしやすいのが，切削油のフィルタの管理である．

ガンドリル加工では細かな切りくずが発生しやすくて，この微細な切り屑が切削油の内部に浮遊しており，5μm メッシュのフィルタでよく濾過しないと，ガンドリルの刃先やブッシュの摩耗を促進させたり，切削油ポンプの劣化をはやめるので注意を要する．

さらに，初期的過負荷や異常摩耗は，ワークの被削性の悪さから発生する場合があり，特に，ワークの成分中に不純物として混入している硫黄の含有量に大きく左右されるので，不具合が発生したら，成分表をチェックする必要がある．この不純物としての硫黄の含有量が，0.003% 以下の場合は問題が発生しやすく，できれば，0.005～0.01% 以上を維持するように鋼材メーカーに提言すべきである．

(1)-1-3　現場でのチェック点

ガンドリル加工では，前節で述べた不具合が発生すると破損に進行する場合が多く，破損率の一番高い工具である．価格も高いことから，ガンドリルを使う時は現場でうまく管理しないと変動費である工具費が増加してしまう危険がある．図 2.35 の使用上

対策順序	項目	対策内容と注意点
1	二番当たりの有無	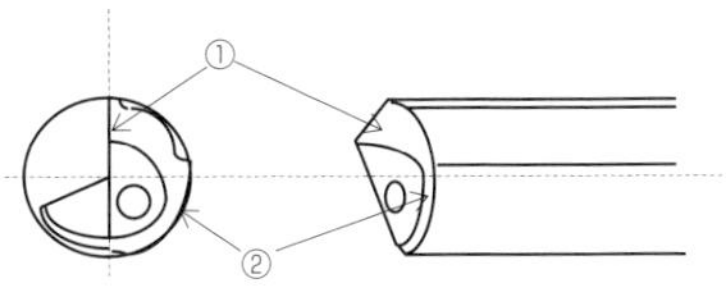 ①, ②部が変色もしくは, 干渉痕がないか (最初の一個目から削れない)
2	同一ロット入荷品の首曲がりチェック	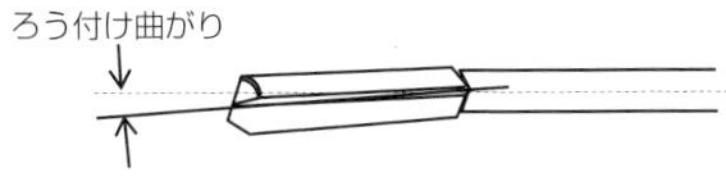 欠損したガンドリルと同一ロット入荷品を調査して, ろう付け時の曲がり有無をチェック (首折れが発生しやすい)
3	刃先形状	 傾向として: 1) A>B:加工径→小 (切りくずが絡みやすくなる) 2) A<B:加工径→大 3) Bの逃げ角大:加工径→大 (外周マージン部の摩耗が大きくなるケースがある)
4	ガイドブッシュの損傷	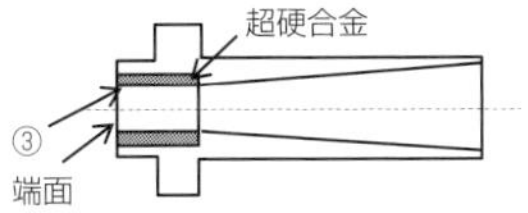 1) ③部がダレたり, カケがないか (面取りもダメ) 2) ガイド径とドリルのクリアランスはよいか (max0.015mm) 3) 端面はワークと密着しているか
5	切削油圧力	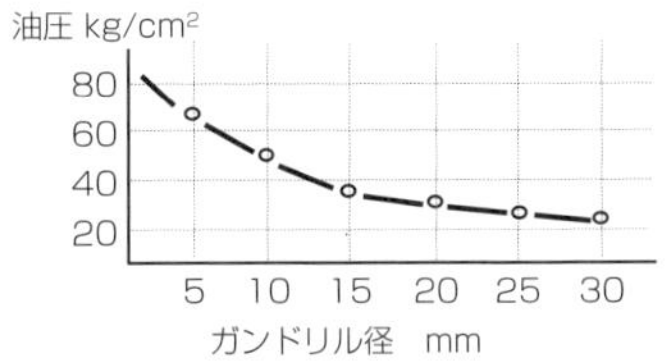 1) 切削油の圧力が低いと, 必ず切りくずがパイプにからみついたり, 欠損するので注意すること 2) 圧力が高すぎると, 加工径が大きくなる傾向がある
6	切削条件	1) 切削速度は被削材に合わせて, 変える必要がある (高硬度材ほど速度を下げる) 例　HB280→V=80m/min　　HB300→V=60〜70m/min 2) 一般的送り 鋼切削:0.015〜0.025mm/rev／φ10 鋳鉄　:0.02〜0.04mm/rev／φ10 ただし, 被削材の硬度により切りくず長さが変わるので調整を用いる 例　HB280→f=0.015mm/rev　HB220→f=0.02mm/rev 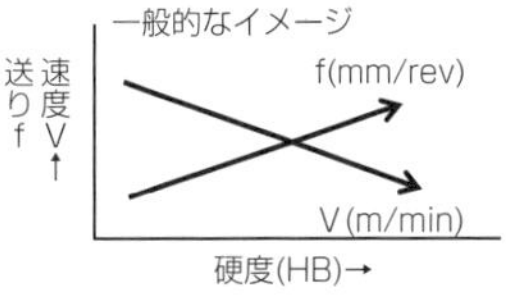
7	被削材硬度	1) 被削材硬度により, 切りくずがからみつくことがある. この場合は外切刃角θを大きくする. 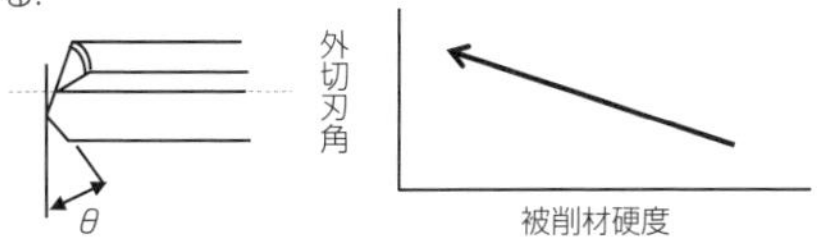
8	機械精度	1) 主軸とガイドブッシュのアライメント差　　3) レベル誤差　　5) フィルタ機能 2) 主軸回転用ベルトのスリップによる回転ムラ　4) 振動

図 2.34　ガンドリルのクレーム処理手順

の注意点と図 2.36 に示すガンドリルを使う時の現場でのチェック点を守れば, ガンドリルの破損を抑えることが可能である.

なかでも以下の点に特に注意すべきである (図 2.34 参照).

イ) ガイドブッシュの損傷, 摩耗の確認

作業前に, 一日に一度, 栓ゲージで通りをチェックし, ガタの有無の確認と, ワークとの接触側の小さなチッピングの有無を調べ, 有ればブッシュを交換する.

ロ) 切削油圧の確認

油圧ポンプの劣化が早いため圧力の低下を見逃さずに, 常に規定の油圧を維持しているか確認し, 圧力低下があれば, すぐに修理させる.

(1)-2　マシニングセンタによるガンドリル加工

マシニングセンタでのガンドリル加工は, 鋳鉄材の加工に限定して鋼材の加工は避けるべきである.

前節で述べたように, マシニングセンタでの加工

項目	チェック内容	備考
ガイドブッシュ	a. 先端内径部のダレや欠損がないこと b. ワークと密着していること c. 内径のガタがないこと	ブッシュ管理はガンドリル加工の最重要管理点の一つである これらは全てフレーキングの原因となる
切削油	a. 経時変化（劣化）してないこと b. 油温が上昇してないこと c. 他油（潤滑油等）が混入してないこと	ガンドリル加工は構成刃先をうまく付着させて加工するほうが安定した切削が可能で 劣化や他油混入は寿命低下の原因となる 油温については，室温以下にコントロールすることが望ましい
被削材	a. 硬度 　1) 規格の下限を狙いたい 　2) 同一ワークの硬度のバラツキはないこと 　3) ロット間のバラツキもないこと b. 組成 　合金鋼では不純物として混入している 　硫黄の含有量が多いほどよい	ガンドリル加工は他の切削と比べて，被削材の硬度に敏感で，HB180程度の材料で±10の範囲で寿命が50〜100%の差がでる場合がある． バラツキはガンドリルの直進性や刃部の欠損の原因となる． 硫黄含有量が0.01%以下であると，極端に低寿命となる． 0.05%程度混入していると比較的安定した加工ができる
刃先形状 （再研削精度）	a. 内・外切刃角度の精度 ±1° b. アペックスポイント A ±0.1mm c. オイルクリアランス H ±0.2〜0.3mm	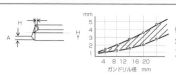 切削油の圧力が適正の場合はオイルクリアランスは少ないほうがよい
機械精度	a. 油圧計の狂いがないこと b. 切削油ポンプの劣化による圧力低下がないこと c. フィルタ機能の低下がないこと d. 送り機構はメカ送りのこと e. 主軸の振動なきこと f. クランプは正しい箇所にあること	油圧計の故障で0点復帰しないものを使っていては正しい圧力を示さないので交換し，油圧の低下でガンドリルの刃部の欠損を発生させないこと ワークのクランプは加工穴を変形させる方向に力を加えるのは避け，できれば穴の軸方向に締め付けるのがよい ガイドブッシュとワークは必ず，密着させること

図 2.35　ガンドリル使用上の注意点

場面	チェック項目
工具取付の時	1) ガイドブッシュの異常損傷はないか 2) ガイドブッシュとガンドリルは合っているか 3) ガンドリルのセット長さはよいか
段取りの時	1) ガイドブッシュとワークは密着しているか 2) ガイドブッシュの内径が大きくないか 3) ワークのクランプはよいか 4) 切削油圧は規定通りか 5) 切削油の流れ状況はよいか 6) 切削条件は正しいか ・食い付き，出口および交差穴のところは切削送りを半減してあるか
加工の時	1) 切りくずは安定した形，長さで出ているか 2) 切削中の負荷メータは安定しているか 3) 異常な振動音はないか
再研削の時	1) 角度は図面通りか 2) アペックスポイントはよいか 3) オイルクリアランスはよいか 4) 二番面が当たらないか 5) 肩に摩耗痕が残ってないか 6) チップにクラックが発生してないか 7) 切刃部に刃こぼれがないか

図 2.36　現場でのチェック項目

は，前加工のドリル穴をガイドブッシュ代わりにしており，ドリル穴はガイドブッシュと比べて穴径が安定してない．このため，第五章の5.2項で述べる刃先のフレーキングが発生しやすいことと，設備的不具合に起因するトラブルが発生しやすいから，といえる．

　設備的不具合としては

イ）テーブルなどの摺動面の摩耗による真直度誤差
ロ）主軸のテーパ部の摩耗による工具のフレ
ハ）切削油中の浮遊物の主軸やテーパシャンク部への付着による工具のフレ
ニ）一般に切削油圧が低い
ホ）ホイップガイド（中間ガイド）を取付けるのが困難

などがあり，安定したガンドリル加工を継続させることが難しい．特に規定の切削油圧以下で加工することにより，切りくずが長く生成され，パイプへの絡み付きが発生し，ガンドリルの欠損に進行する危険が高い．

　従って，マシニングセンタでは鋼材のガンドリル

図2.37 マシニングセンタによるガンドリル加工のポイント

加工は極力避けて、鋳鉄材加工に用いるべきである.

図2.37に、マシニングセンタで鋳鉄材をガンドリル加工する時のポイントを示す.

表中で特に気を付けなければならないのが、ガイドブッシュの代わりである下穴の径の管理と、切削油の供給のタイミングおよび主軸の回転のタイミングである.

ガンドリルはX-Y断面で形状が異なり、ワークに挿入する前に回転させたり、加工完了後、ワークから離れた場所で回転させておくと、必ず遠心力でパイプが曲がって使用できない状態となるので注意が必要である. マシニングセンタでの鋳鉄材のガンドリル加工は、図2.37のポイントを守れば、容易に加工することが可能である.

(2) 超硬ドリル

加工深さが穴径の10倍未満の加工は、ツイストドリルを用いるのが一般的である生産性や加工能率を上げる目的で、超硬ドリルを使用するケースが多いが、この超硬ドリルも欠損が発生しやすいので、正しい使い方をする必要がある. 超硬ドリルを使って加工する時に発生しやすい問題点として

イ) 座屈現象による縄跳び運動状態での加工による破損(図2.38参照).

ロ) 食い付き時のライフリングによる、加工穴の曲がりと、それに起因する欠損の発生.

注) ライフリングとは、ドリル先端に平坦なチゼル部があることにより、主軸の回転中心とワークに食い込むドリルの回転中心の変位からくるドリルのフレによる加工穴の一時的な拡大. この状態で加工を続けると、加工面にライフル状の一種のビビリマークが残る.

ハ) 切削抵抗によるドリルの捩り戻り現象の繰り返しによるドリルの切刃部のフレーキング(図2.33のガンドリルのフレーキングと同じ現象)が発生する.

この現象は、特に鋳鉄材を加工する場合、ドリルのバックテーパがなくなった状態で加工をすると発生しやすい.

ニ) 切りくずの排出が悪くて、切りくずづまりによる欠損の発生.

が上げられる.

(2)-1 超硬ドリルでの加工上の注意点

(2)-1-1 座屈現象

ドリルやガンドリルなどの円筒状の穴あけ工具は、切削中のスラストにより座屈現象を起こして、刃先の破損が発生する可能性がある. この座屈の影響を少なくして安定した加工をするためには、図2.38のF_zを大きくする必要がある.

図 2.38 の(a)は正常の加工状態を示すが，(b)は切削スラストに対してドリルの剛性が不足して，座屈現象をおこし縄跳び運動をしている状態を表わす．

この(b)の現象をおこすと，ドリルが欠損する危険性があり，極力防止しなければならない．

この現象を少なくする手段として，次の方法がある．

イ) ドリル材料はヤング率の高いものに変える．
　高速度鋼：21000g/mm^2
　超硬合金：60000g/mm^2（WC+10%Co）

ロ) ドリルの断面二次モーメントを大きくする．
　図 2.39 のドリルの心厚を厚くするか，溝幅比を少なくしてドリルの断面積を大きくする．

ハ) ドリルの首下長さをできるだけ，短くする．

(2)-1-2 ライフリング

ドリルのシンニングの形状は各種あるが，図 2.40 に S 型と X 型を示す．

この二つのシンニングの相違は，S 型はドリルの中心にフラットなチゼル部があるが，X 型はこのフラット部がない．ドリルがワークに食い付く時，図 2.41 に示すように，ドリルの中心である主軸中心に対してドリルの回転ポイントが必ずしも，主軸中心 O 点とならず，フラット部である A〜B のあるポイントで加工を開始する場合がある．仮に回転ポイントが A 点とすると，加工される径は直線 OA の分（$\overline{AC}-\overline{OC}$）だけ大きな穴となる．

しかし，ドリルは片当たりとなり切削抵抗で回転ポイントが O 点に移動する．

このように主軸中心と回転ポイントに差がある状態で加工をする現象をライフリングと称する．

この現象を防ぐには

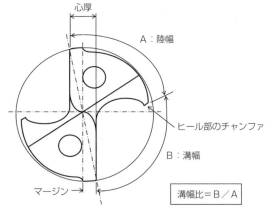

図 2.39　油穴付ドリルの断面形状

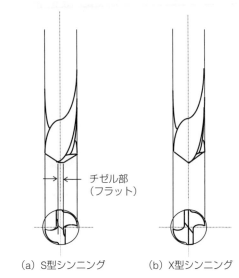

(a) S型シンニング　　(b) X型シンニング

図 2.40　ドリルのシンニング形状

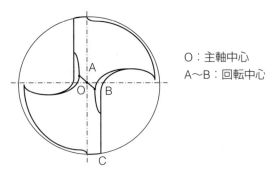

O：主軸中心
A〜B：回転中心

図 2.41　回転中心の移動

イ) シンニングの形状を X 型に変更する．

ロ) ドリルがワークに食い付いてから，ドリルの肩が入るまで，通常の切削送りより落として加工する．一般的には，通常の切削送りの 1/2 程度に落とすと効果がある．

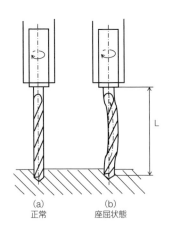

(a) 正常　　(b) 座屈状態

$F_z = \pi^2 \cdot E \cdot I / L^2$

E：ヤング率
I：断面二次モーメント
L：ドリル首下長さ

図 2.38　ドリルの座屈

(2)-1-3　ドリルの捻り戻り現象

ドリルの加工中にキリキリ音がする場合は，ほとんどがドリル自体が切削抵抗で捻られ，ある角度まで捻られるとドリルの剛性から急激に元に戻る現象を短時間の間に繰り返すことから，発生する一種のビビリ現象である．

この現象での問題点は，切削中に捻られている時間帯は主軸は動力で軸方向に進んでいるにも拘わらず，ドリルは切削してない状態であり，次の瞬間に急激に戻るから通常の切削送りより，直前の切削してない時間に主軸が軸方向に送った分だけ，加算した送りとなることである．

この切削送りが増加することにより，ドリルの外周近傍にフレーキングが発生しやすく，特にここで取り上げている超硬ドリルの場合は，通常の設定した切削送りが早い場合($f > 0.03D$)は，このフレーキングの防止対策をとる必要がある．

このフレーキングが発生したら，切削抵抗を減少させることにより，その発生を防ぐことができるが，加工能率が低下してしまうので，防止効果のある技術を織り込んで，加工能率を低下させないでフレーキングの発生を防ぐことが大切となる．

〈フレーキング発生防止効果〉

イ) ドリルの捻り剛性の向上

捻り剛性をあげるには，(2)-1-1 の座屈現象を少なくする技術がそのままあてはまる．

このうち，ドリルの断面積を大きくする手段は効果があるが，溝の幅が少なくなることにより，切削中に生成する切りくずの排出が悪くなり，切りくずづまりによる不具合が発生する危険性がある．

従って，ドリルの断面積を一定とした場合は，捻り剛性は，切削中のドリルの応力分布に影響されるので，応力分布が一定となるドリルの形状が必要となる．

図 2.42 に応力分布の例を示すが，(a) の標準型ドリルと比べて，(b) の断面形状のドリルの場合は応力が均一となっていることがわかる．特に切削送りが早い条件($f > 0.03D$)では，切削中に図 2.42 の応力が不安定のヒール部に欠ケが発生しやすい．

このヒール部の欠ケも (b) の形状とすることにより，防止することができる．

超硬ドリルの場合は不具合があると，ほとんど大破して，欠損の一次的発生原因を検出するのがむずかしいのが一般的であるが，このヒール部から欠損が伝播するケースも多いので，高能率加工の場合は，必ずヒール部を図 2.42 の (b) のようにカットする必要がある．

ロ) バニッシングトルクの抑制

切削中のドリルにかかる負荷は，切削抵抗の他に，加工した内壁とドリルの外周部にあるマージン部との接触による摩擦抵抗がある．この摩擦抵抗によるバニッシングトルクを少なくする技術として，次の方法がある．

a) ドリルのマージン幅(図 2.39 参照)を少なくする．

　標準型ドリルは，このマージン幅は，約 0.12D であるが，0.05D 以下とする必要がある．

b) ドリルの外径バックテーパを大きくする．

　外径のバックテーパは，一般的には，100mm で 0.1 〜 0.15mm であるが，フレーキングが発生したら，0.2 〜 0.3mm 付けると効果がある．

(2)-1-4　切りくずづまり

ドリル加工は，切りくずをうまく排出させることが大切であり，排出性がわるいとドリルの欠損へと進行する危険がある．

この排出性を良くするために，通常は溝幅比を大きくする手段がとられる．

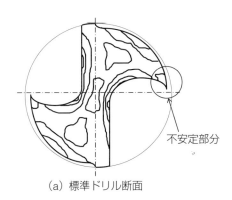
(a) 標準ドリル断面

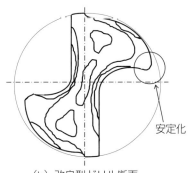
(b) 改良型ドリル断面

図 2.42　応力分布の例(神戸製鋼)

表 2.28 超硬ドリルの適用範囲のめやす（FC 材加工）

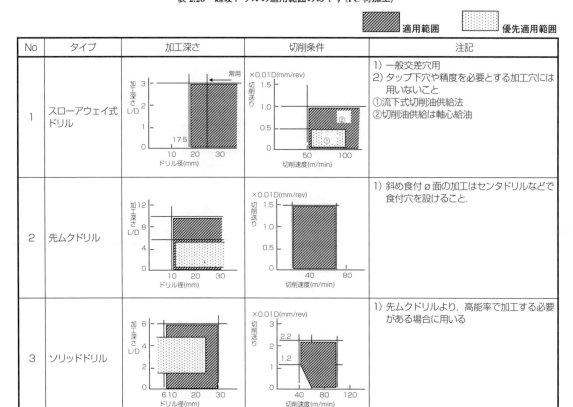

標準型ドリル：溝幅比 ≒ 1.2
改良型ドリル：溝幅比 ≒ 1.4 〜 1.6

しかし，(2)-1-1 項で述べたように，特に高能率加工を行う場合は，座屈現象を抑える必要があるため，この溝幅比を大きくすることはできない．

従って，逆に溝幅比を小さくして，ドリルに油穴を設けて軸心から切削油を供給し，強制的に切りくずを排出させる方法が理想である．

特に，加工長がドリル径の 3 倍以上の深い穴を加工する場合は，この切削油の軸心給油の効果が大きい．油穴付きドリルの場合は，溝幅比は，約 0.8 程度でも切りくずの排出がよいため，油穴による断面積の減少によるドリル剛性の低下を防止できる．

(2)-2　超硬ドリルの使用区分のめやす

超硬ドリルは，前項に述べたように，ハイスドリルと比べて加工能率が良いが，うまく使わないとトラブルが発生しやすい工具である．

超硬ドリルのタイプを大別すると，大径用はスローアウェイドリル，深穴加工には先端に超硬をろう付けした先ムクドリル，小径用としてのソリッドドリルに分けられる．

これらのタイプのドリルのおおよその使用区分を表 2.28 に示す．

a) スローアウェイ式ドリル

表 2.28 では φ17.5 以上を適用範囲としたが，ドリル強度の点から φ20 程度までは先ムクドリルかソリッドドリルを使い，φ20 以上を適用範囲としたい．また，加工による切刃部の摩耗から，径が縮小する傾向にあるため，なるべく，タップの下穴加工には用いないほうがよい．切削条件は，切削速度を高くして，切削送りは低めに設定することで，ドリルにかかる負荷軽減を考慮する必要がある．

鋳鉄加工での，一般的な切削条件は，切削油をドリルの軸心給油とした場合，V=150m/min で f=0.15mm/rev か V=100m/min で f=0.25mm/rev 程度が理想である．

このスローアウェイ式ドリルの特徴は被削材や切削条件に合わせてチップの材質を選定できる点にあり，ドリル寿命の向上を図るのに有利である．

b) 先ムクドリル

ドリルの先端部分に，ドリル径の 1.5 〜 2 倍の長さの超硬合金を，SK や SKH 材の本体に，ろう付け

したドリルで，この先ムクドリルは，鋳鉄材の加工深さの深い穴を比較的低速切削で加するのに適している．加工長がドリル径の5～10倍程度の深穴に使用し，10倍を越える超深穴加工はガンドリルでの加工を推奨する．このドリルで注意する点は，ろう付け技術の品質が安定したメーカーのものを選定することである．

工具メーカーが，ろう付け作業で注意をしなければならないのは，ろう付けの仕方だけでなく，特にろう付け後の徐冷方法をいかに管理するかである．徐冷作業をうまく管理しないと，ろう付け部の残留応力が大きくなり，わずかな衝撃でもろう付け部から剥がれてしまう危険性がある．このろう付け品質を明確に保証している工具メーカーは少なく，ユーザーとしては，ろう付け後の破壊検査のデータを定期的に取り寄せることで，品質保証をさせる必要がある．

c）ソリッドドリル

ドリルとして，最も剛性が高いもので，高能率加工用として多く用いられている．

このソリッドドリルは高価であるため，φ25以下で加工深さが径の5倍までの穴に適用したい．

主軸剛性のある設備で加工する切削条件は

低炭素鋼
　　V=100～150m/min　　f=(0.2～0.3)×Dmm/rev

高炭素鋼や合金鋼
　　V=80～120m/min　　f=0.2×Dmm/rev

鋳　　鉄
　　V=60～100m/min　　f=0.2×Dmm/rev

程度が適している．

図2.43に，ドリルをうまく使う技術のまとめを示す．

(3) リーマ

リーマは，穴の仕上げ加工用工具としては他のボーリングや内面研削と比べて，比較的安定して能率よく加工できる工具である．

対象とする加工精度はIT6～8級であるが，後で述べるが筆者が開発した特殊のリーマはIT4～5級の加工精度を得ることもできる．リーマ加工はバニッシュしながら加工する工具であるが，このバニッシング作用をうまく利用することにより加工が安定する場合もある．

リーマ加工で発生しやすい不具合は

1) 真円度不良
2) 加工穴のバラツキ

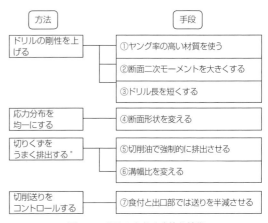

図2.43　ドリルをうまく使う技術

3) 面粗さ不良

が上げられる．

(3)-1　真円度不良

リーマは，特殊の場合を除いて，図2.44の(a)に示すように，複数の刃で切削を行なうのが一般的である．リーマ加工では，下穴中心とリーマの回転軸心との偏差にて，複数刃のリーマの各刃にかかる半径方向の切削力の不均衡から，リーマの回転軸心が下穴中心の周りを移動することにより，加工径が多角形になることがある．多角形KとリーマのNTとは，K=nNT+1の関係がある．

この多角形の発生を防止する手段として，次の4点が上げられる．

イ) 工具の剛性を上げ，発生振動を少なくする．

剛性を上げる方法は，図2.43のドリルの剛性を上げる方法と同じと考えてよい．

ロ) リーマを不等分割とする．

切削により発生する振動を不規則周波として，増幅を抑える．

ハ) ガイドブッシュを活用する．

マシニングセンタのように，ガイドブッシュが使えない機械環境の場合は，リーマの食付切刃角より大きな角度の面取りをした後にリーマ加工を行なう．

ニ) リーマの食い付き角度は下穴の面取り角度より小さくし，食い付き時に面あたりをさせない

ホ) 上記の技術でも，多角形が発生し，真円度が規格以内に加工できない場合は，1枚刃のリーマに変更する．

(3)-2　リーマの外径公差の決め方と加工穴のバラツキ

リーマの加工穴の寸法精度はリーマの外径により

決まるため，リーマの外径公差の決め方が大切となる．

このリーマの外径公差は，経験的に次の式で求める．

Drmax= Dmax − n1 × IT 値 ……………… 2.44
Drmin=Drmax − n2 × IT 値 ……………… 2.45

Drmax：リーマ外径の上限
Drmin：リーマ外径の下限
Dmax：加工する穴の上限
n1=0.4（経験値）
n2=0.3（経験値）

（計算例）
加工径：φ12H8 を加工するリーマの公差
IT 値 =0.027mm
Dmax=12.027mm
Drmax=12.027 − 0.4 × 0.027=12.016
Drmin=12.016 − 0.3 × 0.027=12.008

一般にメーカーの量産品の標準リーマは，m5 の公差で作られている場合が多いが，φ12m5 は 12.007 〜 12.015 であり，H8 の穴が加工できるように設定されているといえる．

参考として，ISO522 では上記式で，n1=0.15，n2=0.35 を推奨しているが，この ISO の推奨値では，計算例の φ12H8 用のリーマは，12.014 〜 12.023 となり，鋼材加工の場合では，φ12H8 の上限である，12.027 を越えてしまう場合がある（**図 2.47** 参照）．

この式 2.44 と 2.45 で設定したリーマを使っても加工径が大きくなったり，バラツキが発生する場合は次の点を改良する必要がある．

イ）リーマの外径バックテーパの確認．
　バラツキ発生の原因の大半が，リーマの外径にバックテーパが付いてないことに起因するといえる．リーマだけでなくカッタ類でも同じで，穴径のバラツキはこのバックテーパの不備によるものと判断してよい．

ロ）リーマのすくい面と外周マージンの交点のダレの確認．
　図 2.45 に示すマージン部がダレると加工径は安定しない．
　このダレの発生原因は，使い過ぎて摩耗した場合と，メーカーの製造工程で発生する場合がある．後者の場合，メーカーの製造手順が，研削で掬い面を仕上げてから，外径を仕上げると発生する可能性がある．従って，外径を仕上げてから，最後に掬い面を仕上げるという工程に変

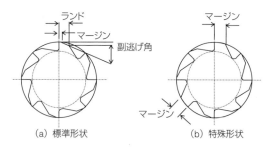

図 2.44　リーマのマージン形状

図 2.45　マージン部のダレ

更するように工具メーカーに対して指導することが大切となる．

このリーマ加工穴の安定化という点では，特に鋳鉄材の加工で，筆者が改良した特殊形状とすることで効果のでるケースもある．

図 2.44（b）にこの特殊形状を示すが，リーマの二枚の刃を副逃げ角を付けないで，ランド幅全体をマージンとしたものである．この二枚の特殊マージン刃は対称の刃に取り付けると，式 2.44 と 2.45 の領域からはずれて拡大傾向となるので，図のように，非対称の位置に取り付けることが肝心であるが，面粗さが若干悪くなる場合があるので注意を要する．

（3）-3　面粗さ不良

リーマ加工では，よい面粗さを得ることは難しいといえる．

切削条件により異なるが，鋼材加工で 10 〜 20μm，鋳鉄材加工で 5 〜 12μm の範囲が一般的なリーマの加工能力といえる．

面粗さを良くする目的でよく用いられる方法として，次の技術が上げられる．

イ）二段食い付きとする
ロ）すくい角を付ける（約 10°）．
ハ）切削速度を落とす（8m/min 以下）
ニ）切削送りを落とす（f＜リーマ径× 0.2）．
ホ）リーマの削りしろを少なくする（0.3mm 以下）
ヘ）エマルジョンタイプの切削油を用いる
ト）外周マージン部の面粗さを良くする（1S 以下）

これらを **図 2.46** に，リーマ加工の傾向として示すが，これらを全て織り込むのが理想であるが，

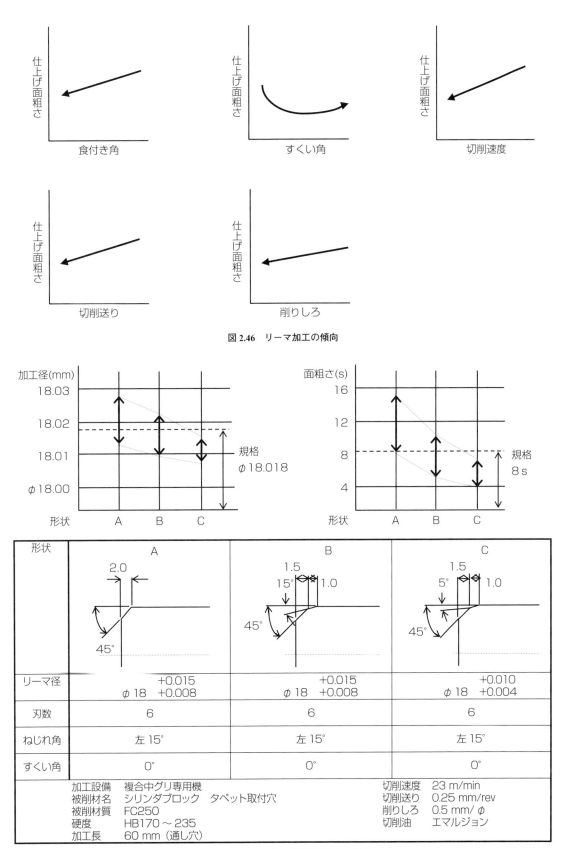

図 2.46　リーマ加工の傾向

図 2.47　リーマの食い付き形状と加工精度

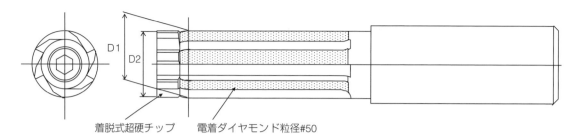

着脱式超硬チップ　電着ダイヤモンド粒径#50

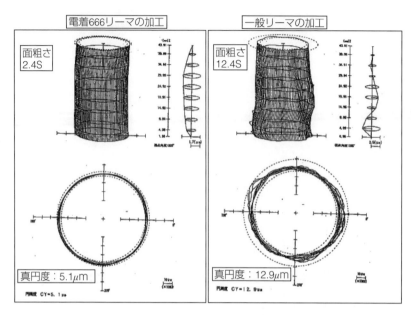

図 2.48　新型リーマと加工精度

特に二段食い付きのリーマの効果が大きいといえる.

また，外周のマージン部の面粗さが良くないと，その粗さ分だけ加工による初期摩耗で加工径がマイナスする場合があるので注意する必要がある. **図 2.47** に二段食い付き型リーマの改善例を示す.

(3)-4　電着リーマ(ハイブリッドリーマ)

リーマ加工で発生する主な不具合について述べたが，これらの不具合を全て解決できる新しいリーマを筆者が考案したので紹介する.

この新型リーマの対象とする被削材は鋳鉄だけであるが，以下の特徴を持っている.

・真円度 6μm 以内
・円筒度 6μm 以内
・面粗さ 6S 以内
・加工公差 IT6 級以内

図 2.48 に形状と一般のリーマでの加工精度を示すが，形状的に従来のダイヤモンド電着リーマとことなる点は，リーマの先端に着脱式の超硬チップを独特の取付技術で固定していることである. この新型リーマの特徴は，先端に超硬チップを備えたことにより，削りしろの制約がなくなり，下穴は一般のリーマ加工と同じようにドリル加工のままで，ドリル→電着リーマの2工程で，加工できることである. 従来の電着リーマの欠点は，この削りしろに制約があり，削りしろが多いと目づまりや砥粒の脱落が発生するため，ドリル→リーマ→電着リーマという3工程で加工する必要があった.

〈電着リーマの削りしろの比較〉

・従来のリーマ：0.05 ～ 0.1mm
・新型のリーマ：0.5mm

加工精度は，真円度，円筒度，面粗さ全てにわたって一般のリーマよりすぐれていることが判る. この新型電着リーマと従来のリーマとのランニングコストの比較例を，**表 2.29** に示す.

3工程での加工結果であるが，加工品質は，全て規格以内で，工具寿命はダイヤリーマ部では，10 ～ 26 倍となっている. ただし，先端の超硬チップは従来の工具寿命とあまり変わらず，機上で交換する必

表 2.29 新型電着リーマのランニングコスト比較

		A型 シリンダブロック		B型 シリンダヘッド		C型 シリンダヘッド	
加工箇所		タペット取付穴		バルブガイド取付穴		バルブガイド取付穴	
材質		FC250		FC250		FC250	
加工径 mm		$\phi 18^{+0.018}_{0}$		$\phi 16^{+0.018}_{0}$		$\phi 19^{+0.021}_{0}$	
面粗さ		8S		12.5S		12.5S	
円筒度		7.5μ		5μ		5μ	
真円度				5μ		5μ	
切削速度 Vm/min		15		30.1		31	
切削送り Fmm/min		26.5		150		130	
fmm/rev		0.017		0.0625		0.0625	
加工長 mm		57		70		92	
加工機械		専用機		マシニングセンタ		マシニングセンタ	
① 1セット工具取付数		12		1		1	
		従来	新リーマ	従来	新リーマ	従来	新リーマ
② 工具寿命 超硬部		1,000	1,000	200	400	75	150
③ ダイヤ部		―	10,000	―	5,000	―	2,000
④ 再研削数 超硬部		3回	10回	8回	10回	8回	10回
⑤ ダイヤ部		―	15回	―	15回	―	15回
⑥ 購入価格 超硬部		32,500	4,870	20,150	3,580	22,100	4,560
⑦ 本体部		―	54,600	―	24,700	―	32,500
⑧ 電着費 ダイヤ部		―	64,000	―	51,000	―	53,000
⑨ 工具費原単位							
①×⑥/②×④		130		12.6		36.8	
①×(⑦+⑤×⑧)/③×⑤			81.2		10.5		27.6
①×⑥/②×④			5.8		0.9		3.0
計 円/個		130	87.0	12.6	11.4	36.8	30.6
比較			△43円/個		△1.2円/個		△6.2円/個
工具交換工数 分/本							
⑩ 超硬部		15	2.5	15	1.5	15	1.5
⑪ ダイヤ部			15		15		15
⑫ 交換工数原単位							
①×⑩/②		0.1800	0.03	0.075	0.004	0.200	0.010
①×⑪/②			0.018		0.003		0.008
計 円/個		0.1800	0.048	0.075	0.007	0.200	0.018
比較			△0.132分/個		△0.068分/個		△0.182分/個

要があるが，工具原単位および工具交換工数とも減少しており，このハイブリッドリーマの加工性能が高いことを実証している．

(4) 正面フライス

平面加工用の正面フライスは，旋削用工具と同じく，一部のフォームド加工を除いて，ほとんどがスローアウェイ式となっている．この正面フライスも，工具メーカー各社から，ハイレーキタイプや多刃タイプなど，特徴のあるカッタが販売されており，ユーザーは工程に合ったカッタを選定することができ，その使い方もメーカーから丁寧に指導してもらえる．

しかし，加工精度，特に面粗さについてのトラブルが，以外と多く発生しているのが実状であるので，この項では，専用機で加工する場合のスローアウェイ式正面フライスの改善例を中心に述べる．

(4)-1 仕上げ面粗さの改善

正面フライス専用機は，加工するカッタの後刃の干渉防止のため，必ず主軸を傾けてヒーリングを付けているが，このヒーリングの傾き角は定期的に管理をして，工場内の専用機を全て同一に維持することが望ましい．20～30′(0.03～0.05mm/500mm)のヒーリング角を付けるのが一般的であるが，専用機ごとでマチマチなのが実状である．

つまり，保全部門の管理意識の希薄や技術的知識の欠如から管理してない企業が多い．

機械によって，ヒーリング角が異なると，面粗さを確保するために，そのヒーリング角に合わせた工具形状を決めなければならず，工具担当者泣かせとなっていることを，保全部門や機械を導入する部門に広報しなければならない．

加工面粗さの良否を判定する場合は，必ずチャートをプリントアウトできる面粗さ計を使って数か所測定し，このうち最も悪いチャートで解析を行なう．

次に，図2.49をもとに改善の手順を説明する．

図2.49の倍率は，縦横とも不尺で，解析計算上の倍率を示してある．面粗さのチャートはほとんど図2.49のような傾向にあり，カッタの進行方向に対して周期的に繰り返している．

① 周期的な繰り返しピッチを3か所以上実測する．

この例の場合，24.5，23，18で平均が21.833mmである．

ただし，横軸は10倍であるため，実寸法は2.1833mmとなる．

この量はカッタの一回転あたりの送り量でもある．

② このピッチごとのHmaxを測定(6.3，6.3，6.3μm)．
③ ピッチとHmaxからチャートの傾きを計算(0.165°)．

この角度はヒーリング角と切削抵抗で主軸が変形した量の和である．

④ 加工したチップの正面フラット部(副切刃)の寸法を確認する(3.5mm)．
⑤ 面粗さに直接影響を及ぼす正面フラット部の長さでの傾き量を，③の角度から算出する(0.0101mm)．

以上の手順にて加工面粗さを改善するカッタの形状を，図2.50に示す．市販されている標準型のカッタはこの中凸補正が付いてないので，先に述べたようにその設備のヒーリング量に合わせて，カッタを使う側で調整するか，もしくは工具メーカーに修正要望を出す必要がある．

このように，正面フライスの加工面粗さ確保は，設備のヒーリング量と工具形状が，マッチしていることが大切であり，設備ごとにヒーリング量が異なると，その設備に合わせた工具を必要とするため，工具の管理が煩雑となる．

(4)-2 加工能率の改善

正面フライスの高能率加工については，第三章の3.2.1(2)でのべるが，この項では工具の刃先を変えることにより，加工能率と工具寿命を上げた例について述べる．改善前と改善後のチップの形状を図2.51に，カッタの仕様と切削条件を図2.52に示す．

加工能率を約1.7倍とし，加工費を年間40万円改

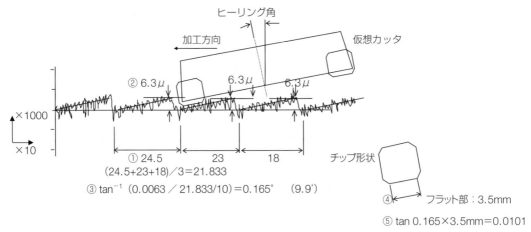

図2.49　面粗さの改善例

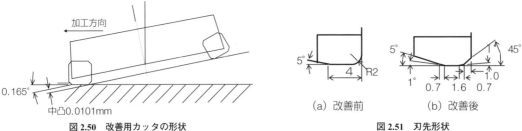

図2.50　改善用カッタの形状

図2.51　刃先形状

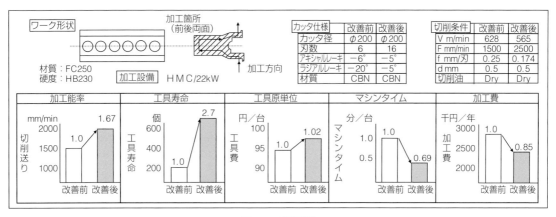

図 2.52 改善結果

善した例であるが，改善のポイントを以下に示す．

イ）チップの形状を，ノーズRタイプからチャンファータイプとし，スラスト力の低減を図る．

ロ）ヒーリングのないHMCでの加工で，加工方向が一定方向でないことにより，切削抵抗による主軸の傾き方向も変化するため，面粗さを確保しにくい加工であるためチップの副切れ刃形状を三段式とする．

ハ）CBNチップの加工では，f×dが大きいと，チッピングが発生する危険性があり一刃の送りfを少なくするため，刃数を増やす．

ニ）アキシャルレーキとラジアルレーキ角を小さくすることにより，切削抵抗の軽減を図る．

このCBNチップを用いて高能率加工をする時には，前工程で付着する切削水が除去されてないと，チップのチッピングが発生する危険があり注意を要する．

(5) タップ

めねじ加工用のタップについては，専門メーカーの技術資料のトラブルシューティングに掲載してない内容について述べる．生産ラインでよく発生するトラブルは，タップの欠損とねじ部のカジリや拡大である．

欠損は
　①切削トルクの過大　　タップの安全率はあまり大きくない
　②使用条件の不適当　　回転数の過大
　③再研削不具合　　　　摩耗残り

拡大は
　①切りくずづまり　　　切削油の供給方法
　②使用条件の不適当　　回転数の過大
　③耐溶着性不足　　　　切削油の不適当

M14　P=2

$K_1 = 9^{-0.090}$

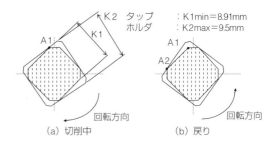

K2　タップ　：K1min=8.91mm
K1　ホルダ　：K2max=9.5mm

(a) 切削中　　　(b) 戻り
回転方向　　　　回転方向

図 2.53 四角部の干渉点

④再研削不具合　　刃先のフレ，分割誤差について，改善を図ることが大切であるが，一般の企業ではこのような不具合は改善してあるのが普通であるが，なお，欠損や拡大が散発する場合がある．

(5)-1 止まり穴加工での欠損の発生

止まり穴加工時に，タップの先端が下穴の底に干渉する．

トルク調整式のホルダを使っていても，定期的なメンテナンスをしないと切削油や切りくずがホルダの内部に付着してしまう．特に，止まり穴ねじの加工では，下穴の深さに十分な余裕がないと，所定の加工長まで送りをかけ，同時に主軸の回転を停止させるが，イナーシャにより主軸は送りの停止と同時には停止しない場合がある．主軸がイナーシャにて，半回転してしまうと，1/2×ピッチだけタップは軸方向に進んでしまう．

このとき，タップの先端が下穴の底に干渉して欠損が発生する．

(5)-2 四角部の寸法公差不適当

　タップの四角部の製作公差は，h11と規定されているが，タップを取り付けるホルダの公差は規定されておらず，たとえば図2.53のM14のタップの場合は，ホルダとタップの四角部のガタは，max0.59mmある．タップは切削中に，A1点でホルダと干渉して回転力を伝達され，加工が完了して戻る時は，干渉点はA2点に移動する．

　戻る時に干渉点がA1からA2点に移動する場合は，問題は発生しないが，切削が完了して次の加工を開始する前の干渉点はA2のままで，タップがワークに食付くと，その瞬間に干渉点がA1に移動する．この時，タップの刃先に急激な力が働き，欠損トラブルが発生する．

　これを防ぐには，市販品のタップホルダは使わないで，ホルダの四角部の公差を指定してできるだけガタの少なくなるホルダを採用すべきである．特に，ホルダを何種類もつないで加工しなければならない場合は，ガタを最少に管理しなければならない．

(6) 砥石

　砥石は内径研削用の小さなものから，大型エンジンのクランクシャフトを研削する大きなものまであるが，この項ではクランクシャフト用の砥石について述べる．砥石のサイズは，φ760〜1065と大きく，建設機械用のクランクシャフトを研削する砥石は幅が，30〜80mmもある．

　これらの砥石は側面に溝を取り付けた溝入砥石が多く使用されているが，この溝入砥石は筆者が，1975年に開発を行ない実用化したものである．

　溝入り砥石については巻末にまとめて詳述する．

(6)-1 クランクシャフト研削の特徴

　クランクシャフトは，コネクティングロッドを介してピストンの往復運動を回転運動に変換する部品で，かなり複雑な形状をしている．

　図2.54にエンジンのシリンダが4個ある4気筒のクランクシャフトの概略の形状を示すが，メタルで受けるメインジャーナルが，#1J〜#5Jおよびコネクティングロッドを取り付けるピンジャーナルが，#1P〜#4Pあり，さらにギヤを取り付けるフロントテーパ部とフライホイールを取り付けるフランジ部とから構成されている．

　このような構造上，断面形状はXY方向で異なり，研削加工するとき次の問題が起こる．

〈問題点〉

(1) 図2.55は，L=596mmの距離のある#1Jと#5Jを

メインジャーナル：#1J〜#5J
ピンジャーナル：#1P〜#4P
カウンタウェイト

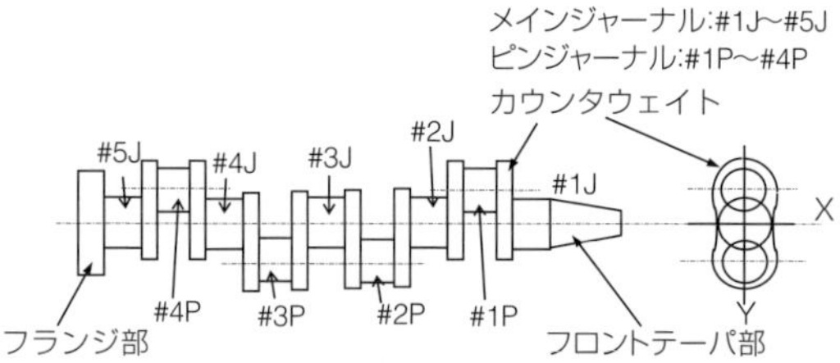

図2.54 クランクシャフト

支点として，#3Pに荷重をかけたときのワークのたわみ量δを測定したものであるが，荷重の作用点を3方向とるとタワミ量δにかなりの差があることが判る．

　このことはワークの断面二次モーメントが方向により異なることを意味しており，研削中の研削抵抗でワークのタワミ量が方向により異なり，真円度や円筒度精度が悪くなりやすい．

(2) 真円度と円筒度精度を確保するために，粗研削から仕上げ研削に入りときにフレ止めを用いるのが一般的であるが，粗研削時に悪さがでて，仕上げ研削でその悪さを除去できない場合もある．

　図2.56に示すように，研削抵抗でワークがタワムことにより，砥石は両側から挟み込まれる状態となり，左右の負荷の差により，研削焼けや割れが発生しやすいのである．

　研削中はワークは両センタでサポートしており，#1Jと#5Jはタワム量が少なく，おおよそ次の傾向がある．

#1J：砥石の右側に焼け，割れが発生しやすい
#2J：砥石の右側が焼け，割れの程度がひどい
#3J：砥石の左右に焼け，割れが発生しやすい
#4J：砥石の左側が焼け，割れの程度がひどい
#5J：砥石の左側に焼け，割れが発生しやすい

　図2.57にクランクシャフトを研削したときの研削動力を示す．加工箇所により，消費動力が異なるが，研削中のワークのタワミも同じ曲線を描く．この曲線の二つのピーク時点で，研削焼けや割れが発生しやすい．

(6)-2 研削焼け，割れの抑制

　クランクシャフト研削で研削焼けがおきると硬度が低下し，ジャーナル部の異常摩耗が発生し，研削割れがクランクシャフトの欠損事故に進展して，重大なトラブルとなる危険がある．

1) 研削温度がワークの再結晶温度以上になると，研削焼けが発生する．

2) Ac1変態点以上となると，割れが発生しやすい．

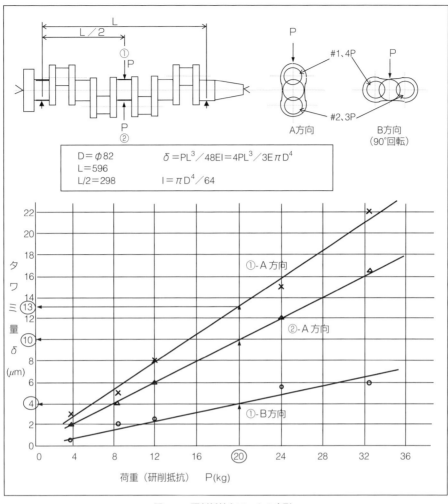

図 2.55 研削抵抗とワークの変形

図 2.58 に研削割れの発生メカニズムを示すが,研削により材料の温度が 730℃ を越えるとオーステナイト組織となり,研削液の冷却によりマルテンサイト組織に変化し,表面が体積収縮し引張り応力を生じ,材料の引張り応力以上となると研削割れが発生する.

従って,研削焼けや割れを抑制するには,図 2.59 に示すように

1) 研削中の発生熱を上げない
2) 熱処理条件のコントロール

が要求される.

この 2) の熱処理条件のコントロールについては,図 2.60 に示すように,焼き戻し温度が低いと研削割れが発生しやすいので,可能なかぎり焼き戻し温度を高くして,組織の安定化を図ることが望ましいといえる.

研削熱を低く抑えるには,切れ味のよい砥石を

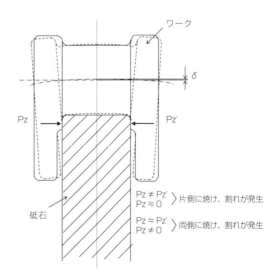

図 2.56 研削抵抗によるワークのタワミと焼け,割れ発生のモデル

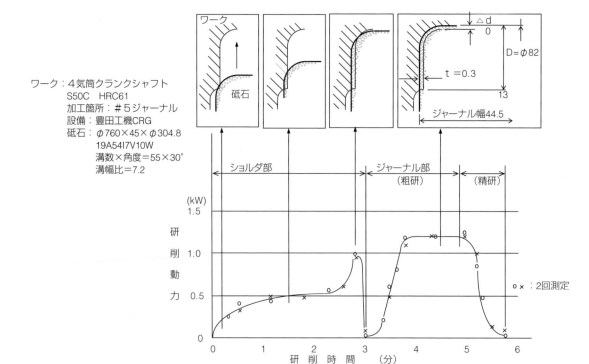

図 2.57 研削抵抗

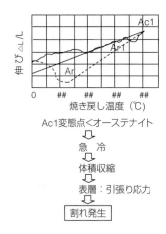

図 2.58 研削割れの発生機構（小野）

用いて軽研削することが基本であるが，図 2.59 に示すような対応は実際のラインでは実用的でなく，これらの技術をカバーするのが溝入れ砥石である．

(6)-3 溝入れ砥石

溝入れ砥石は，図 2.61 に示すように砥石の両サイドに幅 2mm ほどの溝を取り付けたもので研削中に，この溝を通して研削点に研削油の供給をしやすくし，発生研削熱を抑制させる砥石である．

溝を取り付ける形状は，直線溝でもよいが，図 2.61 のように 30°傾けることにより，効果が大きくなる．

角度の取り付ける方向は，遠心力で研削油が飛び散るのを防ぐ方向とし，図と逆方向では効果が低減する．

なお，溝の数は砥石が研削ストローク S の前進端での砥石とワークの接触弧の範囲内に 1～2 本設ける，つまり溝の接触率が 1 以下にならないように設定する．

1) 溝入れ砥石の機能

この溝入れ砥石の効果は，図 2.63 に概念図を示すが，一般の砥石は，結合度を L から L+ と硬くすると，研削熱は a から b に増加し，研削焼けや割れが発生しやすくなり，砥石の形状ダレは，A より少なくなり B となる．一方，溝入れ砥石は，結合度を硬くしても研削熱は結合度 L の a と同レベルの c に抑え，砥石ダレについては，より少ない機能を保有する．

つまり，研削熱に対しては柔らかく作用し，砥石の形状ダレについては硬く作用することになる．

この溝入れ砥石については，巻末で詳細を述べる．

2) 溝入れ砥石の使用上の注意点

上記の機能を持つ溝入れ砥石も，正しく使わないとその機能を発揮することができない．

図 2.64 に記述した使用上の注意点の要点を以下に

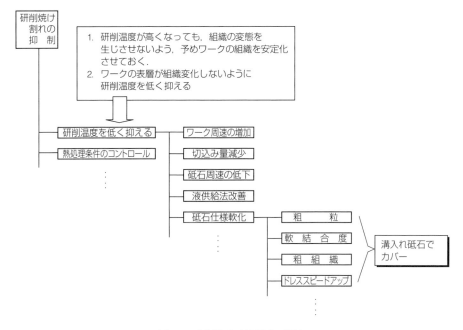

図 2.59 研削焼け,割れ発生の抑制

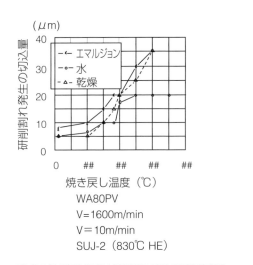

図 2.60 工作物の焼き戻し温度と研削割れ発生の砥石切り込み深さ(小野)

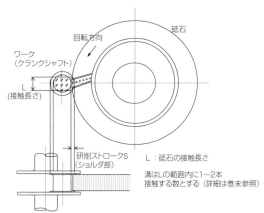

図 2.62 溝数の決め方

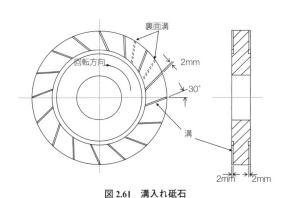

図 2.61 溝入れ砥石

図 2.63 溝入れ砥石の研削特性概念図

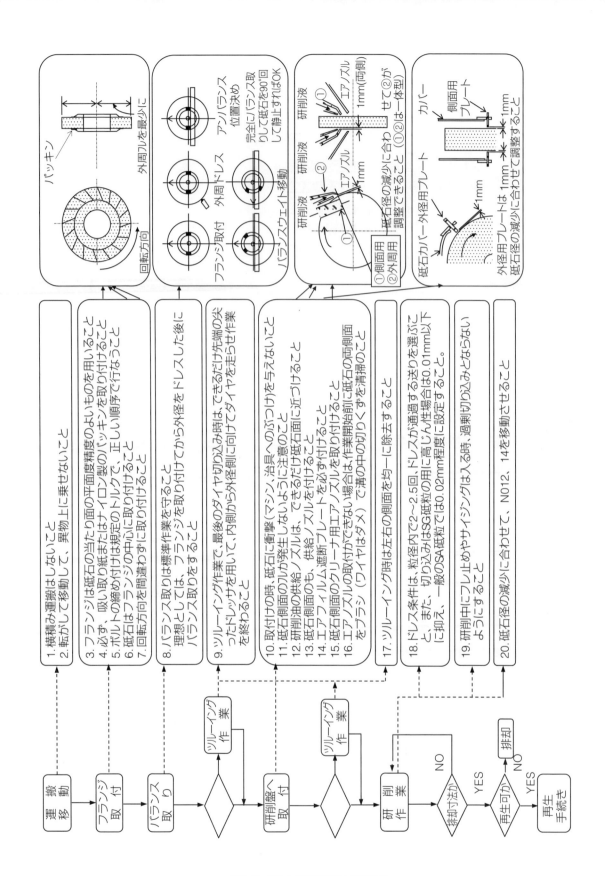

図 2.64 溝入れ砥石の使用上の注意点

上げる．
① 砥石の運搬

砥石は割れやすいことを，忘れないこと．
② フランジへの取付

砥石内径の寸法精度により，フランジよりかなり大きく加工されている場合があるのでできるだけ中心に取り付け，外周のフレを最少に抑えることにより，バランス取りが容易となる．

砥石の内径公差は，JISR6210にて規定されているが，できれば社内規格として JIS 公差より厳しい標準を設定することが望ましい．

（例）

内径 φ304.8　　　JISR6210H12　　0 〜 0.53mm
　　　　　　　　　社内規格　　　　0.1 〜 0.3mm

③ バランス取り

ダイナミック動バランスを取るのが理想であるが，一般のラインでは，JISR6240 で規定してある平行棒ベアリング方式で行う．アンバランス量の製造規格についても，社内規定値を決め，砥石メーカーに尊守する指導することで，研削中の真円度精度の悪化を最少に抑えることができる．

<社内規格例>

砥石周速	社内規格	参考
3,000m/min 未満	$1.3W^{2/3}$ 以下	JIS 規格　$6W^{2/3}$
3,000 〜 3,600	$1.3W^{2/3}$ 以下	JIS 規格　$5W^{2/3}$

注　W：砥石重量(kg)

JIS の規定値のままで，(砥石回転数 N)/(ワーク回転数 n) が，正数倍もしくは正数 +0.5 となる条件で研削すると，必ず真円度不良が発生するので，できる限り，アンバランス量を抑えることが望ましい．当然のことながら，N/n の値が上記の領域にない回転数で研削する必要がある．

④ ツルーイング

砥石の幅を仕上げるツルーイング作業は，粗取りは機外で行ない，仕上げを機上で作業することで，設備の稼働率の低下を少なくすることが良い．そして，機上での仕上げ作業で最後のドレッサの切り込み時は，砥石の内側から外周に走らせることで，ダイヤの摩耗による微少のバックテーパが形成されるので，研削焼の防止にも効果がある．逆にドレッサを走らせることは避けなければならない．

⑤ 研削盤への取付

専用の吊り具を用いて，砥石を器物に当てないようにし，研削油のノズルは外周と側面に取り付けて，さらに側面洗浄効果をよくするために，エアを供給することが望ましい．

また，研削中は高速で砥石が回転しているため，砥石近傍の空気も回転しており，このため研削油が研削点への進入を妨げるので，エアフィルムを遮断するプレートを取付けなければならない．このプレートは砥石の径の減少に合わせて自動で移動することが望ましいが，できなければ 10 〜 20 回ドレスし，砥石径が 1mm 近く減少したら，移動させる必要がある．

⑥ 研削作業

粗研削から仕上げ研削に変換する時に振れ止めやサイジングをワークに接触させるのが通常であるが，(6)-1 項で述べた研削中のワークのタワミを考慮しないと過剰な切り込みとなり，この時に研削ダメージが発生しやすいのでタワミ量を考慮してフレ止めの停止位置を設定する必要がある．

(6)-4　クランクシャフト研削の改善例

溝入れ砥石を用いてクランクシャフトの研削能率を改善する場合の例であるが，図 2.65 は CRG（ジャーナル研削）と CPG（ピン研削）の改善のアプローチを示したもので，以下この手順に沿って説明をする．

① 自社の研削条件把握

図 2.65 に記載した CRG，CPG 研削条件の一般的目安は，筆者が実務経験として習得したものを，まとめたもので，この一般的目安や他社の研削条件と，自社の現状とを比較し，問題点を摘出する．

② 目標研削条件の設定

自社の研削条件が，世間的条件より低い個所について，改善が可能か否かを判断する．

ⅰ) 回転数

V/v を比較し，一般的目安より値が大きければ，ワークの回転数を上げる．

砥石の回転数は，周速を一定にコントロールする機能が付いている設備が理想であるが，この機能がない設備では，砥石外径の摩耗に合わせて段階的に砥石回転数を上げる工夫をし，なるべく，V/v 値が一定となるように管理する．

　V：砥石の周速度(m/min)

　v：ワークの周速度(m/min)

ⅱ) 研削送り

各研削個所の切込量について比較し，一般的目安と他社の値に対して低い個所の切込量を見直

す．

③研削テストと品質確認

設定した改善目標の研削条件にてラインにてテストを行ない，研削品質の確認を行なう．研削条件を上げることで研削熱が増加することにより，研削焼けや割れの発生の危険性が増すので，特に注意して品質確認を必要とする．

また，砥石への負荷も増大することから，粒内および粒界破壊による砥石のフォームドのダレが発生する場合があり，このダレの発生があれば研削

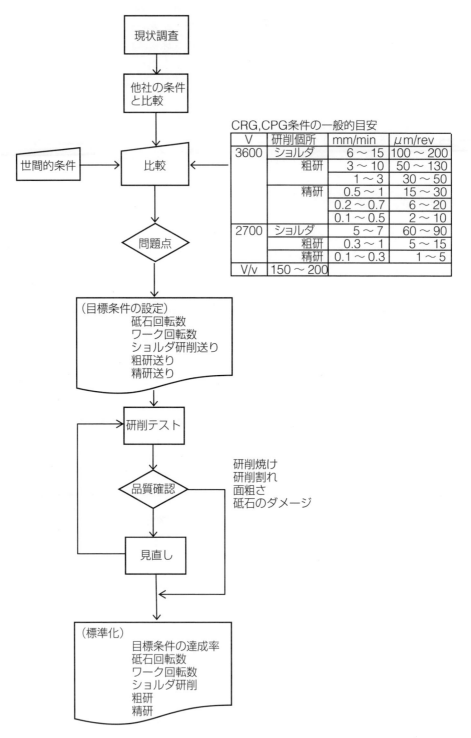

図 2.65　CRG，CPG の研削条件改善アプローチ

条件を見直して落とすか，砥石の強度をあげる必要がある．
この砥石の強度をあげる方法としては，
　ⅰ）タフな砥粒に変更する
　ⅱ）結合度を上げる
　ⅲ）砥粒率を上げる
等の方策がある．
次に，この改善のアプローチに従って改善する例を，**図** 2.66 にて紹介する．

1）現状調査
　ショルダ研削から粗研，精研の各研削工程別に，研削条件を調査して，V/v と研削送り（切込量）を把握する．
2）クランクシャフトの研削条件として，筆者の経験値としての一般的な目安があるが，その条件や世間的の条件と比較をする．
　V/v は，150～200 が理想とする一般的の値で，切込量は**表** 2.30 に示すように世間的条件との比較や，一般的目安との比較をする．
3）比較することで，V/v 値と切込量のレベルについて，問題点を顕在化する．
　ⅰ）V/v 値は，ショルダ研削は 125.7 で，高能率条件の領域にて研削しているが，粗研以降は数値が高く，能率が悪い．
　ⅱ）切込量は，世間的の研削条件と比べて，早い個所もあるが，一般的目安の条件と比べると全般的に遅い．
4）顕在化した問題点について，一般的目安の条件を参考として，目標研削条件を設定する．
5）設定した改善目標条件にて研削時間を算出し，**図** 2.67 に示すマシンチャートを作成する．
　この例では，改善前，1 ピン当たり 6.76 分の研削時間であったが，改善案は半減の 3.3 分となる．
6）この設定した目標条件にて研削テストを行い，研削焼け・割れの有無や，プロフィルの形状および面粗さ等の品質確認を行なう．
以上がクランクシャフト研削の能率改善の例であるが，先に述べた研削条件の一般的目安は決して過酷な条件ではなく，現在世の中で広く使われている SA や 32A の研削砥石で，十分に研削できるレベルである．
しかし，研削盤の機能や加工するクランクシャフトの材質，熱処理の相違から，この一般的目安の条件で研削してプロフィルのダレが発生するようであれば，CX や SG もしくは TG の微結晶セラミック砥粒を用いる必要がある．

しかし，この微結晶セラミック砥粒は価格が高いことと，ドレスしにくい問題点があるので，注意する必要があるが，筆者が現在，砥石メーカーと共同で開発中の低混入率レコード溝砥石を用いることで，これらの問題点のいくらかは解決できる．

(7) 旋削用チップ
　旋削に限らず，すべての工法についての加工の基本は
1) 工具寿命が長いこと
2) 加工時間が短いこと
3) 必要な仕上げ精度（寸法，面粗さ等）を得ること
であるが，第二章で述べたように，工具寿命と加工時間（能率）は相反する性質で，トレイドオフの関係があるので，両特性を満足させることは不可能である．

　従って，必要な加工精度を満足させることが最も重要なことで，工具寿命と加工能率については結果として，ある値で妥協する形となる．

　工具寿命は，**図** 2.68 に示すように一般的な寿命というものがあるが，切削条件により異なり実務的には，どのタイミングで工具を交換するかで変わってしまい，工具の交換基準が大切な管理項目となる．

　図 2.69 に，工具の交換基準を上げるが，設備を新たに導入する場合には計器を用いて，稼働の前までに客観的な交換基準の数値を把握することを奨める．

　この交換基準を決めるに当たっての注意点をに述べる．
1) 設備の検収立会時
　① 設備メーカーの差により，判定基準の相違がでるので，判定基準を標準化する必要がある．
　② 試削り用の検収ワークの数が少なく，寿命判定できないケースがあるため，設備を発注するときに保証寿命を明確に契約しておく．
2) 社内のテスト期間中
　① 加工精度や工程能力（CP 値）の把握が先行し，工具を早めに交換しやすいので，加工数と工具摩耗を記録に残す．
3) ライン稼働後
　① フライスの判定基準は，ほとんど面粗さの良否を基準としているが，目視による判定では作業者間により差が出るため，現場で簡単に使える簡易式の面粗度計を作業者に与えておく．

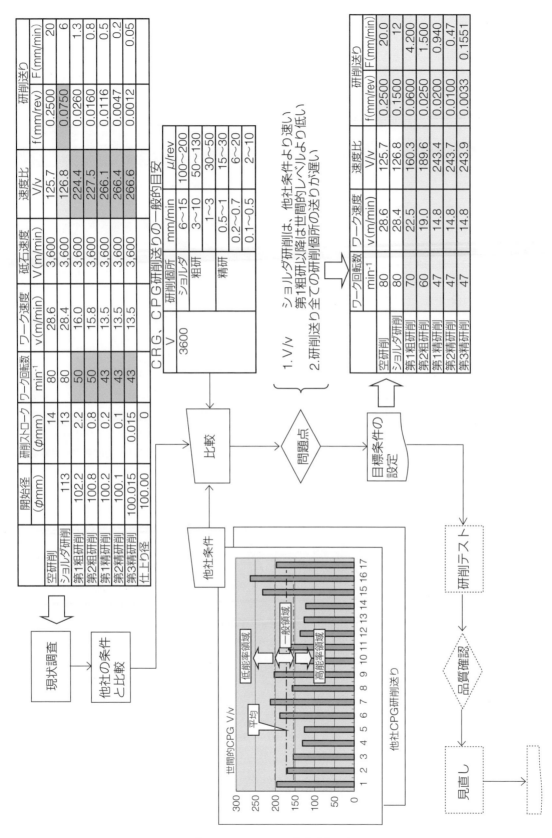

図2.66 CRG,CPG 研削条件改善アプローチ

表 2.30 クランクシャフト CPG の研削条件の比較

		砥石周速度 (m/min)	被削材周速度 (m/min)	周速度比 (V/v)	切込速度 (φ mm/min)						ワーク回転当りの切込量 (μm/rev)					
					S	B1	B2	B3	B4	B5	B6	S	B1	B2	B3	B4	B5	B6
自社研削条件		3600	13.5	266	14	8	1.8	0.6	0.5	0.08		75.0	26.0	16.0	11.6	4.7	1.2	
CPG研削条件の一般的目安との比較				× *1								× *2	×	×	×	×	×	
世間的の研削条件との比較				×								×	× *3	○ *4	○	○ *5	×	

	砥石周速度 (m/min)	被削材周速度 (m/min)	周速度比 (V/v)	切込速度 (φ mm/min)						ワーク回転当りの切込量 (μm/rev)					
				S	B1	B2	B3	B4	B5	B6	S	B1	B2	B3	B4	B5	B6
世間的研削条件	2700	12.6	197	12.6	1.73		0.29				80.8	23.1		3.9			
	3600	21.2	170	9.4	3.4	1.4	0.6				94.0	34.0	14.0	7.5			
	3600	23.3	154	9.6	1.7	1.4	0.6				87.3	15.5	12.7	7.5			
	3600	27.6	137	9	3.6	1.2	0.43				69.2	27.7	9.2	5.2			
	3600	28.6	126	9.7	2.6		0.2	0.07			71.9	19.3	17.8	2.0	0.7		
	3600	19.1	189	9.2	1.7	1.6	0.5				102.2	18.9		6.3			
	3600	17.0	212	9.2	3.4		0.17				102.2	42.5		2.1			
	3600	22.9	157	10.45	6	1.5	0.8	0.24	0.09		102.5	76.9	19.2	10.3	3.1	1.5	
	3600	17.8	203	26.4	4.3	1.04		0.072			307.0	50.0	12.1		0.8		
	3600	26.6	135	50	15	5	1.2	0.5	0.15		312.5	93.8	31.3	16.9	7.0	2.1	
	3600	21.6	166	25	5	3.5	0.5	0.12	0.06		192.3	38.5	26.9	6.8	1.6	1.0	
	3600	26.4	133	19	2.6	1.8	1.8	0.25	0.1		158.3	21.7	15.0	51.4	7.1	3.0	
	3600	28.6	123	10	5	1.4	0.8	0.25	0.04		71.4	35.7	10.0	11.4	3.6	0.6	
	3600	29.5	122	15	3.5		0.4		0.03		97.4	22.7		5.2		0.4	
	3600	15.6	231	16.8	1.3		0.37				98.2	15.3		4.4			
	3600	13.7	262	12.2	1.87		0.5				110.9	24.9		6.7			
	3600	18.3	197	11.8	1.57		0.5				88.7	15.7		5.0			
Ave.		15.61	171	15.61	3.78	1.98	0.60	0.21	0.08		126.29	33.88	16.82	9.53	3.43	1.43	
CPG研削条件の一般的目安との比較			○								○	×	×	×	×	× *6	

CPG研削条件の一般的目安

V	研削箇所		mm/min	μm/rev
3600	ショルダ		6～15	100～200
	粗研		3～10	50～130
			1～3	30～50
			0.5～1	15～30
	精研		0.2～0.7	6～20
			0.1～0.5	2～10
2700	ショルダ		5～7	60～90
	粗研		0.3～1	5～15
	精研		0.1～0.3	1～5
V/v			150～200	

<問題点>
*1 V/v値が大きい（低能率）
*2 ショルダ研削の切込量が一般的目安より遅い
*3 B1（粗研1）の切込量が一般的目安より遅い
*4 B2（粗研2）：以降の切込量が一般的目安より遅い
*5 B5（微研）の切込量が遅い

参考 *6 世間的の条件は、ショルダ研削以外はすべて切込量が遅い

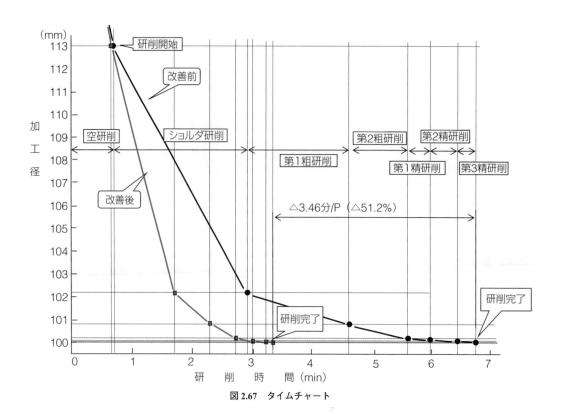

図 2.67 タイムチャート

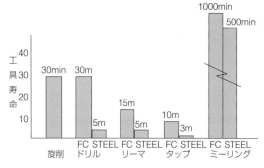

図 2.68 一般的工具寿命（概念）

(7)-1 工具寿命と加工能率

　旋削加工で能率を上げる場合，回転数を上げて加工する技術者がいるが，工具技術担当者は安易に回転を上げる手段は取らない．図 2.70 に示すように，切削速度をわずか上げるだけで，工具寿命は極端に低下する．

　一方，能率は切削速度と送りの積できまり，切削送りについては上げると切削抵抗が増えるが，図 2.70 の(b)にあるように，大きな増加はなく工具寿命の低下も少なく抑えることが可能である．

　例として，S48C の加工では GC4025 の寿命方程式は

　$VT^{0.074}=354.8 \cdot \alpha$　で，f=0.2 の時の α を1とすると，f=0.4mm/min では α=0.8 で 20% の工具寿命の減少で抑えることができる．

　従って，加工能率を上げるときは
1) 切削送りを上げる
2) 送りだけで，カバーできないときに限って，回転を上げる

を守りたい．

(7)-2 加工面粗さの確保

　加工面粗さは，$f^2/8R$ で表わされるが，一般論として図 2.71 に示すが，この式の世界には限界があることに注意する必要がある．

　たとえば，1μm の面粗さを必要とするとき，ノーズ R が 1.2mm のチップで加工するとした場合，式から逆算すると f 〈0.1mm/rev となり，増加係数を 1.5 としても f 〈0.06 で加工すれば，必要とする面粗さを得ることができることになるが，実際は 1μm の粗さを確保することはできない．

　なぜ 1μm の粗さが確保できないのかというと，チップは一般的には炭化物の焼結体であり，その炭化物の粒子の大きさ（グレンサイズ）が，数 μm あるため，基本的には，その粒子の条痕がワークに残るためである．

　従って，鏡面粗さを必要とする場合は，単結晶のチップを用いることが必須となる．

	工具交換基準		設備の検収立会時			社内のテスト期間中			ライン稼働後		
No			フライス	旋削	穴あけ	フライス	旋削	穴あけ	フライス	旋削	穴あけ
1	加工精度	(1) 面粗さ	*◎	*		*◎	*		◎		
		(2) 寸法		*◎			*◎			*◎	
		(3) ビビリ	○	○		○	○		○	○	
		(4) その他									
2	工具損傷状況	(1) 摩耗	○	○	○	○	○	○	○	○	○
		(2) チッピング	○	○	○	○	○	○	○	○	○
		(3) 欠損	○	○	○	○	○	○	○	○	○
3	切削抵抗	(1) 消費動力	*	*							
		(2) トルク			*						
4	切削中の異音（工具のなき）		○	○		○	○		○	○	
					◎			◎			◎
5	その他	(1) ワークの熱	○	○		○	○				
		(2) 切りくずの色	○	○		○	○				
		(3) 加工面の色							○	○	

凡例:
* 計器にて判定
○ 目視にて判定
◎ 最もウエイトの高い判定基準

図 2.69 切削工具の交換基準

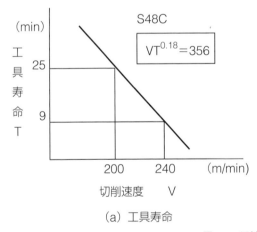

(a) 工具寿命

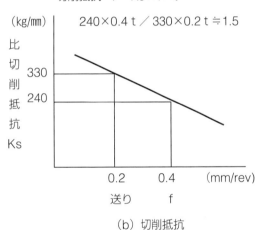

(b) 切削抵抗

図 2.70 切削加工の基本（概念）

(7)-3 工具の5S活動

チップは小さくて安価なものと作業者が思っていて大切に使わない場合もあり，うまく使わせるための方策として，作業者に図 2.72 に示すチェックシートを配布し，意識付けすることも一つの方法である．

チップ1個の価格が，一日の賃金より高い国々では非常に大事に扱っているが，切削して付加価値を高めるということは日本でも同じであり，大切に使う習慣を取り戻さねばならない．

(7)-4 チップの優位性

一般的に，外径加工用はSタイプで，段付のショルダ加工はCタイプを選定する場合が多いが，前提条件として掬い角は一定とし，削りしろを考慮しないと仮定すると，図 2.73 に示すように

ⅰ) 経済性

　一般外径加工 H タイプが優性

　段付加工 W タイプが優性

ⅱ) 刃先強度

　一般外径加工 H タイプが強い

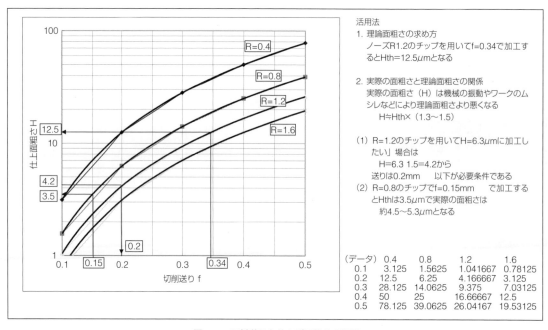

図 2.71　切削送りと仕上げ面粗さの関係

工具の5S活動

				チェック	
				( ) 自己	( ) 上司
1.	整理	使わない工具は工具管理部門に返送すること	違うチップを間違って取り付けてワークをオシャカにする場合がある。特にノーズRに注意すること	□	□
2.	整頓	常に決められた標準品が必要な時に使えるように準備してあるか	工具や部品を取り付ける時は常に標準品を使うこと、標準品以外のものを使うと不具合が発生しやすい	□	□
3.	清掃	チップを交換する際はチップシートを掃除すること	チップシートが汚れているとクランプが不十分となり、チップの破損や、ワークの仕上がり寸法のバラツキ発生の原因となる	□	□
4.	整備	工具のオーバーハングは最少にして、確実なクランプをすること	ビビリの発生、工具寿命が低下チップの欠損、面粗さの悪化が発生する	□	□
		シムの破損の有無をよく確認のこと	シムが欠けているとチップのサポートが不十分となり、破損が発生するので、すぐに交換すること	□	□
		チップを締め付ける時は力を入れすぎないように注意のこと	工具に付属してあるレンチを使うこと。適切なクランプ力がかかる設計となっている	□	□
		切削油が確実に切削点に流れるようにノズルをセットしてあるか	切削による発生熱をうまく冷却すること	□	□
		チップの損傷を常に注意して異常がないか観察すること	大きな摩耗に気づかないでいると、工具の破損の危険が増えたり、寸法が公差外となる	□	□
5.	躾 (しつけ)	切刃を全部使っているか	チップ1個でビールが2～3本買える価格である	□	□
		摩耗したチップも面取りの加工に使える	仕上げ加工で使ったチップは面取り加工に使って有効に活用すること	□	□
		使い終わったチップは規定の場所に返却すること	規定以外の場所に放置しておくと、発注管理が間違う時がある	□	□

図 2.72　工具の5Sチェックシート

段付加工Wタイプが強いということがいえる.

ここで問題なのが,経済性も刃先強度においても,HとWタイプが優位性があるのにWタイプを除いて,HもしくはPタイプが,メーカーの標準系列にないことである.

H, Pタイプは陵辺の長さが小さく,削りしろに制約を受けるが,内接円が12.7タイプであれば,max4mmの加工は可能であり,ニアネットシェイプが定着している今日では一般の加工では,削りしろが4mmで十分である.

従って,ユーザーサイドとして,HNMGやPNMGタイプのチップの標準化を促す必要がある.

(7)-5 チップの使い方の工夫

ⅰ)切刃部のチャンファリングの効果

鋼加工する際,チッピングが発生して,二次的破

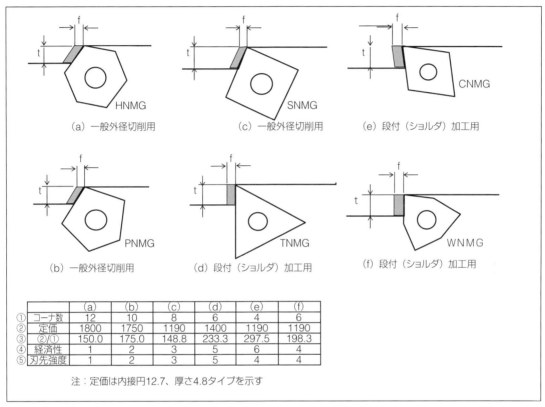

図 2.73 チップの優位性

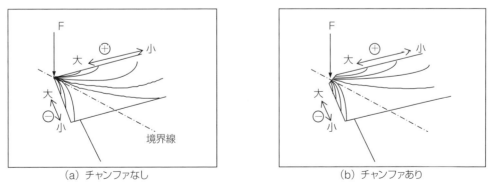

図 2.74 チップの刃先の応力分布とチャンファの効果(概念)

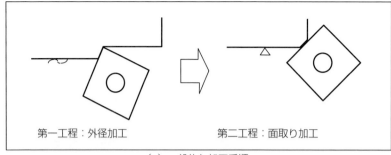

(a) 一般的な加工手順

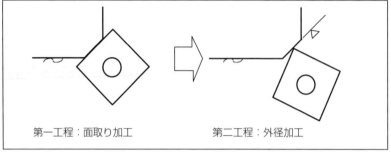

(b) 加工手順の改善

図 2.75　外径加工の加工手順

損を起こすことがあるが，図 2.74 に示すように，切刃部のすくい面は引っ張り応力が作用して，逃げ面側には圧縮応力が作用している．

これらの応力は，刃先ほどその値が大きく，先端部は引っ張りと圧縮応力が複雑に入り混んでおり，チッピングが発生しやすい状況下にある．

この複雑に入り混んでいる刃先をカットすなわち，チャンファを取ることによりチッピングの発生を防止することができる．

抗張力の高い鋼を加工するときは，このチャンファリングが不可欠であり，チャンファの量は，切削送りの量により変える必要があり，送り f の 1/2 〜 1 倍が目安である．

2) 面取り加工の順序

面取り加工は外径や端面の加工を先に行ない，最後に面取り加工をするケースがあるが，図 2.75 の (b) に示すように，刃部の強度がある陵辺で黒皮を取り，その後外径加工することで外径用チップの損傷を少なくさせることができる．

3) 横切刃角

強靱なワークを加工する場合，特に硬度が高いワークでは，図 2.76 のように，チップの横切刃角を大きくすることで，実質切りくず厚さを小さくして工具寿命の低下を防止することも可能である．一般的に横切刃角は，6°前後であるが，高硬度材加工の

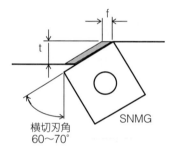

図 2.76　高硬度加工用

時は，60 〜 70°にて加工するケースもある．

2.6　切りくず処理サイクル

図 2.77 に示す機械加工サイクル内で不具合が発生すると，ラインの流れがスムースでなくなり，特に無人運転での阻害要因は各担当者が，不具合発生を最少にすることが使命であるが，工具技術者としては，工具の寿命管理だけでなく，切りくず処理についても考慮する必要がある．

この切りくず処理は，チップブレーカの工夫で長い切りくずを発生させないことが基本であるが，仮に発生しても切りくずが絡み付く不具合が発生しない工夫を，設備に織り込むことを生産技術者に指導することが大切である．

この工夫では，たとえば内径加工専用機の場合，

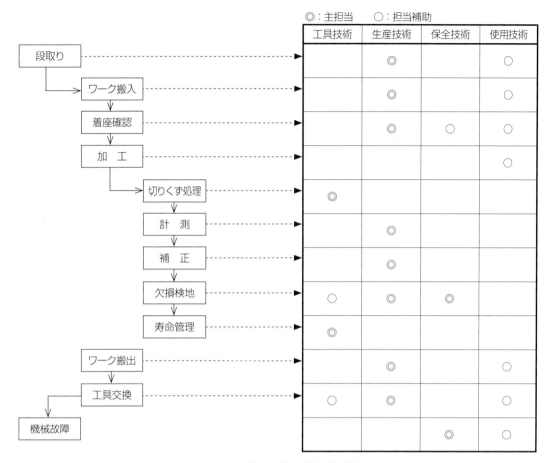

図2.77 無人運転時の阻害要因と対策担当

スピンドルを中空としスピンドルの後方からバキュームで切りくずを吸引し，設備サイドに設置した切りくず粉砕チッパにて微細化することで，加工中の切りくずの絡み付きなどの不具合を防止するなどの考慮をすることも必要である．

工場全体の切りくず処理システムとしては，図2.78に例として示すが，切りくずの生成から生産ラインの外部にまでの排出処置と，再利用までを考慮した一環したシステムが望まれる．

2.7 加工部品の設計変更提案

工具の管理工数を低減する手段として，2.5.3.1(7)項で述べたように工具種類の増加を抑制する必要がある．

そのための最も有効な手段は，部品設計の時に加工形状の共用化あるいは統一化を図るか，あるいは試作や量産への移行する前に，生産技術担当者が生産性検討の時に加工形状の共用化の提案をすることである．

しかし，工具の種類は年々増加するのが常であり，特に組織の大きな企業ほど部品の設計者や生産技術担当者が多く，標準類の未整備で担当者間の水平展開が行われてないのが実情である．

また，生産技術担当者が加工技術が未熟なことから生産性検討の時に見過ごしてしまう初歩的なミスも，工具種類が増加する要因であり，これが意外と多い．

一旦，生産が開始されると工具種類の低減のための一つの手段は，加工形状について設計変更の提案をすることであるが，形状変更することで，その部品の機能に影響を与える可能性があるということで，提案の採用はなかなか受け入れられないのが実情である．

従って加工形状の変更提案をする場合は，設計担当者に変更内容の理由を明確に説明することが大切であるが，工具担当者として設計変更する時は，以下の点に重点をおくとよい．

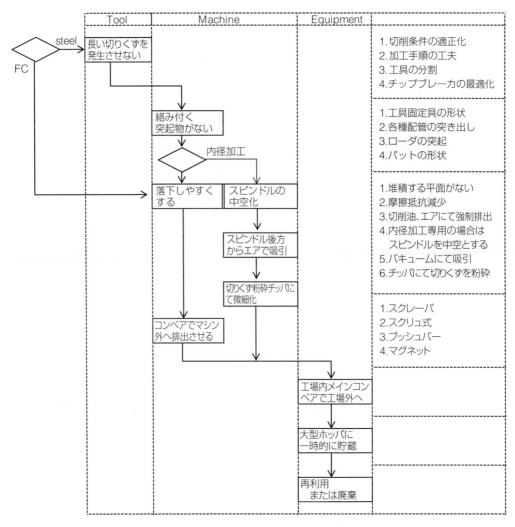

図 2.78 切りくず処理サイクル

提案の着眼点
(1) ドリル
　用途が明確でない穴径は使用しない．
(2) タップ
　同類部品全体で使用箇所の少ないサイズはその近くのサイズと統合する．
(3) リーマ
　特殊公差は H8 に統一する．
(4) チップ
　加工形状で隅 R が残る場合は，スローアウェイチップのノーズ R の寸法系列にない R0.5 とか R1.0 は，R0.4 や R1.2 に変更し，強度等の機能に影響のない単純な R は統一する．
　この着眼点の具体例として，ドリルの径の統一について表 2.32 に示す．
　表 2.32 の (1) 変更前のリストは，工場内のすべてのドリルの径を調べたもので，$\varphi 2.6$ から $\varphi 34.5$ まで合計 56 種類のドリル径がある．
　そのドリル穴の用途は
(1) タップねじ下穴加工
(2) 部品組み立て用のボルト穴加工
(3) リーマ加工の前工程の下穴加工
(4) 重量バランス加工その他
であり，これらの用途以外の径は本来必要ないと判断し，その必要ないと思われる径は，その近辺のドリル穴に統一して，40 種類に集約する．
　つまり，表 2.32 の (2) に従い，ドリル径の統一という設計変更提案を出すことで，16 種類のドリル径を削減できる．
　その結果として，ドリルの種類も削減することになる．
　また，部品の加工面粗さや公差は，必要な箇所に

表 2.32 ドリル穴径の統一

(1) 変更前

NO	基本径	用　途 ねじ下穴	ボルト穴	リーマ下穴	その他
1	2.6				銘板取付
2	3				
3	3.8				
4	4				
5	5	M6			
6	6				
7	6.8	M8			
8	7.5				
9	7.7			φ8	
10	8.3	PT1/8			
11	8.5	M10			
12	8.6				
13	9.5			φ10	
14	9.7				
15	10				
16	10.3	M12			
17	10.5				
18	10.8				
19	11	PT1/4	M10		
20	11.5			φ12	
21	12	M14			
22	12.5	M14×1.5			
23	13.2				
24	13.5		M12	φ14	
25	14	M16			
26	14.5	M16×1.5	PT3/8		
27	15				
28	15.5	M18		φ16	
29	16		M14		
30	17.5	M20			
31	18	PT1/2	M16		
32	18.5	M20×1.5			
33	19.5			φ20	
34	20		M18		
35	21	M24			
36	21.2				
37	21.5				
38	22		M20		
39	22.5	M24×1.5			
40	23				
41	23.5	PT3/4			
42	24	M27	M22		
43	24.5			φ25	
44	25				点検穴
45	25.5			φ26	
46	26		M24		
47	26.4				
48	27	M30			
49	27.5			φ28	
50	29		M27		
51	29.5	PT1		φ30	
52	30				重量バランス
53	30.5			φ31	
54	31.5	M33×1.5			
55	33.5			φ34	
56	34.5	M36×1.5			
計 56種					

(2) 変更提案

NO	基本径	変更内容
1	2.6	
2	3	
		φ4 に変更
3	4	
4	5	
		φ6.8に変更
5	6.8	
		φ7.7に変更
6	7.7	
7	8.3	
8	8.5	
		φ8.5に変更
9	9.5	
	9.7	φ9.5に変更
		φ10.3に変更
10	10.3	
		φ11に変更
		φ11に変更
11	11	
12	11.5	
13	12	
14	12.5	
		φ13.5に変更
15	13.5	
16	14	
17	14.5	
		φ15.5に変更
18	15.5	
19	16	
20	17.5	
21	18	
22	18.5	
23	19.5	
24	20	
25	21	
		φ22 に変更
		φ22 に変更
26	22	
27	22.5	
		φ23.5に変更
28	23.5	
29	24	
30	24.5	
		φ26 に変更
31	25.5	
32	26	
		φ27 に変更
33	27	
34	27.5	
35	29	
36	29.5	
		φ30.5に変更
37	30.5	
38	31.5	
39	33.5	
40	34.5	
計 40種 (△16種)		

は相応の規格を適用する必要があるが，以外と必要のない個所にも従来の習慣から規格値を決めるというか，図面に記入してしまう場合もある．

品質と加工費，工具費の例を次に説明する．

設計者は，部品の機能から判断して加工面粗さや加工公差を決めるべきであるが，類似部品の図面を参考として規格を決めてしまう場合がある．

設計者はどれだけ加工のことを理解しているのか，疑問を感じる図面を見かけるが，この加工品質と加工費，工具費についてその例を述べる．

(1) 面粗さと加工費

図 2.79 に示す丸棒の外径加工で，材質は，炭素鋼，外径 100mm，で長さ 300mm とする．

速度 150m，回転数 478min^{-1}，削りしろ 3mm，使用する工具の刃先 R は 1.2mm で送りを変化させた時の切削送りと加工費の関係を表 2.31 に示す．

費用の算出ベースであるチャージは，1 分あたり 80 円とし，理論面粗さに対して実加工で得る面粗は若干悪化するので，その比を 1.5 倍とする．この前提条件で，加工面粗さが 1.6μm から 25μm までが得られる送りは，逆算から 0.083〜0.327mm/rev となる．この条件下で横軸に面粗さ，縦軸に加工費をとりグラフに表したものが，図 2.80 である．

面粗さ 12.5μm を狙いとして加工すると，加工費は一個あたり 217.55 円で，18μm の加工では切削送りは 0.277mm/rev で，加工費は 181.29 円となる．

このように，ある部品の加工面粗さを 12.5μm か

V=150m/min
N=478min^{-1}
d=3mm
f=Var
チップノーズR=1.2
チャージCH=80円/分

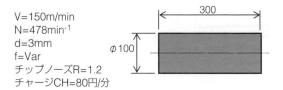

図 2.79　加工ワーク

表 2.31　研削条件の改善

開始径 (φmm)	研削開始径φmm	研削ストローク (φmm)	改善前					改善後				
			回転数 min^{-1}	研削送り		研削時間		回転数 rpm	研削送り		研削時間	
				f (mm/rev)	F (mm/min)	t (min)	累計		f (mm/rev)	F (mm/min)	t (min)	累計
空研削		14	80	0.2500	20	0.70	0.70	80	0.2500	20.00	0.70	0.70
ショルダ研削	113	13	80	0.0750	6	2.17	2.87	80	0.1500	12.00	1.08	1.78
第1粗研削	102.2	2.2	50	0.0260	1.3	1.69	4.56	70	0.0600	4.20	0.52	2.31
第2粗研削	100.8	0.8	50	0.0160	0.8	1.00	5.56	60	0.0250	1.50	0.53	2.84
第1精研削	100.2	0.2	43	0.0116	0.5	0.40	5.96	47	0.0200	0.94	0.21	3.05
第2精研削	100.1	0.1	43	0.0047	0.2	0.50	6.46	47	0.0100	0.47	0.21	3.27
第3精研削	100.015	0.015	43	0.0012	0.05	0.30	6.76	47	0.0033	0.16	0.10	3.36
仕上り径	100.00	0										
						計	6.76				計	3.36

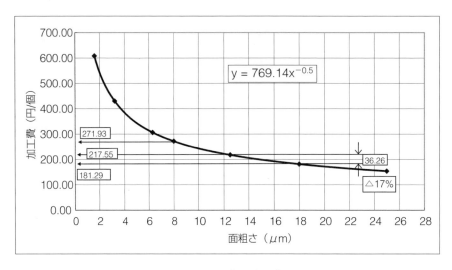

図 2.80　切削送りと加工費

ら18μmに変更できれば加工費の差は36.26円約17%のコスト低減を図ることがでる.

(2)寸法公差と加工費,工具費

設計担当者や生産技術担当者は,部品の寸法公差と加工費および工具費の関係を知っておく必要があり,工具技術者はその教育をすべきである.ここでは,加工公差を広げたら加工費と工具費に,どのくらいの差が生じるかという例を説明する.

現状の外形公差が0〜30μmとすると,最初の工具の刃先のセッティング,つまり加工の狙い値はプラス20μm程度を狙うが一般的であるが,工具の刃先は加工の進行と共に切削熱と擦過により摩耗する.

この加工時間と摩耗量の関係は,実際にはその工程で加工した実績から,式を作成すべきであるが,ここでは例として,Y=0.00184X+0.01という関係にあると仮定する.加工数が増えるに従い,工具の刃先が摩耗し,外形寸法は残増する.

横軸に加工時間,縦軸に寸法公差をとり,図示したものが図2.81であるが,加工数は表2.33のf=0.231mm/rev,切削時間2.72分/個から,加工時間/2.72の関係となる.加工数が約4個の加工時間10.87分で外径公差を外れてしまい工具交換をする必要があり,この加工で使用するチップの購入価格が750円で,4コーナ使用できるとすると,工具費は46.88円となる.

加工費は,**表2.33**から217.55円であり,工具費との合計は264.42円となる.ここで,加工公差をプラ

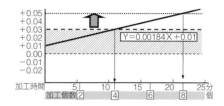

図 2.82　加工公差と加工数

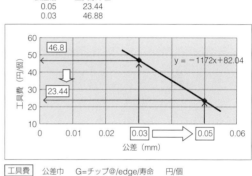

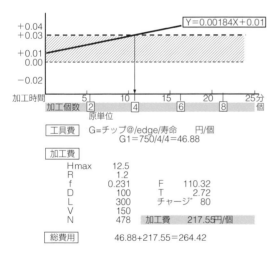

図 2.81　加工公差と加工費

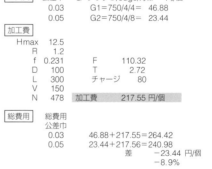

図 2.83　加工公差と加工費の関係

表 2.33　切削送りと加工費

面粗さ μm	ノーズ Rmm	送り f mm/rev	加工径 mm	加工長 mm	速度 m/min	回転数 min⁻¹	送り F mm/min	切削時間 min/個	チャージ 円/min	加工費 円/個
1.6	1.2	0.083	100	300	150	478	39.47	7.60	80	608.06
3.2	1.2	0.117	100	300	150	478	55.82	5.37	80	429.96
6.3	1.2	0.164	100	300	150	478	78.32	3.83	80	306.43
8	1.2	0.185	100	300	150	478	88.26	3.40	80	271.93
12.5	1.2	0.231	100	300	150	478	110.32	2.72	80	217.55
18	1.2	0.277	100	300	150	478	132.39	2.27	80	181.29
25	1.2	0.327	100	300	150	478	156.02	1.92	80	153.83

ス 0.03 から 0.05 まで,広げても部品の機能上差し支えなければ,加工数は 8 個まで延びることになり,工具費 23.44 円と半減し,加工費とのトータルも 240.98 円となり,公差を 0.05 にすることで,8.9% の 23 円ほど低減することができる.(**図 2.83**)

この例のように,設計変更提案は,
 ①加工面粗さ規格の変更→加工費の低減
 ②加工寸法公差変更→工具費の低減
 という着眼点で提案することも必要である.

◇第3章◆ 今後の検討事項

連続した剪断作用による加工の分野は，その剪断に直接関与する工具の技術が，非常に重要なキー技術である．

生産ラインの能率向上を図り，製造原価を低減するのは，この工具技術のレベルに左右され，工場で加工のことを一番よく知っている工具技術担当者としては，1.1.1節で述べた社内ニーズなどに関しても提案を行なうと共に，常に加工技術のレベルアップを進める必要がある．

そのためにも，活動計画を作成して，日常の雑務に追われているだけでなく，計画した活動テーマを着実に実施することが大事である．

以下に，工具関係の活動計画書の事例について紹介する．

3.1 活動計画書の作成

自社のニーズに対して社内外の技術動向を的確に把握し，工具管理部門としてこの先3年間，何をいつまでに活動すべきかを明確にした中期計画を立案して，この計画に沿って組織またはグループの業務を進めることが大切である．

つぎに，例として中期活動計画を作成する上でのポイントを述べる

(1) 図3.1の工具管理部門の中期計画（例）にあるように，ニーズが明確でない場合は
　イ）当社の将来にわたっての理想的な生産システムを明確とする必要がないか．
　ロ）構築したシステムの良否を判定する機能はどうあるべきか．
などについて，関係部門に提案や提出を要求する必要がある．

(2) 関係部門で将来構想のコンセプトが打ち出されたら，その規模によりプロジェクトを組んで改善推進メンバーや，基本的な改善の進め方を決める．

(3) 関係部門の将来構想が例えば，新生産システムの構築というテーマで狙いが明確となったら，工具管理部門として，その狙いを具現化するための必要技術項目を決定する．

(4) その必要技術項目，図3.1では関係キー項目としたが，その技術に関連づけて具体的な活動内容を練り上げる．

(5) 活動内容は，関連キー項目を満足させる活動項目を取り上げ担当と概略活動期間を明確にする．

(6) 参考情報として，いままでの活動内容を明記し，本年度の活動結果と対比しながら，進捗状況の管理を行なう．

(7) 改善項目が新しい技術や，いままでの技術レベルよりかなり高い場合は，研究部門や外部機関を利用して先行研究を行ない，技術を確立してからラインでの検証を行なう．

検証の結果，狙いとしていたコンセプトや目標の満足度を把握する．

以上，ラインの改善手順例として図3.2にまとめを示すが，先端技術をラインにとりいれ，製造原価低減に寄与するのに大きな役割を担う工場の王様の立場は重要である．

次に，最近の先端技術について，いくつかの例を揚げる．

3.2 高能率加工用工具とマルチツール

これからの生産形態は，大量生産を狙いとしたトランスファマシンから，ユーザーニーズの多用化にマッチさせた多機種少量生産向きのマシニングセンタが主流となると予測されるが，将来的には，このマシニングセンタは高機能で高能率加工できる設備

工具管理部門の中期計画

<コンセプト>
1. 加工能率　○倍以上
2. 工具種類　△以下
3. 切削水　廃止

1. 活動の基本的な考え方

(1) 国内生産の競争力強化
(2) ………

そのために当社としての
(1) 生産形態
(2) 生産管理
(3) 品質保証
の将来像の明確化および実践

2. 工具管理部門の改善の進め方

当社にマッチした理想的な将来像を構築するためのサポート部門として全社の工具技術を結集し、効率的な改善活動を実施

(1) モデル工場モデルラインで改善を進めその技術を全社に水平展開
(2) 改善方策、技術の工場間トランスファによる改善効率の向上
(3) 外部機関の有効活用

3. 改善推進メンバー

チーム長	大宮部長
事務局	宇都宮課長
A工場	栃木主任
B工場	川崎主任
C工場	水戸主任
D工場	勝田スタッフ
・	
・	

5. 活動の展開

No	項目	狙い	狙いを具現化するための関連キー項目
1	生産形態 当社にマッチした理想的な生産システムの構築	QCDのレベルアップ (1) CAD／CAM (2) CIM ・高生産性 ・運転の無人化 ・工法の最適化	支援技術 (1) データベースの整備 ① 工具のデータベース化 ・最適切削条件 ・工具寿命 ・工具材質 ・工具形状 目標切削条件 ② 治具のデーターベース化 (2) 原価の低減 ・切削条件の向上 ・無人運転時間の延長 ・工具費の低減 :
2	構築したシステムの良否を判定するための機能の確立	新生産システム 生産技術部門	
	① 生産管理 ラインの量と納期に関する出来映えチェック	生産状況のビジュアル化	
	② 品質保証 ラインの質に関する出来映えチェック	品質のレベルアップ ・工程能力向上 ・加工品質の向上	(1) インライン検査システム ・品質データの自動管理 ・工程能力の随時把握 (2) ラインの品質保証 ・ラインFTA解析 :
	③ 管理技術 QCDを満足するシステムを構築するための基礎技術	管理業務の効率化 ・工程設計書 ・加工工数見積 ・指示　依頼書 図面の早期発行	(1) 管理標準のOA化 (システム化) ・工程設計支援システム ・工具管理業務 発注在庫管理 作業管理 集配管理 ・工具図面の作成 :
3	新技術の開発研究 基礎技術をレベルアップさせるための開発と研究 ・独自技術の開発 ・最新技術の導入検討	次世代生産システム構築支援技術の具現化	

関連部門への提案

4. これまでの活動内容

(1) 人員推移　図1

工具管理の人員 (△60%)
1982　1992　1995

(2) 工具費推移　図2

百万円／年 (△33%)
1982　1992　1995

(これまでの活動の反省)
1. 円高対策
　輸入工具の関係会社への水平展開遅れと統一単価の未設定
2. 定年対策(間接合理化)
　自動化設備の投資効率の悪化
3. 海外現法を含む関係会社への技術の水平展開遅れ

図 3.1　中期計画

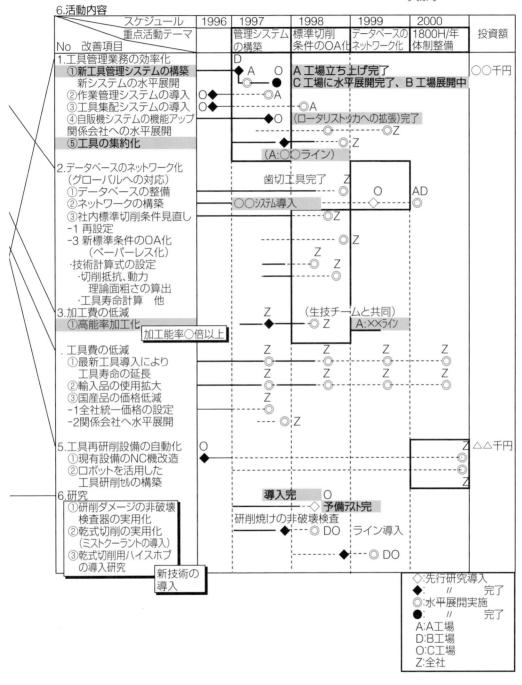

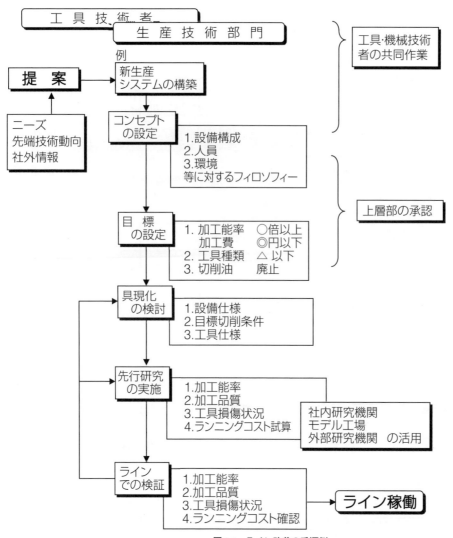

図3.2 ライン改善の手順例

として，現在の設備台数を半減する技術を確立することを狙いとしたい．

そのための工具技術としては，次の機能が要求される．

(1) 加工能率(切削条件)が2倍以上に耐える工具
(2) 一つの工具で数種類の寸法を加工できる多機能のマルチツール

3.2.1 高能率加工用工具

図3.3に示すように，工具材質のハイグレード化が進み，各工法で高能率加工の技術が確立されているが，現在まだ，高能率で安定した加工ができない分野は，鋳鉄材のドリル加工である．

表3.1に旋削の高能率加工例を示すが，この旋削やミーリング加工は高速で加工する技術が確立されているが，ドリル加工は切りくずの排出性が悪いため，鋳鉄材加工では，V=130〜150m/min が限界である．

工法	鋼材 粗加工	鋼材 仕上加工	鋳鉄材 粗加工	鋳鉄材 仕上加工
旋削	○ コーティング	○ サーメット	○ コーティング	○ セラミック CBN
ミーリング	○ コーティング	○ サーメット	○ コーティング セラミック	○ セラミック CBN
穴あけ	○ 超硬 コーティング		× 超硬	
歯切り	○ 超硬ホブ	○ サーメットハブ ハードフィニッシャー		
研削		△ TG砥粒		○ CBN砥粒

○:確立 △:ほぼ確立 ×:未確立

図3.3 高能率加工用工具技術の確立状況

表 3.1 旋削の高能率加工例

No	被削材		加工条件							使用工具		工具寿命		設備
		加工個所	区分	加工径 mm	切削速度 V m/min	Fmm/min fmm/rev	能率 V×f	取りしろ mm	加工長 mm	型番	材質	min/C	個/C	
1	Fc,Cr HB250		内径	101.60	959.0	1200.0 0.40	383.6	0.55	205.0	SPGN120416 c	BN600	338/2 =169	330×6穴	NCVB
2	Fc,Cr HB250		内径	101.93	959.0	600.0 0.20	191.8	0.17	205.0	SPGN120416 c	BN600	676.5	330×6穴	NCVB
3	Fc,Cr HB250		内径	94.60	250.0	201.1 0.24	60	0.30	180.0	SNMG433 T4 a	KW80	40.2	15×3穴	NCVB
4	Fc,Cr HB250		内径	95.00	250.0	201.1 0.24	60	0.20	180.0	TPGE733 T3	KB90X	53.7	20×3穴	NCVB
5	FC250 HB235		内径	200.00	460.0	71.0 0.10	46	0.50	78.7	CPGA322 c	JBN20	166.3	25×6穴	NCVB
6	FC250 HB235		外径	437.50	400.0	87.3 0.30	120	3.50	34.0	CNGN160616 a	SP3	4.7	12	LNC
7	FC250 HB235		外径	437.50	400.0	58.2 0.20	80	0.50	15.0	TNGN220712 a	HC6	10.8	42	LNC

a：セラミック　c：CBN

　この高能率加工については，各種論文で報じられているので，本書では詳細説明を避けるが，ドリル加工とミーリング加工に付いて，以下に述べる．

(1) ドリルの高速加工

(1)-1 超硬ドリルの加工

　ドリルの一般的な適用範囲は，表 2.28 に示したように，たとえばソリッドドリルの場合は V<100m/min，f < 0.022Dmm/rev であり，これ以上の加工が高速領域といえる．

　高速領域で加工すると，発生熱と切削抵抗が大きくなり，ドリルとしては，これに耐えられる仕様を織り込む必要がある．

イ) 発生熱に対して，十分な耐摩耗性があること
ロ) 切削抵抗に負けない剛性があること

　図 3.4 は，FC200 材を 4 種類のドリルを用いて，V=200m/min，f=0.3mm/rev で加工した結果である．

　ドリル A，B は市販品のものだが，延べ切削長が 15m 程で摩耗が大きく進行して，これ以上，継続して加工ができない状態である．

　ドリル D と E は耐摩耗性のある材質に変更したもので，切削油のかけ方が外部給油と内部給油の差が現れており，冷却性の優れるドリル E の寿命がよいことが判る．次に加工結果より，考えてみよう．

イ) ドリル A の不具合点

　高速加工の発生熱を，ドリルの軸心から切削油を供給して冷却させる機能を備えているが，材質のグレードが低く，擦過によるスキトリ摩耗が進行した．さらに，切れ刃部のチャンファが切削送りに対して小さいことから，チッピングの発生が先行して，二次的摩耗が促進したものと考えられる．

ロ) ドリル B の不具合点

　高切削熱に耐えられる複合炭化物の P30 の材質で，切削油が外部給油であるが，ドリル A より摩耗の進行がすくないが，チャンファの量が少なく，ドリル A と同じ現象が出たものである．

ハ) ドリル C の不具合点

　ドリル B の切れ刃にチャンファを取り付け，軸心給油用の油穴を設けたものであり，効果が現れているが，材質が P30 で炭化物の粒子が大きいため，スキトリ摩耗が進行した．

ニ) ドリル D の不具合点

　炭化物の粒子が小さい K 種とし，さらに耐摩耗性をあげるため，グレードをアップさせたが，外部給油では十分な冷却がされてなく，ドリル C より摩耗の進行がはやい．

　このドリル A～D までの結果から，

材質 K20
油穴あり
チャンファ 0.1×−25°

としたドリル E が最もよいといえる．

　以上のように，高速領域で加工するドリルは，現在のところ一般の市販品では加工することは可能であるが，低寿命であり生産ラインでは安心して使えないのが実状である．

　また，ドリルの摩耗は逃げ面摩耗だけでなく，外周も摩耗するので，特に外周マージンが摩耗してドリルのバックテーパがなくなると，加工中の摩擦トルクが増大して，2.5.3.4 の (2)−1−3 項で述べたフレーキングが発生し，大破に進行する可能性があるので，注意しなければならない．

(1)-2 高速穴あけ加工

　加工することで，工具は切削熱と切削抵抗を受けるが，これらのダメージをいかに軽減するかで，高速加工の実現と工具の長寿命化が図れることになる

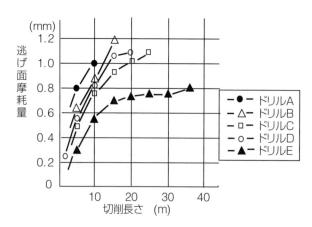

被削材	FC200 HB150
ドリル径	φ10.5
ドリル材質	超硬
切削速度	120 m/min
切削送り	0.3 mm/rev
切削長さ	30 mm通し穴
切削油	エマルジョン

<ドリル仕様>

	材質	コーティング	油穴	チャンファ
ドリルA	K30	TiAlN	有	丸
ドリルB	P30	—	無	丸
ドリルC	P30	—	有	0.1×-25°
ドリルD	K20	TiAlN	無	0.1×-25°
ドリルD	K20	TiAlN	有	0.1×-25°

図 3.4 高速加工でのドリルの損傷

表 3.2 セラミックドリルの加工例(山崎マザック)

	1	2
被削材	FC250	FC250
工具径	φ12.8	φ5
材質	セラミック	セラミック
メーカ	MTS	グーリング
機械	FJV20-UHS	FJV20-UHS
切削条件		
V m/min	450	314
N rpm	11,190	20,000
F mm/min	2,014	4,500
f mm/rev	0.18	0.225
切削油	ドライ	ドライ

表 3.3 高剛性機械による高能率加工例(インガーソル)

	1	2	3	4
被削材	ネズミ鋳鉄	ネズミ鋳鉄	ネズミ鋳鉄	ネズミ鋳鉄
加工深さ	3D 以下	3D 以下	3D 以下	3〜6D
工具材料	超硬	超硬	超硬	超硬
コート	TiAlN	TiAlN	TiAlN	TiAlN
機械	HMC	HMC	HMC	HMC
切削条件				
V m/min	220	266	315	250
F mm/min	3,600	5,000	6,300	2,500
工具寿命(穴)(目安)	3,450	2,250	1,000	2,660

が,このうちの切削熱については,耐熱性のある工具材料や切削液などでカバーすることになるが,切削抵抗については,工具の剛性向上だけではカバーしきれない面がある.

切削抵抗は工具だけでなく,機械やジグも同じ力を受けるわけで,これらの強度も大きくしないかぎり,高速加工の実現は難しくなる.表3.2と3.3に耐熱性の高いセラミックドリルと,剛性の高い機械での高速穴あけ加工の例を示す.

セラミック材は抗折力が低く破損しやすいので,ドリルの取付精度を最少にすることと,機械の振動はないことが,必須である.

表3.3 の例は,インガーソル社の軸駆動がリニアモータを用いた振動の少ない高剛性の機械で加工するときの参考条件であるが,現在の一般的な条件と比べてかなり高いレベルであることが判る.

この例はまだテストの段階であるが,今後は,高剛性の機械に耐熱性のある工具を用いて,超高速加工が実現されると考えられる.

(2) ミーリングの高速加工(ハイブリッドカッタ)

図3.3 に示したように,ミーリングではサーメットやセラミック,CBN を使って高速加工を行なう技術が確立しており,鋼材の加工は V > 300m/min,鋳鉄材では粗加工で,V > 600m/min,仕上げ加工では,V > 1000m/min で加工している例もある.

従って,この項では一般的なミーリング加工ではなく,筆者が考案した高機能の特殊なカッタについて述べる.

ハイブリッドカッタと称しているが,図3.5 に示すように,粗加工用カッタと仕上げ加工用のカッタを組み合わせたもので,カッタ本体に内蔵させた遊星歯車機構にて回転比8倍,周速比6倍の機能を有している.

従って,外周の粗刃の切削速度を 130〜250m/min とすると,仕上げ用は,周速 800〜1500m/min となり,チップの材質を変えることにより,粗と仕上げを1パスで加工できるカッタである.

従って,次の特徴がある.

イ)加工時間が半減する.
ロ)工具の種類が半減する.
ハ)仕上げ用チップをCBNとすることで,加工面粗さがよい.

図3.6 に粗刃の削りしろを 1〜3mm と変えて加工

した結果を示すが,切削速度を1500m/minまで高速にすると,加工面粗さは3Ra以内を得ることができる.

(3) 深穴の高速加工

鋳鉄の深穴加工は,ツイストドリルで加工するケースが多いが,2.5.3.4の(1)-2項で述べた注意点を守り,マシニングセンタにてガンドリルで高能率加工することを奨めたい.

表3.4の鋳鉄部品の深穴加工で,ツイストドリルと2枚刃ガンドリルの能率差を示すが,いずれの工程においても,ガンドリルのほうが高能率で加工することができる.

ガンドリルの使用上の注意点については,2.5.3.4項を参照のこと.

(4) 旋削の高速加工

表2.5に世の中の最高レベルの切削条件を示したが,実際の量産ラインでは表3.1に示す切削条件が高能率加工の領域にあるといえる.

表2.5のほうが切削条件が高いが,表2.5では工具寿命が明確ではなく,工具寿命が短くても,機械ごとに作業者が付いて工具寿命や加工品質を監視していれば,不具合の発生を未然に防止することが可能であるが,今日の生産ラインはマルチ作業が普通であり,一人で数台の機械を操作しており,工具寿命が長くないと機械が停止して,ラインの稼働率の低下を招くため,表3.1に示す条件が実用的な高能率加工であるといえよう.

3.2.2 マルチツール

工程の集約と他種類のワーク加工および設計変更への即応を狙いとして,ラインの構成が専用機からマシニングセンタに代わりつつある.

マシニングセンタに代わることで,できるだけ設

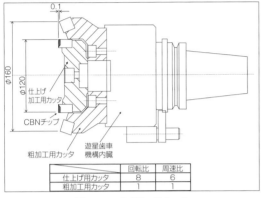

図3.5 ハイブリッドカッタ

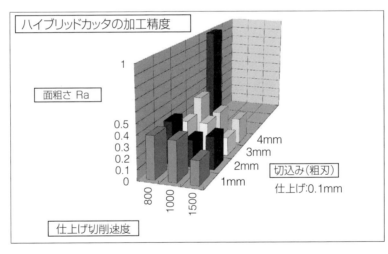

<データ>

粗カッタ	仕上カッタV	切込量			
v m/min	V m/min	1mm	2mm	3mm	4mm
130	800	0.39	0.4	0.29	0.42
170	1000	0.37	0.25	0.29	0.29
250	1500	0.22	0.3	0.17	0.24

```
設 備    マシニングセンタ(11kW)
ワーク    FC250
カッタ    仕  φ120  CBN     2NT
         粗  φ160  コーディング  20NT
```

図3.6 ハイブリッドカッタの加工精度

表3.4　2枚刃ガンドリルの切削条件(鋳鉄材)

No	機種	設備名	加工箇所	加工長 mm	ドリル径	工具	min^{-1}	F mm/min	V m/min	fmm/rev	能率比
1	120AAA	HMC		686	11.5*627	ガンドリル	1,660	199	60.0	0.12	1.8
						ツイストドリル	554	111	20.0	0.20	1
2	120BBB	HMC		644	22.0*726	ガンドリル	1,160	300	80.1	0.26	2.7
						ツイストドリル	362	109	25.0	0.30	1
3	121BBC	HMC		338	28*510	ガンドリル	900	225	79.1	0.25	2.3
						ツイストドリル	318	95	25.0	0.30	1
4	122BBD	HMC		1150	30*845	ガンドリル	594	95	56.0	0.16	1.2
						ツイストドリル	265	80	25.0	0.30	1
5	123CCC	DZ		377	16.5*580	ガンドリル	1,220	122	63.0	0.10	1.2
						ツイストドリル	386	97	20.0	0.25	1
6	124BCC	DZ		343	16.0*900	ガンドリル	1,116	111	56.1	0.10	1.4
						ツイストドリル	398.0	80	20.0	0.25	1

備の台数をすくなくすることと,工具を機械に収納する数に制約があるということから,必要となってくる技術は加工能率の向上と工具種類の低減である.

この工具種類を低減させるには,設計段階での加工寸法の統一化が基本であるが,一つの工具で複数種類の形状を加工できる多機能工具(マルチツール)を実用化することも必要となってくる.

マルチツールは,イスカル社が販売している工具自体が多機能であるものと,加工方法を工夫して一つの工具で他種類の寸法を加工するという二つの方法がある.

表3.5にマルチツールの加工例と,その代表例を**表3.6**に示すが,以下にその内容について述べる.

(1) エンドミルによるヘリカルコンタリング粗加工
・適用箇所:内外径の荒加工
・加工径:約φ60～250
・使用工具:超硬スローアウェイエンドミル(例イスカル社:HELIQUAD SPKタイプ)

箱物異形ワークの尚外径を加工する場合,ワークを回転させて加工するには特殊な機械を必要とするが,マシニングセンタで加工するには,径に合わせた専用のアーバに工具を取り付けて行なうのが一般的である.

従って,加工径の数だけアーバを必要とするが,ヘリカルコンタリング加工は一本の工具で何種類の径を加工することが可能である.この加工方法では工具を回転させて,NCのXとYを同時に移動させて,工具とワークの接触を円弧とすることで必要とする径を得ることができる.

この円弧補間制御で加工する場合,**図3.7**に示す

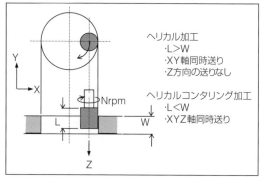

図3.7　ヘリカルコンタリング加工

ようにワークの加工幅が使用するエンドミルの刃長以内であれば,XY軸の2軸制御でよいが,加工幅が刃長以上ある場合は,Z軸も同時制御して軸方向に工具を移動させることで,必要な加工を行なうことができる.

(2) エンドミルによるコンタリング仕上げ加工
・適用箇所:内外径の仕上げ加工
・加工径:約φ250以上
・使用工具:超硬ソリッドエンドミル,CBN電着砥石

NC軸の制御は(1)項の粗加工と同じであるが,超硬ソリッドエンドミルを用いて,切り込みを少なくすることで,仕上げ加工も行なうことができる.

工具は超硬ソリッドエンドミルの他に,一枚刃のCBNエンドミルや砥石を使うことも可能である.

この加工の欠点は,NCのX,Y軸を同時制御させて加工をするため,円の1/4を加工して,次の1/4に加工が入る時,XY軸のどちらかの移動方向を,プラスからマイナスまたは,その逆方向に変更する必

表 3.5 マルチツール(例)

No	加工箇所	マルチ工具		工具材料	加工径	加工条件		加工の結果 および 収集情報	
①	内径荒ボーリング	ヘリカル加工化		コーティング	400	V f F 能率比	400 0.5 4000 1.2	<日立ツールでのテスト> ・被削材 FC250 ・加工径 250mm ・工具 φ60 NT4 ・V×f 400×0.5 ・リード 1～7	
②	内径仕ボーリング	コンタリング加工化		CBN	250	V f F 能率比	2400 0.2 1530 1.1	<適用範囲:φ250 - φ620> ・被削材 ケース ・加工径 φ280 ・工具 φ80 #50 ・V×f 2400*0.2	<テスト結果> 面粗さ 12.5S以内 砥石摩耗から砥石寿命は 300m以内
		Uセンタ加工化		WC	100	V f F 能率比	150 0.1 48 1	<適用範囲:φ25 - φ250> ・被削材 FC200 ・加工径 100, 200, 250 ・工具 CCMM120408-SC ・V×f 150×0.1	<テスト結果> ねらい径と加工径の差が若干ある
③	C面取りカッタ	マルチC面取カッタ		WC	100	V f F 能率比	100 0.1 32 1.5	・被削材 DD ハウジング FC250 ・加工径 φ110～φ160 ・工具 特型面取りカッタ ・V×f 95×0.1 F=28 ・C面量 C4.5～C7.5	
④	シート面カッタ	Uセンタ加工化		WC	30	V f F 能率比	100 0.08 85 1	・被削材 FC250 ・加工径 53.236 ・工具 スローアウェイチップ ・V×f 55×0.08	
		ドリルコンビネーションカッタ		WC	30	V f F 能率比	60 0.08 51 1.5	・被削材 FC250 ・加工径 53.236 ・工具 コンビネーションカッタ ・V×f 60×0.1	
⑤	Oリング溝カッタ	Uセンタ加工化		コーティング	60	V f F 能率比	120 0.06 32 1.2	・被削材 FC200 ・加工径 100, 200, 220 ・工具 DGJ40CF, UT120T ・V×f 100×0.06	<テスト結果> 加工精度上の問題なし
⑥	タップ(小径)	トルネードタップ加工化		WCコート	M6	V f F 能率比 ・V×f	86 0.03 180 1.5	・被削材 FC250 ・加工径 M6×1 JIS 2級 ・工具 OT-DR-PNT φ4.6 P1 　　　　ドリル径 φ5 　タップ 86×0.03 　ドリル 91×0.08	<テスト結果> 水溶性切削油使用 実加工時間 5秒 工具寿命 2700穴
⑦	タップ(大径)	プラネットタップ加工化		WCコート	M20	d=12 V f F 能率比 ・V×f	120 0.1 510 1 120×0.1	・被削材 ケース FC250 ・加工径 M92×1.5～M180×2 ・工具 25NM1.5 - 2.0S25M ・ネジ長 20～25	<加工結果> 工具寿命 80穴 補正回数 3回/80穴 切削長さ 例 φ164*π*80穴 　　= 41.2m/edge

要があり，その切り替えのとき工具が食い込み，真円度が悪くなる場合がある．

図3.8 に 1/4 円ごとの，XY軸の移動方向を示すが，方向が変化する4か所で工具の食い込みが発生する可能性がある．

この工具の食い込み量は機械によって異なるが，よくメインテナンスされている精度のよい機械で，20μm 程度発生するので，真円度の加工公差が，20

97

表 3.6 マルチツール

工法	区分	マルチ工法	工具	付帯ツール
ボーリング	粗加工	ヘリカルコンタリング	エンドミル	
	仕上加工	コンタリング	エンドミル CBN砥石	
フライス	Oリング溝	偏心加工	溝入れバイト	Uセンタ
	シート面	偏心加工	バイト コンビネーションカッタ	Uセンタ
	C面取り		マルチC面カッタ	
穴あけ	リーマ		ドリルリーマ	
	ネジ	コンタリング	トルネードタップ	

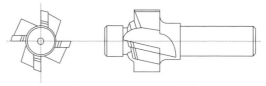

図 3.9 シート面カッタの形状

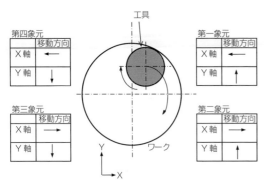

図 3.8 コンタリング加工の軸の移動方向

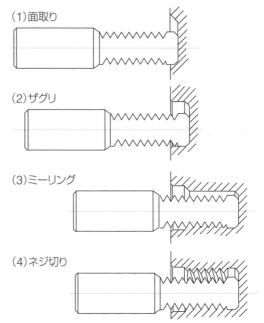

図 3.10 特殊ツールの加工（LEBLOND MAKINO）

μm以上の大きな径を加工対象とする必要がある．

(3) U軸制御による偏心加工

主軸の回転中心に対して，工具の回転中心を移動させることのできるU軸機能を備えたマシニングセンタでは，必要な複数種類の径を加工することができるが，欠点として回転中心が偏心機能を備えているため，主軸系がアンバランスとなりやすく，主軸の回転数に制約が生じ，U軸を使わない他のドリル加工等で高速加工ができないという問題がある．

このU軸機能がない一般的なマシニングセンタの場合は，イタリアのダンドリア製のUセンタを活用することで，U軸機能付きの機械と同じ加工をすることが可能で，Uセンタを使わない場合は高速でドリル加工もできるが，大径や深い穴を加工する場合は，工具の突き出し量が大きくなるため，アンバランスとなり，真円度や円筒度が悪化するので加工寸法精度の厳しい箇所には適用できない場合もある．

このUセンタは，国内ではケナメタルと日研工作所で取り扱っているが，上記アンバランスの問題を解決する工夫が望まれる．

(4) マルチC面取りカッタ

表3.5の③に示すように，傘型のカッタ本体にチップを複数個取り付けて，他種類の内径の面取り加工を一本のカッタで行なうことが可能である．

コンタリング加工でも加工ができるが，マルチ面取りカッタのほうが，加工能率がよい．

(5) 複雑形状の加工

オイルシール部の加工には，図3.9に示す専用のシート面カッタを用いるのが一般的であるが(3)項で述べたU軸機能を活用することにより，工具数の削減ができる．

また，オイルシール部の下穴加工は別のドリルにて行なうが，ケナメタル社のドリルとカッタが一体となったコンビネーション型ツールを使えば，工具数を半減することができる．

また，表3.5の⑤に示すOリング溝加工についても，一般的には加工径と幅の組み合わせで何種類もの専用の溝入れ工具を必要とするが，U軸機能を用いることで，少ない工具で多種類の形状を加工することが可能である．

このように，複雑形状のフォームド工具は加工する形状に合わせて設計製作するので，工具の種類が増加する要因となっているが，ドリルやタップなど

の他の工具との組み合わせることや，U軸機能を活用することで工具の数を低減する工夫が必要である．

(6) ねじ加工用特殊ツール

表3.5の⑧のプラネットタップは，ねじジ状のツールでヘリカルコンタリング加工をして同一ピッチであれば，径の異なる複数種類のめねじを加工する工具であるが，この加工では下穴は別の工具で前もって加工をしておく必要があるが，特殊ツールは図3.10に示すように，一本のツールで，面取り，座グリ，下穴加工とねじ加工を行なう工具で，通常のドリル，面取り，タップ加工という手順と比べると，工具種類を 1/2～1/3 とすることが可能である．

表3.7に特殊ツールの加工例を示す．

工具材を超硬とすることで，高速加工と工具の長寿命化も期待でき，JIS2級のねじ加工に適用が可能であるが，まだ量産工具でないため価格が高いが，今後各方面で使用することになれば，価格の低減が期待できる．

表3.7 特殊ツールのねじ加工例(OSG資料)

項目	(1)	(2)
被削材	FC25	AC4B
ネジサイズ	M6×1 JIS2級	M8×1.25 JIS2級
工具	OT-DR-PNT φ4.6 P1 ドリル径 φ5	OT-DR-PNT φ6.6 P1.25 ドリル径 φ6.8
切削条件 S V（タップ） 　（ドリル） F（タップ） 　（ドリル）	6,000 min^{-1} 86 m/min 94 m/min 0.03 mm/rev 0.08 mm/rev	6,000 min^{-1} 124 m/min 128 m/min 0.10 mm/rev 0.15 mm/rev
ねじ加工長	10 mm	12 mm
切削油	水溶性	水溶性
機械	横型MC	横型MC
実加工時間	5 sec	2.5 sec
工具寿命	2,700穴以上	1,800穴以上

◇第4章◆ 工具管理部門の運営

4.1 工具部門と生産技術,他の関連部門との業務体系

工具管理部門の日常業務の維持管理を効率よく進めるためには,必要とする標準類や帳票類を作成して,管理業務の内容を標準化する必要がある.この管理業務を図式にしたものを業務フローチャートと呼び,**図4.1**にその例を示す.**図4.1**にて,縦軸のNo1～6に業務区分として,製品の試作段階から量産および日常保守までを示し,横軸は担当部門を示している.

この業務の流れの各過程で,工具管理部門として関連部門と情報連絡の上で,技術担当,管理担当および再研削担当はなにをするかを標準化したもので,流れの各過程で使う標準類と帳票類を右欄に明記して,モレのない業務体系を構築することが大切である.

この図は一例であり,読者は自社の業務に合わせて変更あるいは追加することで,自社の品質保証体系としてまとめ上げていただきたい.

このフローチャートは,製品の設計後の試作段階から量産準備,量産,日常保守の各ステップで,生産技術や他の関連部門と工具管理部門との間の業務区分を明確とし,その受け持つ業務について責任と権限を保有することを示している.

基本的には,生産技術は設備の準備,つまり試作段階では社内の既存の設備を選定し,量産段階では,新規に設備を購入設置を行ない,それらの設備にて使用する工具はすべて工具管理部門で工具の設計,見積,調達を行ない,工具技術担当,発注管理担当および集中研削部門が図に明記してある項目を準備立てすることで,量産時までにその設備の稼働をスムーズに行なうことが大切である.

4.2 工具管理部門の組織構成と主要業務

工場の生産ラインを支えている工具部門を充実させることは,経営者または管理者の大切な役目の一つである.工具部門を軽視する経営者や管理者のいる企業の加工技術の向上には限界があり,最先端の技術を加工ラインに導入することは難しく,結果として適切な製造原価を構築できない場合がみられる.

加工技術は,範囲が広くまた奥深く知識の習得が要求される.工具技術者は工場の加工技術の中心的存在であるので,常に新しい情報を収集し,自ら新工具の開発ができる技術,知識を修得する必要がある.

このためには,専任の技術スタッフを置いて徹底的に教育をし,専門家を育成し加工業界で発言力を有する人材を確保することが望ましいといえる.工具部門の組織と主要業務内容を**図4.2**に示すが,管理者としての課長と職長は専門技術を保有したエキスパートが望ましい.

作業指示だけをだす,いわゆる一般的な管理者は工具部門には不向きで,加工技術に精通した者が課長および職長になることが望ましい.技術主任やスタッフを技術面で指導,教育できない管理者では,主任やスタッフの技術レベルをあげ,工場の加工技術のレベルを上げることはできない.

(1)技術・管理部門の組織構成と主要業務

工具の技術と管理の組織は,技術担当と消耗工具の発注および在庫管理担当を分けて置き,そのまとめ役としての技術主任を配置することが望ましい.技術スタッフは工場で扱うすべての工具の設計を行ない,後述する工具コードを体系化する必要がある.

この工具コードをキーとして,発注や集配,再研

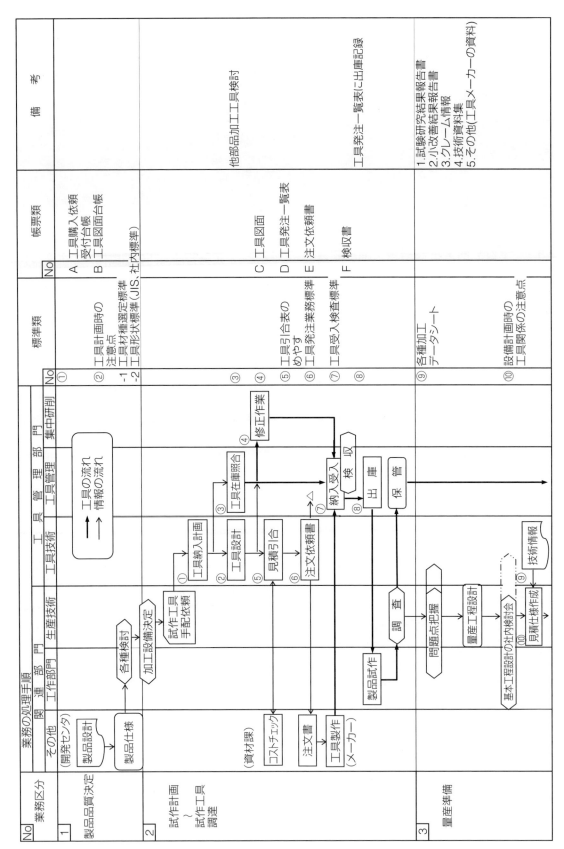

図 4.1 工具管理部門の品質保証体系(1/4)

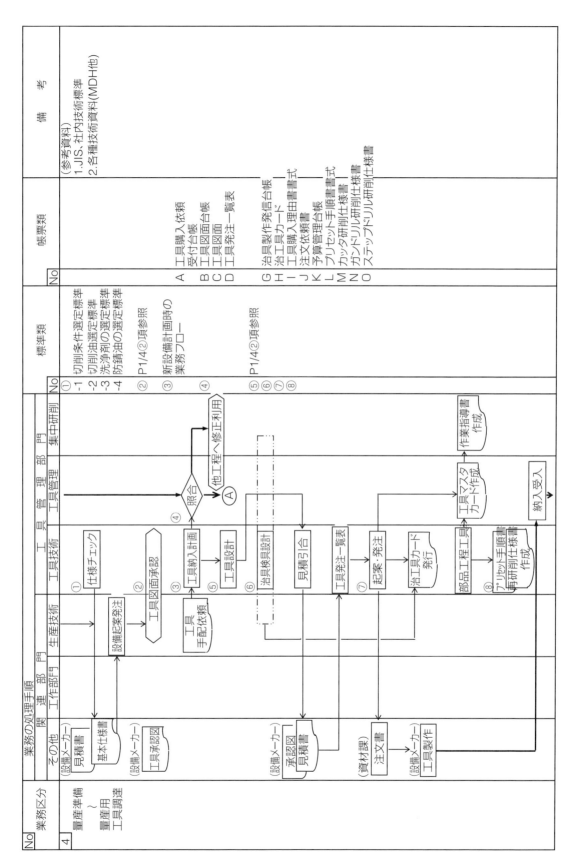

図 4.1 工具管理部門の品質保証体系(2/4)

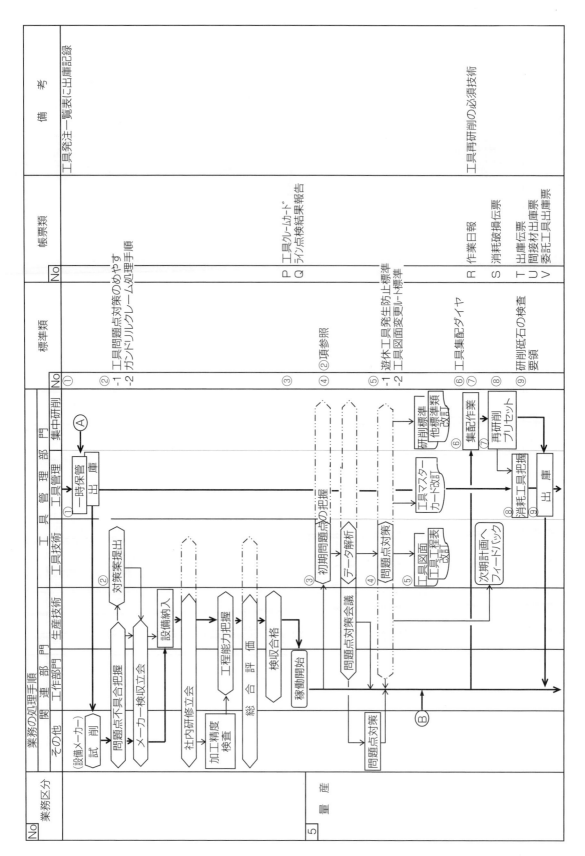

図 4.1 工具管理部門の品質保証体系 (3/4)

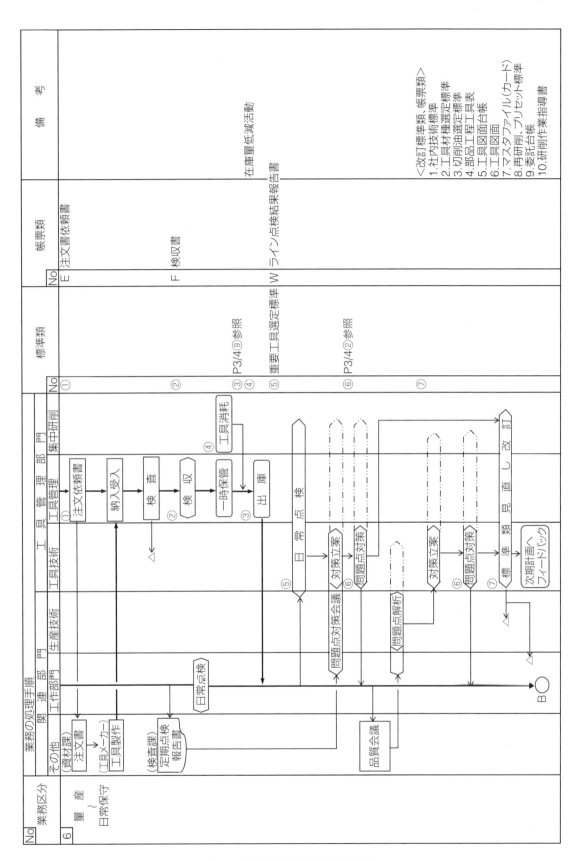

図 4.1　工具管理部門の品質保証体系(4/4)

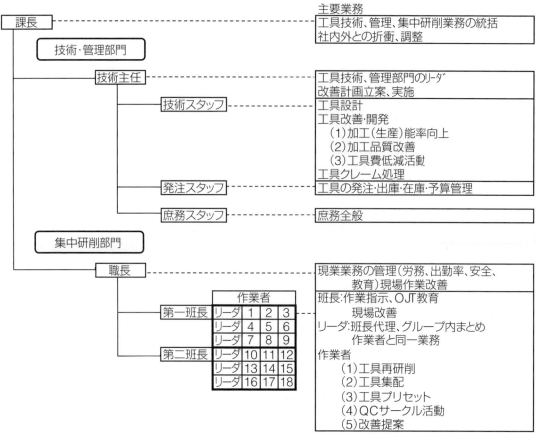

図 4.2 工具部門の組織と主要業務内容

削の管理の事務処理を行なうので，仮に工具以外の他部門で設計しなければならない事情があっても，必ず工具の技術スタッフを通して工具コードを登録する一極管理が望ましい．

また，技術スタッフは業界の新技術をラインに導入し，生産性の向上や工具費の低減および加工品質の改善，不具合への対応を受け持つ．

技術スタッフの主な業務内容を上げる．
- ⅰ）工具設計
- ⅱ）工具コードの設定
- ⅲ）部品工程工具表の作成とメインテナンス
- ⅳ）工具原単位の設定
- ⅴ）加工能率の向上
- ⅵ）加工トラブルの改善
- ⅶ）工具費低減活動の計画立案と実施
- ⅷ）新規工具の開発

工具の在庫管理は，一般の部品の管理と異なり消耗に予測できない波があるので非常にむずかしく，発注スタッフは長年の経験を必要とするので，安易に担当の変更はしないほうがよい．

発注スタッフの主な業務を列記する．
- ⅰ）消耗工具の出庫とその発注
- ⅱ）入庫工具の検収とキャビネットへの保管
- ⅲ）入出庫情報のまとめと予算管理
- ⅳ）過剰在庫の抑制
- ⅴ）異常出庫情報の警告
- ⅵ）納期，価格の短縮，低減指導

(2)工具現場部門の組織と主要業務

職長は，再研削やプリセットについて，作業手順，品質の維持の方法などの技術，知識を一番多く保有し，人格的にも信望の厚い者を配置する．

職長の業務は以下の項目がある．
- ⅰ）班長，作業者への技術指導，教育
- ⅱ）出勤率，操業度，安全管理
- ⅲ）作業でき高管理
- ⅳ）作業標準の整備
- ⅴ）作業改善
- ⅵ）工具現場部門の予算管理
- ⅶ）再研削不具合の発生防止

班長の配下にグループのまとめ役としてのリーダ

を決める.

このリーダは，班長の代理役として扱い，再研削の自己チェックの励行を行なわせると共にコミュニケーションの向上に寄与させる.

班長は就業時間の60%は現業業務を受け持ち，残りの40%は職長と共同で，改善業務を行ない，またリーダや作業者へのOJTにて技術指導を行なう.

班長とリーダの主な業務を上げる.

班長
 - ⅰ) 作業者への作業指示
 - ⅱ) 作業でき高まとめ
 - ⅲ) 作業者へのOJT教育
 - ⅳ) 作業改善

リーダ
 - ⅰ) 自己チェックの励行指示
 - ⅱ) コミュニケーションつくり
 - ⅲ) 現業作業

4.3 工具管理部門の業務展開表

前項の品質保証体制は，業務の大きな流れに沿って品質を保証するための標準類や帳類を明確にしたものであるが，日常の生産活動をスムーズに運営するために，工具管理部門は関連部門との繋がりでどのような業務をするかを明確にし，その業務の標準化を図る必要がある.

工作のラインサイドに供給した工具を使用して加工上のトラブルが発生した場合の対応や工作で使い終わった工具を回収して，刃先の欠損などの不具合を見つけた場合，あるいは工具の在庫が不足してラインへの影響がでそうになった時など，日常の工具管理の業務要領を決めておき，その対応を図ることが要求される.

図4.3に，工具管理部門の業務の内容を明記した業務要領の例を示す.

日常の業務について，誰が，いつ，何を，どのようにするかを明文化したもので，注記として主な業務内容を記入しておくことにより，業務上の不具合が発生した場合，誰に報告または指示を受けるかを明瞭としている.

この業務要領と4.1項の業務体制とで，工具管理部門の業務について，関連部門との連携や工場内での位置づけを明確にすることができる.

しかし，これらの業務要領などについては，工具管理部門の全員に教育して，いかに徹底させるかが肝心であり，管理者のリーダーシップが大事である

ことはいうまでもない.

(1) 品質保証

工程集約が進むにつれて，工具は複雑フォームド形状が多くなり，工具の形状がそのまま加工精度に転化し，工具の善し悪しが品質を決めるキー技術となってきている. 従って，工具は加工精度を保証しなければならない立場にあり，品質保証のために，工具の精度を維持管理することが大切である.

メーカーから納入した新品工具は受入検査で不具合工具を未然に見つけだす事が大切で，さらに，再研削での研削精度については，十分に精度をチェックしなければならない.

図4.3の業務要領の⑦にて，班長から指示を受けた再研削作業が完了したら，作業者は品質を保証するために，責任をもって自己チェックを行なう必要がある.

図4.4に示す自己チェック標準例は，測定具の仕様区分を明確にして，測定する寸法精度に合わせて適した測定具の選定ができるようにする必要がある.

図4.4から測定精度に見合った測定具を用いて，工具別の検査項目を決めておき，作業者は再研削が完了したら，その項目をチェックすることで再研削の品質を維持することが可能となる. この工具別の検査項目の一例として，コアカッタとドリルの例を**図4.5, 4.6**に示す.

自己チェックが完了したら，加工部門に工具を配送する際，次の方法で品質保証を行なうことが望ましい.

 1) 重要工具……研削精度実測データを添付
 2) その他の一般工具……品質保証カードを添付

(1)-1 工具受入検査

切削工具は種類が多く，発注および納品の数量が多いため，受入検査を漏れなく行なうにはかなりの工数を投入する必要があり，大半の会社ではこの検査をしてないか，または外観検査ですましているのが実状である.

このような状況では，工具の不良品がラインへ出庫されてしまい，製品不良を発生させる危険があるため，**図4.7**の②に示すように，納品時に業者から納品チェック票を必ず添付させることが必要である.

この納品チェック票には業者の自己申告として，規格外の工具があれば必ずその内容を明記させ，特採申請の伺いを提出させることで，社内の検査は特

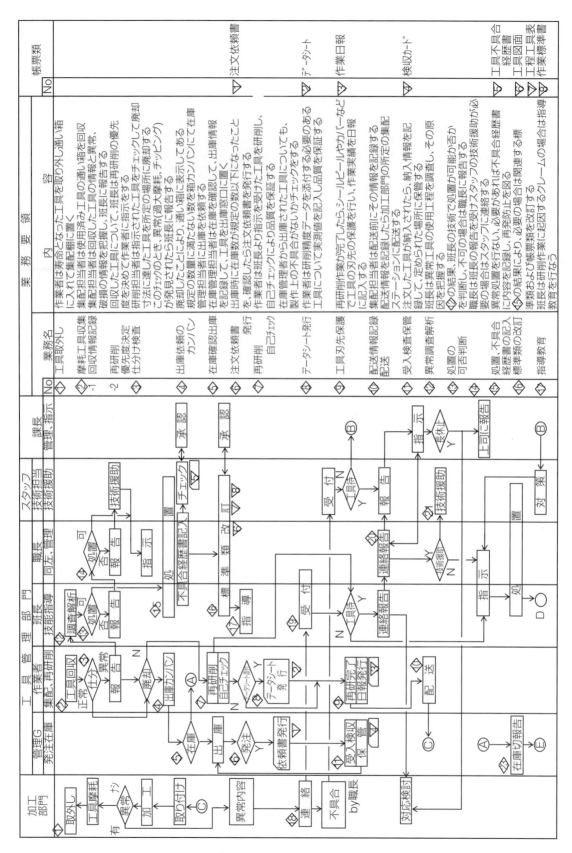

図 4.3 工具部門の業務要領（1/2）

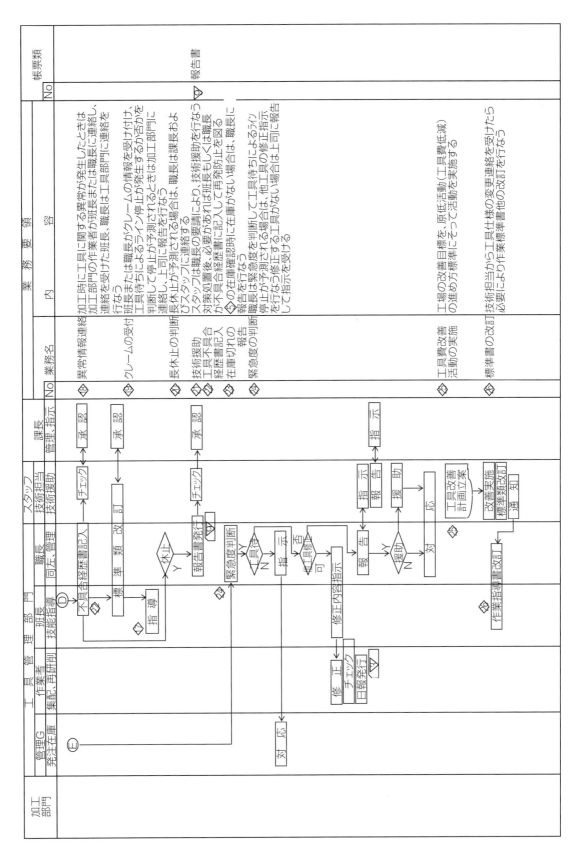

図 4.3 工具部門の業務要領(2/2)

工具再研削自己チェック標準

	対象作業	工具再研削
	対象作業者	工具再研削作業者
	対象品目	再研削工具全点

再研削の完了した工具については全て、下記手順にて自己チェックを実施すること

No	作業名	作業上の要点
1		自己チェック用の「**工具検査項目**」を参照し、指定してある項目について不具合の有無を確認のこと
2	測定チェック	再研削した箇所について、**工具図面の寸法公差内か確認** 測定には下記測定具を使用のこと
3	修正	寸法公差外の場合は、**再々研削を行ない、修正する**
4	データ記録	指定された**重要工具**については、**データシート**に、検査結果を記録する（記録データは3年以上保管のこと）

測定具使用区分

No	測定項目	チェック精度(mm)			備考
		一般公差	0.03以上	0.02以下	
1	長さ	ノギス	マイクロメータ	工具顕微鏡	
2	径	ノギス	マイクロメータ	工具顕微鏡	
3	フレ	—	ダイヤルゲージ スモールテスタ	ダイヤルゲージ スモールテスタ	
4	フォームドプロフィル	投影機、工具顕微鏡			
5	チッピング	ルーペ、マイクロスコープ、工具顕微鏡			
6	歯形	—	—	歯車顕微鏡	
	備考				

図4.4　工具再研削時の自己チェック標準

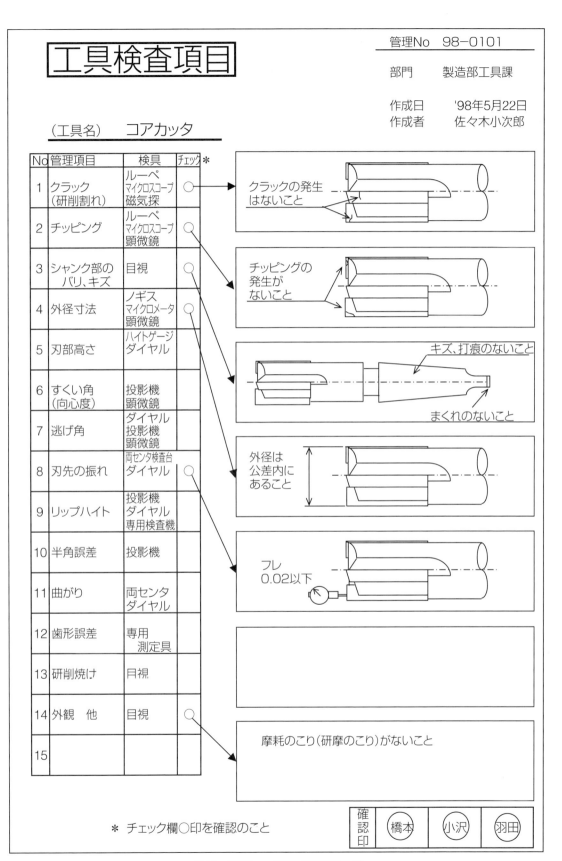

図 4.5　自己チェック時の検査項目（例1）

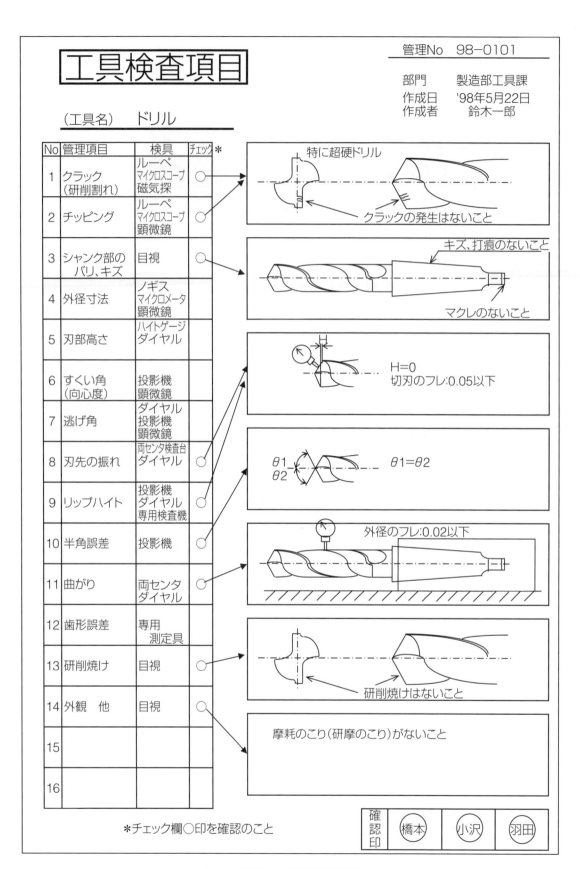

図 4.6　自己チェック時の検査項目 (例 2)

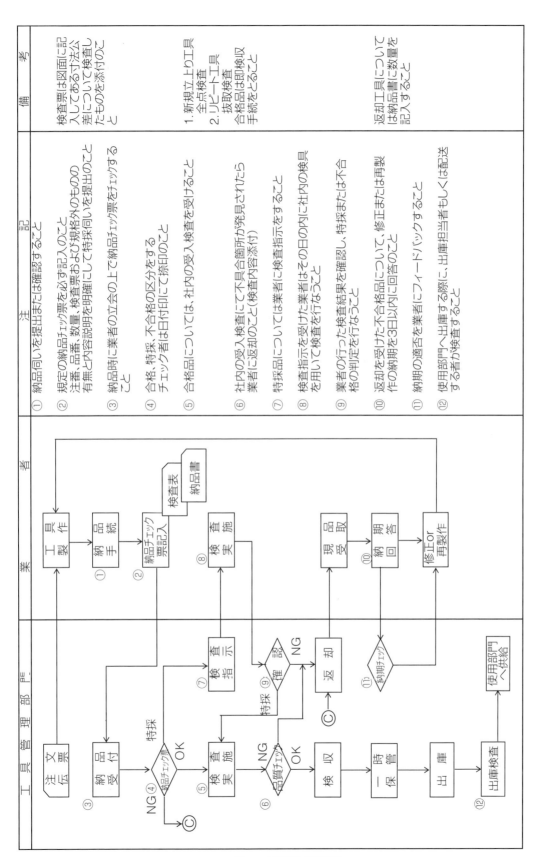

図 4.7 工具受入検査標準

採申請の出ている工具のみ実施し，その他の工具は検査しなくともメーカーの保証の範囲で不具合のある工具をラインに出庫することが防げる．

また，⑫の出庫時の検査ができる体制がとれれば，工具メーカーの製作上の不具合による工具の不具合品がラインに流出することが防止できる．**図4.3**の工具管理部門の業務要領の⑦再研削時の自己チェックの時，出庫工具の品質チェックを行なうことで，不具合の発生を未然に防ぐことができる．

この外観検査と出庫検査で，近い過去に不具合が発見された経歴を持つ工具については，**表4.1**の抜き取り数を決めて受け入れ時の抜き取り検査が必要となる．ただし，新規立ち上がり工具については全数検査を原則とする．この抜き取り検査で不具合が発見されたときの処置は以下とする．

- ⅰ) 不具合品はすべて業者に返却する
- ⅱ) 業者に対して，原因調査と再発防止策を書面にて提出させる
- ⅲ) 不具合品を業者に返却する場合，返却したら工具不足などの問題が発生すると予測される時は職長，スタッフ，業者で協議し，全数検査して不具合内容の修正可否を決め，個別に対策する

研削砥石は取り扱いが悪いと亀裂や破損を起こしやすく，受入検査を十分行なうと共に，受入から使用部門への出庫，および砥石を取り付けてからも，検査確認をする必要がある．

図4.8の研削砥石の検査要領に示すように，搬送は縦積み搬送を行ない，打音検査で割れなどをチェックし，砥石を機械に取り付けた後も空転テストをし安全性を確認する必要がある．

(1)-2 重要工具の検査

量産用の切削工具のうち，データの記録が残っていないと不具合が発生する可能性のある工具とデータの記録がないと次回の再研削ができない工具につ

いては自己チェックの検査結果をデータシートに残し，品質を保証する必要がある．

データシートはその作成にあたり，
- ⅰ) 研削日
- ⅱ) 研削者名
- ⅲ) 特性値規格，実測値(寸法，角度，刃先振れ，歯形の各精度)

を記録し工具の品質を保証する．

このデータシートの例を，**図4.9**に示す．

(1)-3 一般工具の検査

前項の重要工具以外の一般工具については，自己チェックが完了したら，加工部門に工具を配送する時，**図4.10**の品質保証カードを添付し，再研削の品質を保証する．この品質保証カードを添付する目的は，加工部門に対して再研削の品質を保証することであるが，真の狙いは再研削作業者が自己チェックを忘れないようにすることである．

4.4　工具管理の技術・業務標準

図4.1の品質保証体系にて，工具管理の業務の流れを示したが，これらの業務を関連部門を含めて，効率的に遂行するには，尊守すべき業務を標準化する必要がある．**図4.1**では，業務の各過程で活用する標準類と，それに関連した帳票類を右欄に例として明記した．

この標準とその主たる担当について**表4.2**にまとめを示し，以下にその概要を説明する．

(1) 新規プロジェクト推進時の業務

新規に設備を導入する場合，設備計画担当者は社内の設備仕様書を作成し，設備メーカーと仕様検討した後，設備を発注するが，この仕様検討の際に大切なことがツーリングと工具図面の検討である．

設備メーカーとしては，できるだけ標準仕様で設備を構成することで，製造コストを低く抑えようとしがちであるが，そのため工具にしわ寄せがいく場合がある．

やたらと工具の長さを長くしたり，工具が摩耗することを考えずにスピンドルの調整ができない仕様で，計画する場合もあるので注意する必要がある．

特に，**図4.12**にて新しいライン用の設備の場合は，機械メーカーで設計したツーリング図を必ず工具担当が，ランニングコストが高くならないようにチェックし，そのチェックが完了してから工具図面を設計させ，その図面も工具担当がチェックした承認図をもとに，再度機械メーカーから確認図を提出

表4.1　受入検査の抜き取り数

納入ロットの大きさ	不具合発生の経過月数	
	6か月以内	3か月以内
2～10	2	3
11～20	3	5
21～50	5	8
51～100	8	15
101～300	15	20
301～800	20	30
801～	30	80

(注) 不具合品が1個でもあれば，そのロットはすべて不具合とする

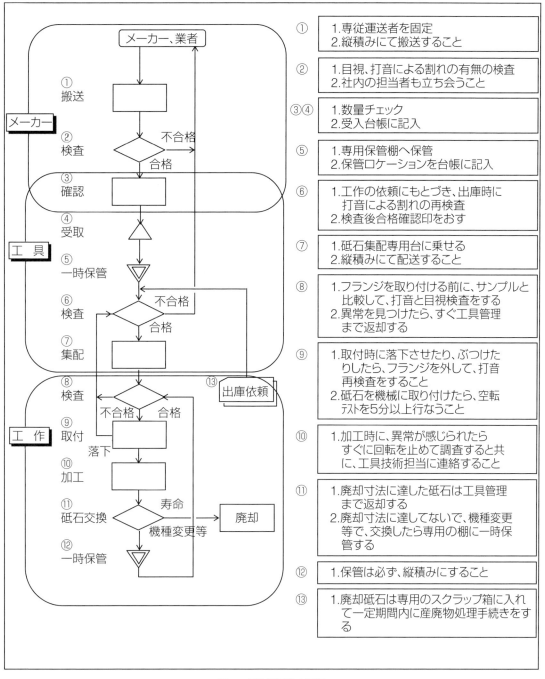

図 4.8　研削砥石検査要領

させて，その確認図で工具の発注をするようにすれば，立ち上がり時のトラブルを少なくすることができる．

このように，工具の調達も機械メーカーに依存せず，自社で調達して機械メーカーに支給する形をとることで，工具の共用化の検討や，再研削する場合の不具合の有無の事前確認ができ，さらに自社独自の技術も織り込むことが可能となる．

また，設備の立会テストで問題点が発生したら，その対策も工具担当が共に行ない，対策した工具で量産用の工具として管理しなければならない．

この新設備の計画から，ツーリング設計さらに工具の計画をする際に，計画者，設計者，工具担当者は**図 4.13**の注意点を参考として，効率的な計画をすることが望ましい．

また，既存ラインの合理化では，特に図 4.18 の遊

| 切削工具　再研削データシート | | | | | | | 職長 | 班長 |

使用ライン _____

工具番号 _____

保証特性値 規格
①外径寸法：φ100 $^{+0.035}_{-0.005}$
②刃先フレ：0.02以内

日付	測定者	測定値			承認者	注　記
		工具No	①外径	②振れ		

図 4.9　データシート例

図 4.10　品質保証カード

表 4.2　工具関係の標準と担当

標準項目		生産技術	工具技術スタッフ	工具発注管理担当	工具集中研削担当
図 4.12	新規プロジェクト推進時の業務	○	○		
図 4.13	工具計画時の注意点	○	○		
図 4.14	切削工具材質選定標準		○		
図 4.15	切削油の選定標準	○	○		
図 4.16	洗浄剤の選定標準	○	○		
図 4.17	防錆油の選定標準	○	○		
図 4.19	遊休工具発生防止標準	○	○	○	
図 4.20	切削工具在庫量低減の着眼点	○	○	○	○
図 4.21	工具在庫量削減管理グラフ			○	
図 4.22	工具設計時の業務フロー		○	○	○
図 4.23	工具図面変更ルート標準		○	○	○
表 4.3	工具メーカーの選定表（例）			○	○
表 4.4	重要工具選定標準			○	○

記号	担当	注意点
①	設備計画担当者	1. 工具の形状・寸法は、JISまたは社内標準型でツールレイアウトを作成すること 2. 1頂を満足できないとき 　イ）スピンドル端面から工具の刃先までの寸法は、できるだけ短く設計すること 　ロ）工具はできる限りの剛性の高い形状で計画すること 　ハ）ザグリカッタ等の各種シャンク付工具は全長が長くなる傾向があるので、スピンドルと工具の間でアーバまたはアダプタ類を組み込み短寸法型シャンクを用いること 　ニ）アーバまたはアダプタは必ず設備メーカーに手配させること 　（注）アーバまたはアダプタは必ず設備メーカーと切削抵抗と推定工具寿命を試算すること 3. 工具仕様と切削条件を決めたら必ず設備メーカーと切削抵抗と推定工具寿命を試算すること 4. 工具の取付取り外し（交換）は簡単に操作できること 5. スピンドル系統はできるだけ短く、剛性を十分に考慮すること 6. ワークおよび主軸の振動を考慮しておくこと、試削り時に即対応できるように、その予防策を考慮しておくこと（振動値の上限を規定できればベター） 7. 切りくずがテーブルに貯まらないよう工夫をすると共に、排出性を考慮すること
②	設備計画担当者	ツーリングレイアウトは早い時期に提出させて、チェックで指摘した内容が織り込めるようにメーカーに指導のこと
③	設備計画担当者	承認図は2部配布して、1部は工具Gで保管できるようにすること
④	設備計画担当者	1. 購入依頼書には確認図を添付すること 2. 再研利用の治具・検具・ゲージもできるだけ設備メーカーに準備させること 　準備できない場合は、図面を提出させること 3. 購入納期は余裕をもって標準工具で1か月、特殊工具は2〜3か月計画であること
⑤	設備計画担当者	起案と共に、工具発注一覧表を送付するので、モレミスなどがあれば即連絡のこと
⑥	設備計画担当者	納品された立ち上がりの工具は工具管理部門に保管してあるので、出庫依頼書を持参して管理場所に取りに行くこと
⑦	設備計画担当者	立会テストに欠席した工具は必ず弁償してもらうこと、また設備納入時にはメーカーから送付した工具の数と社内に持ち込んだ工具の数をリストを提出のこと
⑧	設備計画担当者	立会時に不具合が発生して工具を再手配または修正をを行なう場合、その費用処理と責任を明確にすること
⑨	設備計画担当者	量産工具の手配や予算の申請等のため、必ず推定寿命を機械メーカから提出させること
⑩	設備計画担当者	工具は必ず摩耗するということを忘れないこと 　イ）スピンドルのX、Y方向の調整が簡単にできること 　ロ）できれば自動刃先調整装置や工具欠損検知装置を取付けること

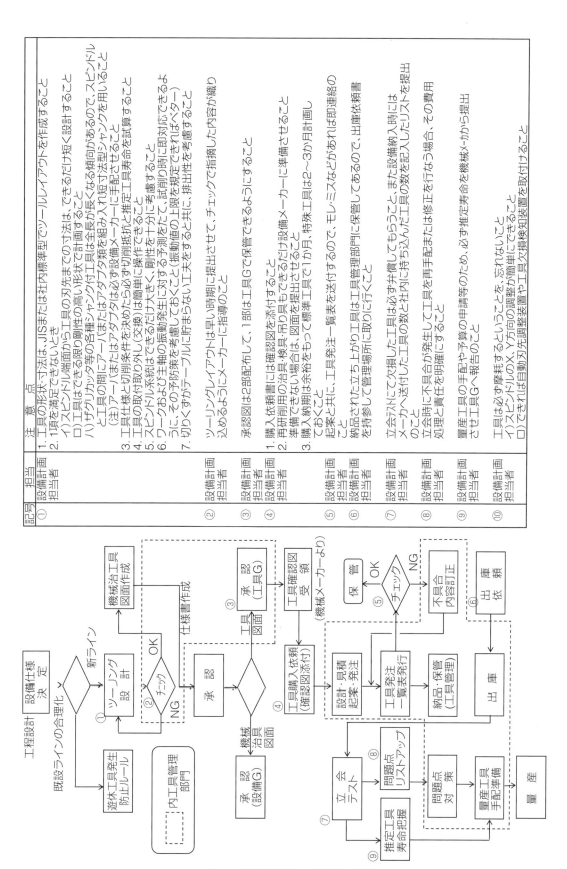

図 4.12　新規プロジェクト推進時の業務

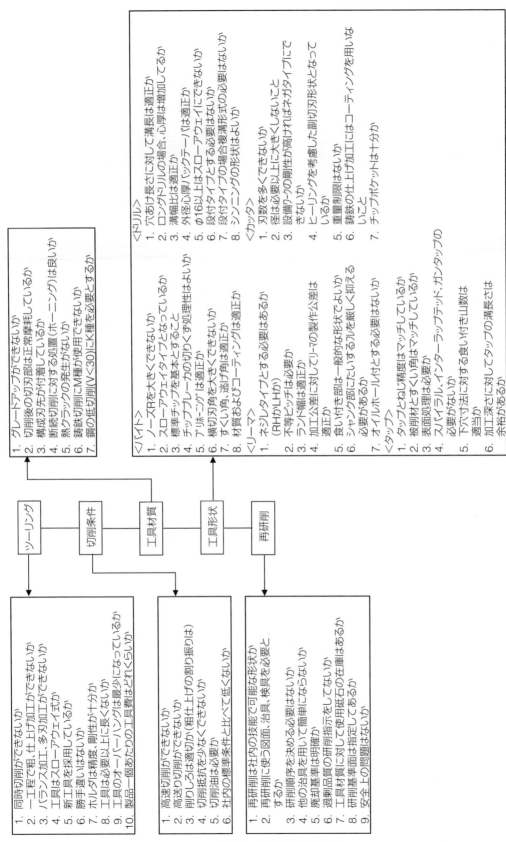

図 4.12 工具計画時の注意点

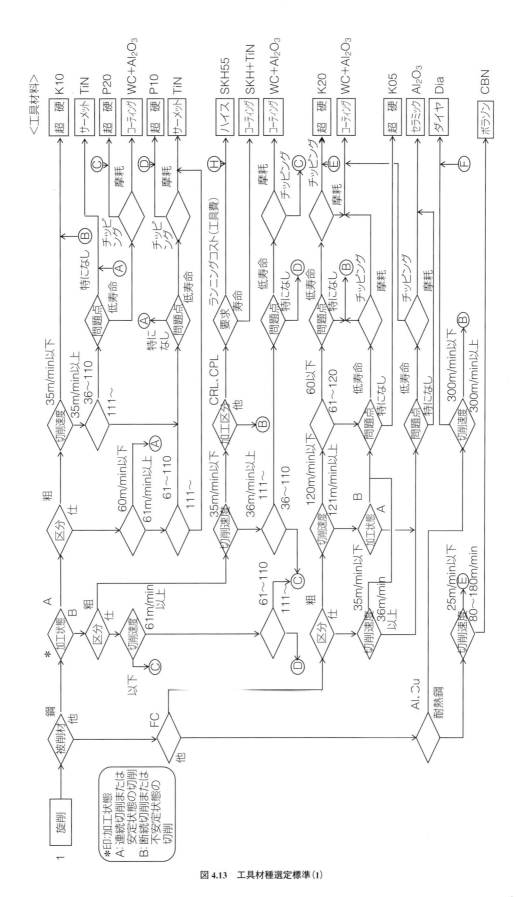

図 4.13　工具材種選定標準(1)

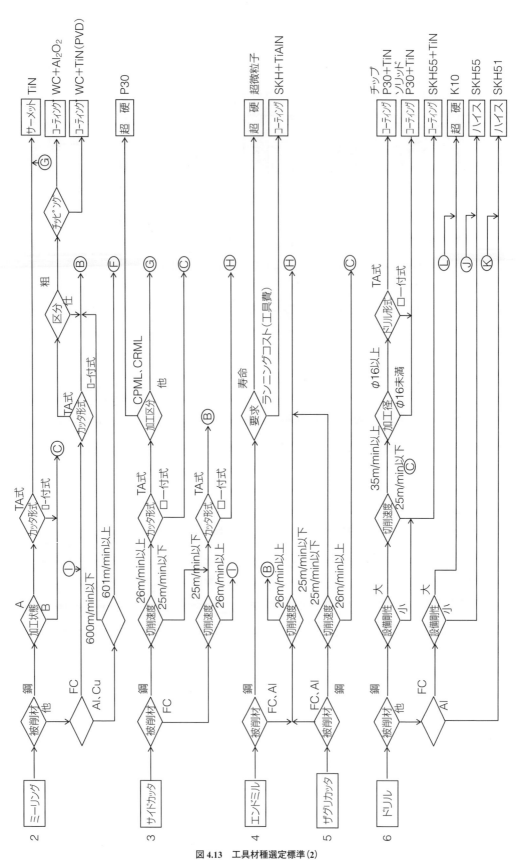

図 4.13　工具材種選定標準(2)

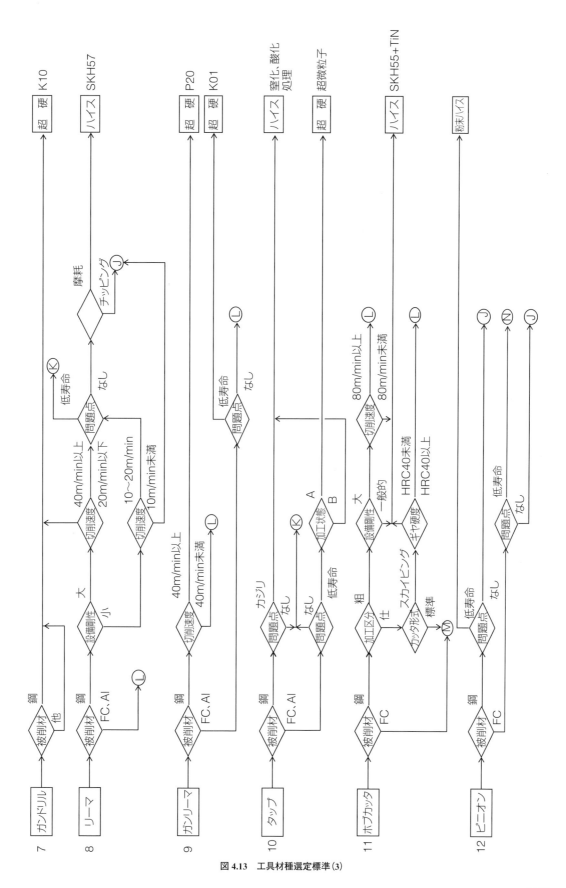

図 4.13　工具材種選定標準(3)

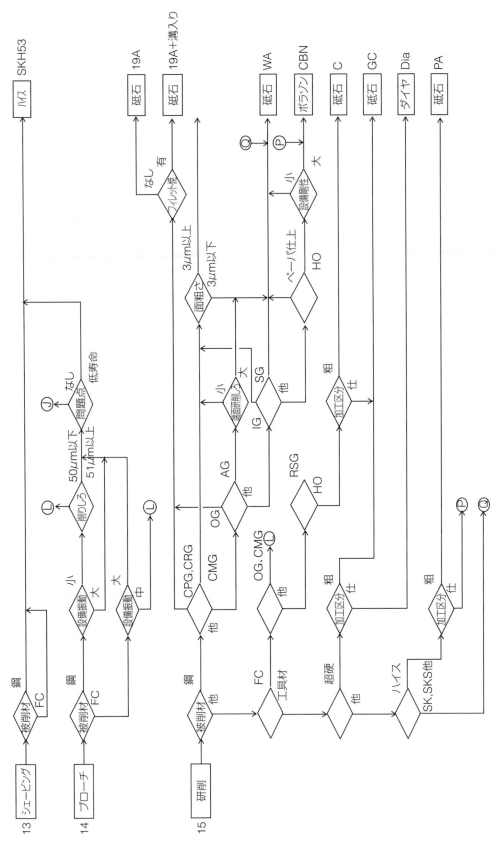

図 4.13　工具材種選定標準(4)

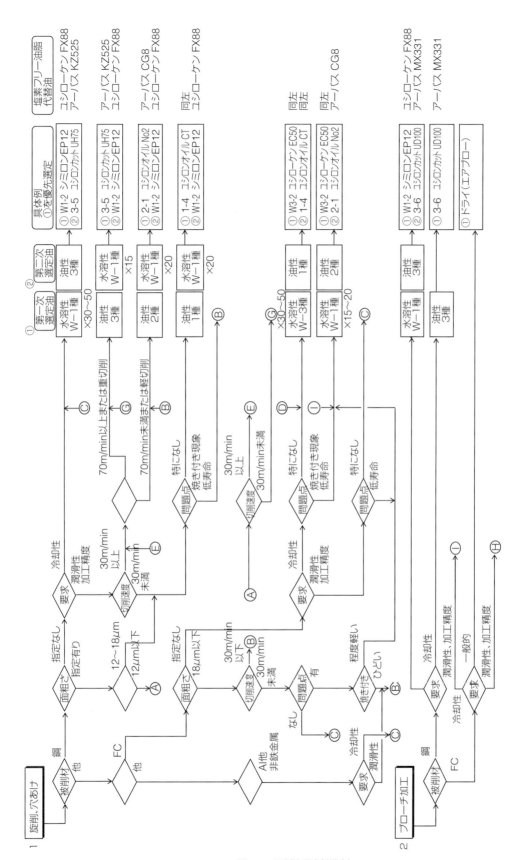

図 4.14 切削油選定標準(1)

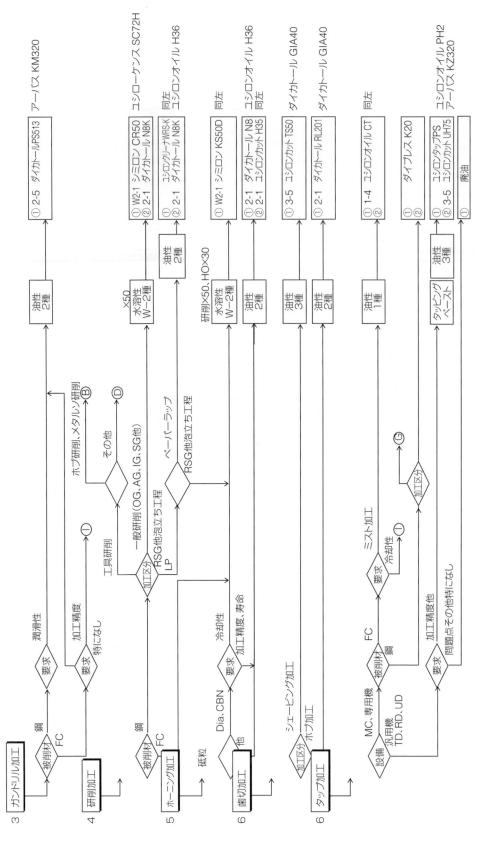

図 4.15 切削油選定標準(2)

休工具発生防止標準にそって，既存の工具の仕様変更をする場合，計画書を早めに連絡して既存の工具の発注，在庫調整を前もってコントロールし，使えなくなる工具のムダをできるだけ少なくしたい．

(1)-1 工具材質選定標準

計画している新設備に使う工具の材質を決めるには，工具メーカーに頼めば諸条件にマッチしたものを選定してもらえるが，メーカーに依存する習慣をつけると，特定のメーカーに偏る場合が生じ，また社内の担当者の技術も向上しない．

工具材質は，被削材や加工の状態，あるいは切削条件に合わせて適したものを選定する必要があるので，工場内の設備の状況などの情報はメーカーより詳しく，社内で検討したほうが理想的な工具材質を選定することが可能である．

図4.14に選定標準について，旋削から穴あけ，歯切り加工，研削のほとんどの加工について，選定すべき工具材質を明記した．

工具材質は被削材と加工状態，要求加工精度などの諸条件で適切なものを選定する必要があり，新しい材質が開発されたら，標準書の改訂，追加のメインテナンスを要する．

図での選定工具材質は，K10やSKHという一般的な表現をしているが，自社に納入している工具メーカーの材質名を併記して編集する使いやすくなる．

この選定標準は，パソコンに取り込むことで簡単に操作できるように，アルゴリズムで表示しておいたので，参考にしていただきたい．

(1)-2 切削油の選定標準

切削油については，機械メーカーの推奨するものを採用する場合もあるが，できるだけ自社の標準油を決めて置くことが大切である．

最近は作業環境の改善や健康への影響から，ドライ加工化が進みつつあるが，旋削加工については，大きな問題もなく加工を行なうことができるケースもあるが，穴あけや他の加工では，ドライ加工のデメリットが大きく，切削油を必要とする場合が多い．

適切な切削油を用いることで効率的な加工をすることが可能であるが，切削油は，加工方法や要求加工精度，切削条件および発生予測問題点によっても使用する種類を変える必要がある．

この切削油は製造および販売業者の数や，取り扱う種類も多く，その選定にあたってラインの担当者まかせだと，どんどん種類が増えて管理面でムダな工数をつぎ込む結果となる場合が多い．

従って，工場内で使用する切削油の種類はなるべく少なく抑えることが望ましく，その選定標準の例を，**図4.15**に示す．

また，洗浄剤と防錆油の管理担当は会社により異なるが，油脂類ということで，切削油を管理してい

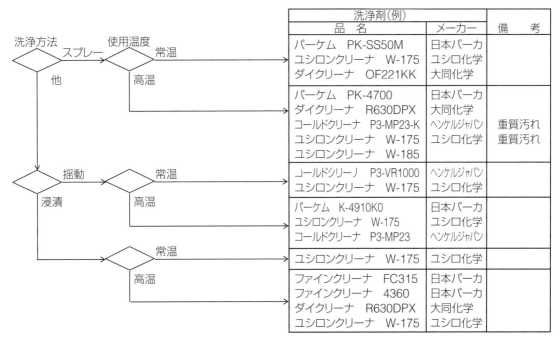

図4.16 洗浄剤の選定標準

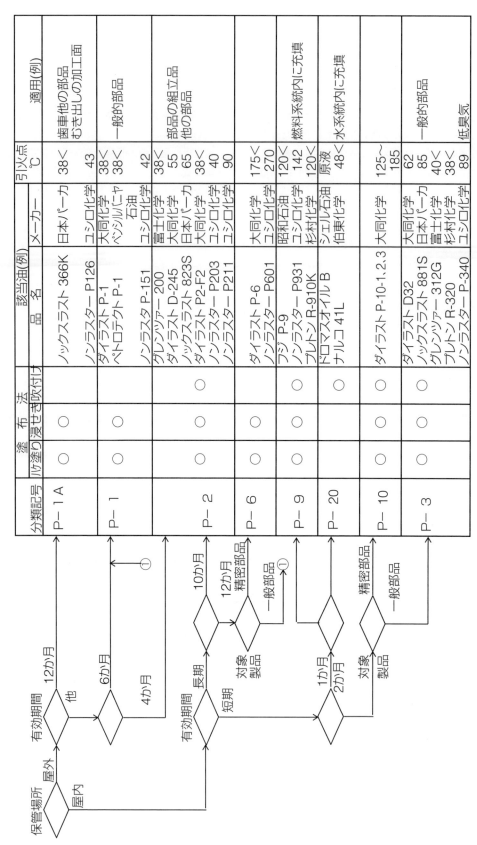

図 4.17 防錆油の選定標準

る者が一緒に管理しているケースが多いので，その選定標準を**図4.16**と**図4.17**に示す．

なお，選定した油脂のメーカーおよび商品名については一例を示しているので，自社の取引のある油脂メーカーから，図に明記した品名相当品を選定していただきたい．

(2)試作から量産時の業務

(2)-1 工具メーカーの選定

試作工具の手配依頼をもとに，必要な工具を外部の専門メーカーから購入する場合，工具の種類や材質別に指定メーカー，または業者を決めておくと，工具の種類や購入業者の窓口を増やす危険がなく量産が開始された時にもスムーズに量産工具に切り替えることができる．

特に，試作工具と量産工具を調達する部門が異なる企業の場合は，このめやすを両部門で活用することで，工具の共用化を図ることも可能である．

この標準の例として，**表4.3**に示す．この表は，あくまでも目安であり，具体的に発注メーカーを選定する場合は以下の点を留意する必要がある．

図4.18に具体例を示す．工具を使うユーザーの仕事は次の三つに分類できる．

イ)付加価値をつける：工具を使って，販売できる製品を作る

ロ)付加価値をつくらない：工具を買って倉庫に入庫する

ハ)付加価値を減らす：工具を使って，製品の不良を出す

ユーザーは，その工具で製品や部品を加工して，つまり仕事をして付加価値をつけることが目的であり，メーカーを選定して工具を買うというのは，付加価値を作るための手段である．

従って，ユーザーが工具メーカーを選定する場合，例えばここにメーカーがA，B，Cの3社あるとして，いずれのメーカーの工具を使っても，切削性能や価格に大きな差がない時，どのメーカーを選定するか，この場合，その工具にいかに質のよい多くの情報が付随しているか否かを天秤にかけて，よりよい方を選定する．

ユーザーは，例えば1万円の工具の価値の考え方は，

工具のものとしての価値 …………6～7千円

付帯価値情報の価値 …………3～4千円

と見るべきで，付帯価値情報が付いてないものは，選定しすべきではない．

ユーザーとしては，これらの情報を得ることによって，知識を広め，次の仕事に役に立たせることが大切であり，さまざまな情報を知ることで，技術の幅を広げる必要がある．

このように，付加価値を高めた製品をつくる目的で，メーカーで作った工具を販売店経由で購入する時，万一この付帯価値情報にミスがあれば，工具の使用方法を間違えて，製品不良をつくるつまり，付加価値を減らす結果となる．

表4.3 工具メーカーの選定表(例)

No	工具名	材質	A	B	C	D	E	F	G	H	I	J	K	L	M	N
1	バイト	HSS	○	◎	○				△							
2		WC				○	○	○								
3		TiC				◎	○	○								
4	バイトホルダ					○	○	○								
5	TAチップ	WC				○	○	○								
6		TiC				△		○		○	○					
7		Al$_2$O$_3$				△		○		◎	○					
8	標準ドリル	HSS	○	○	○				△							
9		WC				◎	○	○								
10	特殊ドリル	HSS	○	○	○											
11		WC				○						○	○			
12	カッタ	HSS	○					○								
13		WC				◎	○	○								
14	砥石													○	○	△

○印：第一次選定業者／メーカー＜品質上安定している，◎印は特にすぐれている＞

△印：第二次選定業者／メーカー＜納期上他の理由で○印業者が採用できない場合＞

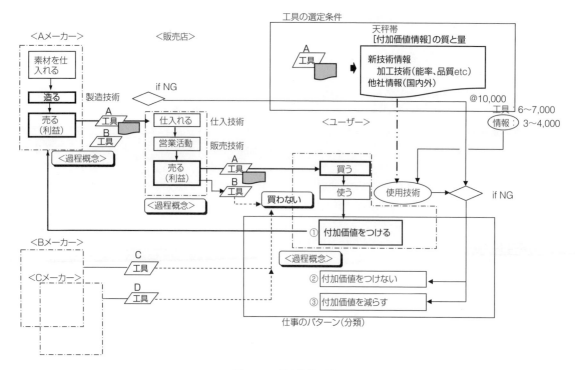

図4.18 工具や情報の循環

　一方，メーカーの製造工程でのミスで，粗悪品を造り，検査工程で発見されず，ユーザーに納入されると，製品不良の発生の可能性もある．つまり付加価値を減らしてしまう．

　このような結果は，必ずメーカーに跳ね返り，結果として付加価値が上がれば，図4.18に示す工具や情報の流れは循環することになる．

　付加価値を減らした場合は，そのメーカーは信用を失い，次からそのメーカーの採用を控える必要があり，循環を中断する．

　筆者は，メーカーや販売店に対して，講演などでこの話をしてきたが，これをCirculationMoodと呼んでおり，自分の置かれている立場で，手を抜いたりミスしたら，必ずいつかは，自分のところに返ってくるので，何事にも慎重にモノや情報を流すことが大切であるといえる．

(2)-2 重要工具の選定

　ラインの量産〜日常保守では，管理面の不備等から工具の在庫がなくなりラインを停止させるようなことは絶対に避けなければならない．

　種類の多い工具の内，ラインへの影響度の高い工具を重要工具として登録し，重点管理をする必要がある．

　表4.4に重要工具の選定標準の例を示すが，特にガンドリルのように他の工具を修正して使用できない工具については，区分の保守性・故障の項に揚げているように，重点管理を要する工具である．

　表中のNo5と8の＊印は，指定工具の在庫がなくて，代替工具を用いた時の，ラインの加工能率への影響度を示す．

(2)-3 遊休工具の発生防止

　ラインで量産が開始すると，製品機能の向上など等から設計変更があり，また原価低減のための改善から工程や工具の仕様が変更となる場合がある．さらに生産の中止や外注加工化等，種々の理由でいままで使用していた工具が不要となることが多い．

　消耗品である工具は，ある程度在庫を保有しているのが一般的で，この在庫分は不要資産，つまり遊休工具となるため，その発生を少なくすることが大切である．

　図4.19に，遊休工具の発生防止標準を示すが，客先の突発的なクレーム対応の場合は工具を変更することで，解決が可能であれば，早急に変更をする必要があるが，これ以外の場合は，情報をうまくやりとりすれば，遊休工具の発生を最少に抑えることも可能であるので，図4.19に示す標準例を，関係部門と協議して不要資産の発生を最少にする努力が大切である．

(2)-4 切削工具在庫量の低減活動

　ラインでの量産が継続すると，工具は消耗に合わ

表 4.4 重要工具選定標準

区分	No	評価要素 項目	評価要素 内訳	評価点
工具特性	1	工具価格	5万円以上	6
			1〜5万円未満	4
			1万円未満	2
	2	製作納期	2か月以上	10
			1〜2か月未満	6
			即納	3
	3	形状区分	特殊工具	10
			準特殊工具	5
			標準工具	1
工程能力	4	ライン影響度	前工程ライン	10
			最終工程ライン	8
			バッジ	5
	*5	加工能率影響度	1.3以上	5
			1.2〜1.3未満	3
			1.0〜1.2未満	1
	6	該当工程加工精度	仕上げ工程	10
			中仕上げ工程	8
			粗工程	6

区分	No	評価要素 項目	評価要素 内訳	評価点
保守性・故障	7	代替工具	なし	20
			有、ただし在庫少	6
			有	1
	*8	代替工具加工能率	1.3以上	10
			1.1〜1.3未満	6
			1.0〜1.1未満	3
	9	再研削修正工具	2H以上	10
			1〜2H未満	6
			1H未満	3
	10	仕損費	継続的不良	14
			突発5万円以上	10
			突発5万円未満	5
			合計	100
			最少	28

注
*印：実加工時間／標準加工時間

重要工具基準点
1. Ⓐ工具（最重要工具）
  合計 91点以上
2. Ⓑ工具（重要工具）
  合計 71〜90点
3. Ⓒ工具（一般工具）
  合計 70点以下

注）合計点の区分に拘わらず、次の場合は重要管理を行なう
1. 組立ラインの停止が予測される時の問題発生工具
2. 重大欠陥の発生が予測される時の問題発生工具
3. その他、必要に応じて取り決めした工具

せて，在庫量をコントロールしながら，発注管理を行なうが，工具の製作納期は特殊工具で1〜2か月かかるものが一般的で，生産量が減少すると，工具の消耗数が減り，1〜2か月前に発注した工具が納入されるので，在庫が増加する場合がある．

従って，在庫量は常に適量を維持するように，発注のタイミングや発生量の適正化を図ることと，現在手持ちの在庫量の低減に努めることが大切である．

これらの発注のタイミングや発注量については，4.5（6）の工具発注・在庫・予算管理の項で述べる．

(2) 4-1 工具管理区分

工具の予算・在庫の管理区分は，次の3種類に分類するのが一般的である．

1) 委託品

在庫は，業者からの預かり品で，出庫時点で業者に支払う工具

2) 貯蔵品

事業年度内に，おおむね一定数量を取得し，かつ経常的に消費する工具つまり，事業年度内に仕様変更がないこと，また事業年度内に入庫・出庫がある工具のいずれかが該当する工具

3) 通過品

スポット的に使用するもので，継続性の少ないもの，または消耗インターバルが非常に長く，事業年度内に入庫・出庫が見込めない工具

この分類の区分の仕方は，各企業によりその基準は異なるが，工具の消耗インターバルにて区分するのが一般的である．

この工具の分類から，1)の委託品は社内在庫工具でないことと，3)の通過品はある一定期間在庫するものかどうかが流動的であることから，2)の貯蔵品扱いの工具が在庫管理対商品となる．

貯蔵在庫金額と消費インターバルは，式4.1と式4.2で与えられる．

$$Q = \sum_{ij} a_{ij} \times n_{ij} \quad \cdots\cdots\cdots 4.1$$

Q：貯蔵金額（円）
i, j：消耗インターバルが0.5〜1.0年の工具数（個）
a：工具単価（円）
n：在庫数量（個）

$$L = \frac{C}{\alpha} = \frac{C}{N/(T \times S)} = \frac{C \times S \times T}{N} \quad \cdots\cdots 4.2$$

L：消費インターバル（月）

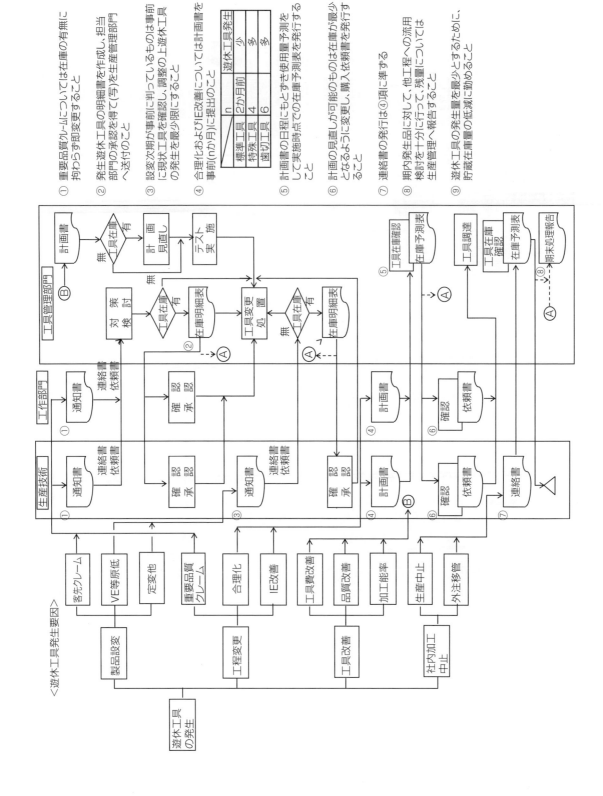

図 4.19 遊休工具発生防止標準

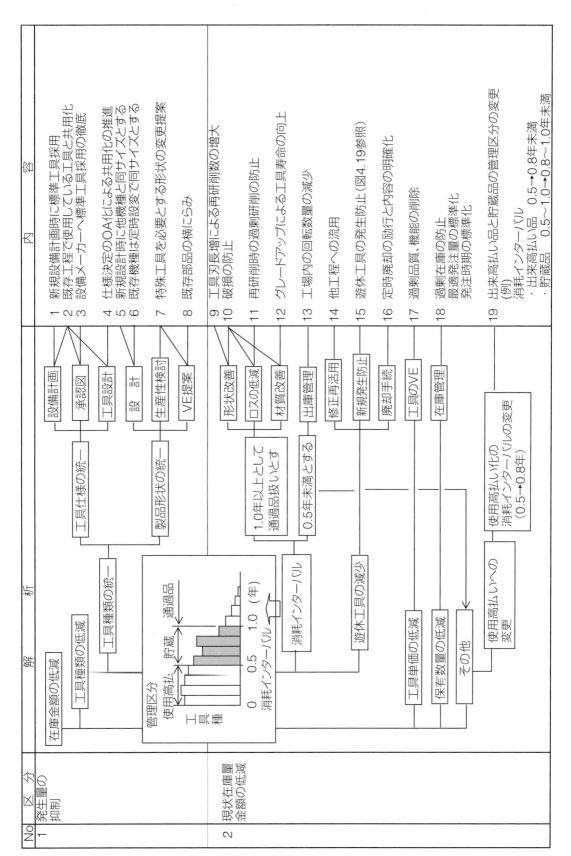

図 4.20　切削工具の在庫量低減の着眼点

C：再研削可能回数(回)
　　α：工具1セットの再研削数(回／月)
　　N：生産量(台／月)
　　T：工具寿命(台／Reg)
　　S：回転数量〈現場への出庫数量〉(セット数)
(2)-4-2 貯蔵金額の低減
　式4.1から，
1) L=0.5〜1.0の工具の種類の減少
　　イ)有効工具種類iの減少
　　ロ)遊休工具種類jの減少
2) 工具単価a　の低減
3) 在庫数量n　の減少
が揚げられるが，1)の工具種類の減少については，(2)-4-3で述べるが，2)の工具単価aの低減は，2.5.3の工具費の低減の項で述べた工具のVEやメーカーチェンジなどが有効であり，3)の在庫数量nの減少については，過剰在庫を防止することで，そのために特に4.5(6)の工具発注・在庫・予算管理の項にある発注時期や発注数量について注意をする必要がある．

(2)-4-3 工具種類の低減
　1)在庫対象の工具種類を低減するには，消耗インターバルLを変更する
　イ)消耗インターバルLを，0.5年未満として，使用高払い品に変更する式4.2の分子であるC，S，Tを下げる．
〈Cの低減手段〉
　ロー付け工具の場合でのCダウンはコストアップ要因となり対応不可能であるが，スローアウェイ化を図り，単価の増加防止も考慮する
〈Sの低減手段〉
　現場への出庫，回転数量の基準の見直し例えば，1日2直稼働で使用する工具数量を，1直分に減らして，減量化を図る．
〈Tの低減手段〉
　工具寿命低減手段は，コストアップとなり対応が不可能
　ロ)消耗インターバルLを，1.0年以上として，通過品扱いに変更する
　　式4.2の分子であるC，S，Tを上げる．
〈Cの増加手段〉
　工具の刃長を増加し再研削回数をふやす，また加工中の欠損の防止と，再研削時の過剰件削をやめる．
図4.20に在庫量低減の着眼点を示すが，図中に管理区分の例を示すが，この例では消耗インターバルが0.5年未満の工具を使用高払いの委託品とし，消耗インターバルが0.5年以上から，10年までの工具を貯蔵工具としている．

　この着眼点にもとづいて改善活動を行ない，月次の在庫量の推移をつかむことが必要であり，図4.21に参考として，管理表の例を示す．

(3) 工具設計業務
(3)-1 工具図面の作成
　JISやISOあるいは，メーカーの標準品以外の工具については，工具の仕様を明確にした図面を作成して，発注管理や再研削の管理を行なうために，図番あるいはコードを系統立てて設定する必要がある．
　工具図面は，次の目的により特殊工具の要求があった場合に専用の図面原紙を用いて作成する．
- i) 新機種部品の加工
- ii) 新設備の立ち上がり
- iii) 工程変更
- iv) 工程改善(品質，加工能率)
- v) 部品の設計変更
- vi) 工具改善

　この関連部門からの要求により工具設計を行なう場合は，要求仕様を満足しているか否かの確認のために，作図が完了したら要求部門に送付してチェックを受けるようにしたい．
　この関連の業務フローを図4.22に示す．
　要求仕様を満足したら，購買を通じて業者に発注することになるが，必ず承認図の授受を行ない，ミスのない工具図面としなければならない．
　この図4.22の業務フローでの注意事項を図中の注記番号の＊印について，次に記述する．

＊1 関連部門からの工具購入依頼書は，受付台帳に記録して，誰がいつまでに処置する必要があるかを明確にすることで，要求納期を管理する．
　　受付台帳には，受付日，依頼者，依頼No，要求工具仕様，加工部品，要求納期予算処置，担当などを記入する．
＊2 設計した工具図面の原紙は，図番ごとに分類して追い番順に図面キャビネットに保管する．
＊3 設計した図面を依頼者に送付して，依頼者が要求する仕様を満足しているか否かのチェックを受ける．
＊4 要求仕様を満足していなければ，工具図面を訂正する．
＊5 再研削を必要とする工具については，工具再研削担当に送付し，図番ごとに分類して追い番順

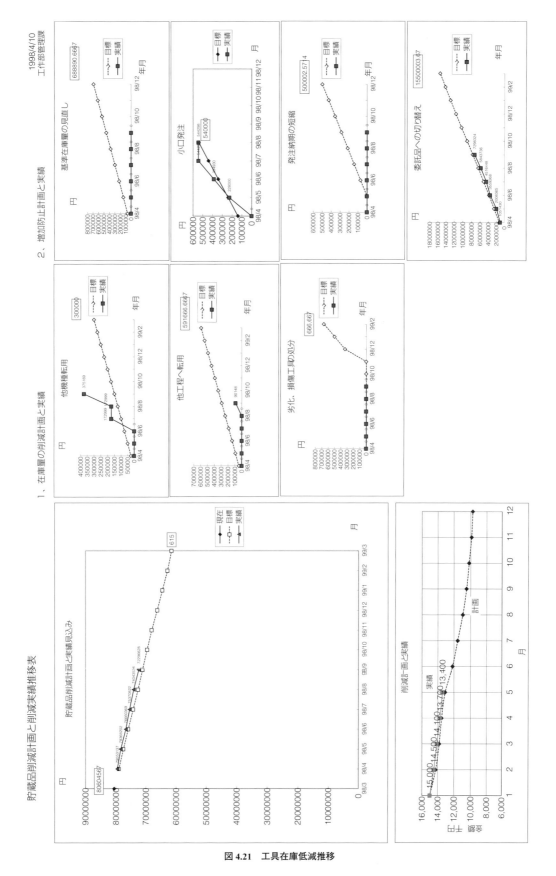

図 4.21　工具在庫低減推移

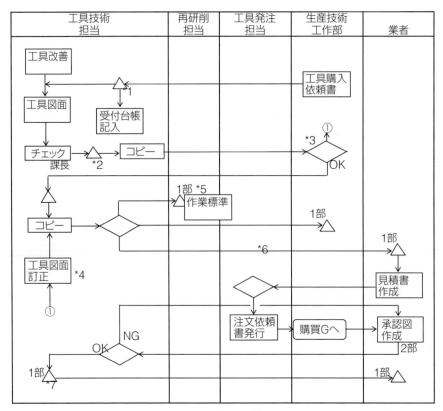

図 4.22 工具設計時の業務フロー

にファイルし,作業標準書の作成を行なう.
＊6 発注担当に配布された工具図面の一部はメーカーに送付し,一部は発注担当が保管する
＊7 OK となったメーカーの承認図は,図番ごとに分類し,追い番順にファイルし保管する.また,上記の種々要因で工具の仕様が変更となるが,仕様を変更した工具図面は確実に関係部門に配布されることが不可欠であり,変更した場合のルート標準の例を,図 4.23 に示すので参考としていただきたい.
　この工具図面の変更が行なわれた場合に,特に注意をする必要があるのは,常時再研削をしている部門と,上流である計画部門(例えば生産技術)に変更図を必ず送付することである.
　当然,再研削を外部の専門企業に依存している場合はその専門企業に,変更図を送付する必要がある.
(3)-2 工具図面用紙
　一般の製品を作図する用紙では,切削条件などを記入する欄がないため不便であり,以下の記入項目のある工具専用の用紙を準備する必要がある.
- ⅰ)図番および工具コード記入欄
- ⅱ)切削条件記入欄
- ⅲ)加工する部品の機種,品名記入欄
- ⅳ)刻印事項記入欄
- ⅴ)使用する設備名およびその設備に取り付ける数の記入欄
- ⅵ)注記記入
- ⅶ)製造メーカー記入欄

　この専用の工具図面の用紙の例を,図 4.24 に示す.

表 4.5　変更表示例

品名	変更前		変更後	
	工具コード	図番	工具コード	図番
カッタ	12004320	ZZ-432	12004321	ZZ-432A

変更内容
1) △で工具コードの最終桁を変更し、図番には A を付けて変更前と分ける
2) △訂正が生じたら、コードの最終桁は2として、図番の追い番は B とする
3) 訂正の承認は課長が行ない、図 4.23 の変更承認欄にサインを行なう

訂正の承認例

訂正 No	変更内容	訂正／承認
△×4	工程変更による	／

訂正者サイン　　承認者サイン

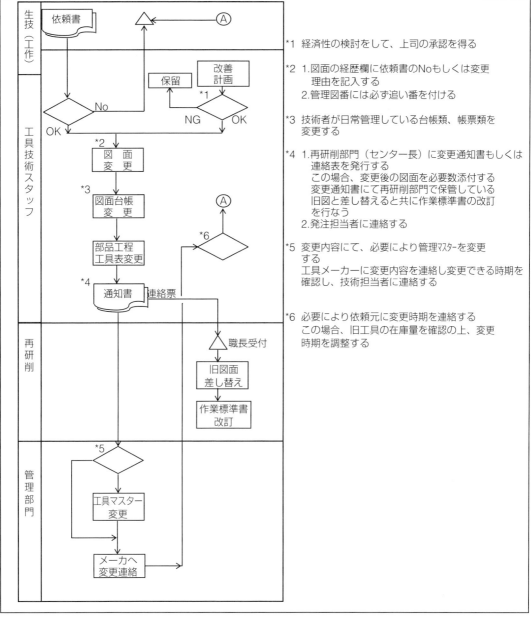

図 4.23 工具図面変更ルート標準

なお，特殊工具のうち形状が共通で寸法のみ異なる下記工具については，形状を印刷した専用の図面用紙を用いると便利である．
- ⅰ）ストレートシャンクドリル
- ⅱ）テーパシャンクドリル
- ⅲ）ステップドリル
- ⅳ）コアドリル
- ⅴ）ドリルリーマ
- ⅵ）マシンリーマ
- ⅶ）ザグリカッタ

(3)-3 工具設計変更

工具図面の訂正があった場合の業務フローも**図4.23**に沿って図面を配布する必要があり，この工具図面の訂正が生ずる場合は，以下の項目があげられる．
- ⅰ）工具改善
- ⅱ）工具クレーム対策
- ⅲ）加工部品の設計変更
- ⅳ）工程変更，改善
- ⅴ）その他再研削作業の改善などにより図面内

製造メーカー	1.	3.	5.	図番	
	2.	4.	6.		

図面経歴					
訂正No	変更内容	訂正/承認	訂正No	変更内容	訂正/承認
⚠1×		/	⚠4×		/
⚠2×		/	⚠5×		/
⚠3×		/	⚠6×		/

注記
1.両センタ・シャンク基準にて刃部の振れ　　　　以下のこと
2.切刃部　G ▽▽▽
3.JIS、メーカー相当品
4.
5.

*印 刻印事項	図番、材質、製造社名、寸法	切削条件	N : min⁻¹ / V : m/min / F : mm/min	f : mm/rev / d : mm / 切削油	適用設備	数/set

三角法	表面処理		熱処理	部	硬度		材質		
承認	検図	担当	製図	製図年月日	機種名		部品名		
図番		コード		工具名		尺度	尺度	——	サイズ

図 4.24　工具図面用紙例

容の変更を要する時

図面を訂正した場合は，図面の最終桁の次に記号を付けて，変更の有無の表示と，工具コードの変更をする必要がある．

4.5 工具部門の管理標準

(1) 工具コード体系

企業および工場の規模にもよるが，工具の種類は年々増加する傾向にある．

この工具種類の増加には，加工部品の増加，設計変更，加工工程の改善，あるいは工具の改善など様々な要因があるが，工具の増加を抑制すると改善が進まない場合もあるので，種類が増加することは一概に悪いとはいえない面がある．

当然，工具を管理する担当者にとっては種類が少ないほうが管理しやすいが，企業や工場の発展の産物と考え，その増加した工具をいかに上手く管理するかが，工具管理担当者の技術ともいえる．

このために，工具に一連の番号を付け，この番号をキーとして，発注と在庫管理を行なうことが必要となってくる．

この工具の番号化つまりコード化は，単純な一連番号でも管理できない訳でもないが，工具の種類や，形状等で体系たてたコードにすることで，処理後の管理集計および解析が可能となるので，以下に工具コード体系について8桁の例を説明する．

〈1桁目〉

工場あるいは会社で使用する備品の大分類で，工具と他の備品を区分するものであり，1は工具類，2は報告用紙類，3は鉛筆，4は油脂というように区分し，ここでは工具を，"1"とする．

〈2桁目〉

2桁目は，大分類として工具の種類を表す．

表4.6に示すように，旋削工具，フライス工具，歯切，ブローチ，穴あけ工具，研削砥石ダイヤモンド工具を，1，2，3，4，7，9と割り付ける．

〈3～4桁目〉

工具の中分類で，標準工具および専用工具の区分を行なう．

〈5～7桁目〉

細分類として，専用工具の工具番号や標準工具の一連番号あるいは寸法などを表示する．

〈8桁目〉

工程変更等で工具仕様に変更が生じたら，この8桁目で変更の追い番を付け，変更前の工具と区分する．

3桁目以降の詳細を，**表4.7～4.9**に示す．

(2) 工具図面の管理方法

JISやISOあるいは工具メーカーの標準工具については，工具図面を必要とせず，標準系列表を準備

表4.6 切削、研削工具のコードの設定方法

8桁コードの例　□□□□□□□□
　　　桁 No　1　2　3　4　5　6　7　8

桁 No	内　容
1桁目	1とする
2桁目	1 …………… 旋削工具（バイト、スローアウェイチップ、カートリッジなど） 2 …………… フライス工具（正面フライス、カッター用チップ、ブレード、他のカッタ） 3 …………… 歯切、ブローチ（ホブ、シェービング、ピニオンカッタ、ブローチ） 4 …………… 穴あけ工具（ドリル、リーマ、タップなど） 7 …………… 研削砥石（平、AG砥石、CBN砥石など） 9 …………… ダイヤモンド工具（ドレッサ）
3～4桁目	標準工具、専用工具の区分および工具中分類
5～7桁目	細分類 　イ）専用工具の工具番号 　ロ）標準工具の一連番号 　ハ）標準工具のテーブル 　ニ）標準工具の寸法
8桁目	変更番号

表 4.7 上3桁コード

旋削関係 11：切削工具①			フライス関係 12：切削工具②			歯切関係 13：切削工具③			穴あけ関係 14：切削工具④		
上3桁	分類	品目 or 図番	上3桁	分類	品目 or 図番	上3桁	分類	品目 or 図番	上3桁	分類	品目 or 図番
110	標準バイト	超硬バイト	120	フライス	標準正面フライス	130			140	標準ドリル	JISストレートテーパドリル
111	専用バイト	CB、BB、BH FB	121	フライス	専用正面フライス	131	ホブカッタ	HB	141	専用ドリル	TD、SD
112	標準バイトホルダ		122	フライス	標準ブレード	132	ピニオンカッタ	GS	142	ステップドリル	STD
113	専用バイトホルダ	BH	123	フライス	専用ブレード	133	シェービングカッタ	SV	143	ガンドリル ガンリーマ ドリルリーマ	GD GR DR
114	標準カートリッジ		124	フライス	フライス用スローアウェイチップ	134			144	センタードリル	OD JIS標準
115	専用カートリッジ	CT	125	エンドミル	標準エンドミル	135	スプラインブローチ	SP	145	標準リーマ	
116	三角スローアウェイチップ		126	エンドミル	専用エンドミル	136	キーブローチ	KB	146	専用リーマ	MR
117	四角スローアウェイチップ		127	フライス	ザグリカッタ	137	鋳鉄用サーフェース丸ブローチ	SB	147	標準タップ 1級	
118	他のスローアウェイチップ		128	フライス	その他のカッタ	138	鋼用サーフェース丸ブローチ	SB	148	標準タップ 2級	
119	旋削工具用部品	敷き板ビス等	129	フライス工具用部品	敷き板押さえ金	139			149	専用タップ	ST

すればよいが，専用工具については必ず自社の用紙に工具形状，仕様を明記した工具図面をそろえる必要がある．

この工具図面の管理は

- i) CAD図面は，工具種類，番号，メーカー，使用ライン，加工部品などで検索可能とする
- ii) 手書きのものは，専用のキャビネットに工具種類別，図番別に保管する可能であれば，スキャナで読み込み，パソコンに保管する
- iii) メーカーの承認図には社内の図番を付記し，-2)項と同じく番号順にキャビネットに保管あるいは，スキャナで読み取り保管する
- iv) 専用の工具図面は，工具再研削用として工具室にコピーして渡し，工具室は専用の棚に図番別にファイリングする．

また，発注担当と図面を作成する技術担当とが場所が離れている場合は，コピーを送付し，発注担当は図番別にファイリングする．

(3) 工具集配

加工部門で使用する工具は，作業者が工具の管理

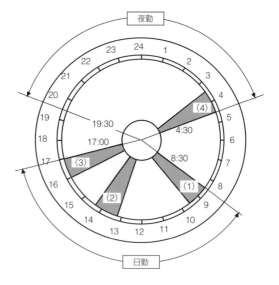

回配送時間
(1) 朝　8：30～9：30
(2) 昼　13：15～14：15
(3) 夕　16：00～17：00
(4) 夜　3：30～4：30

図 4.25 集配ダイヤ例

表 4.8　工具コード体系の 3 ～ 8 桁コード

上二桁	工具品目	3桁	4桁	5桁	6桁	7桁	8桁	専用図番	備考
11 旋削工具	標準バイト	0	テーブル①				0		4桁目：メーカー区分
	専用バイト（外径用）	1	1	図番			変更番号	CB	
	専用バイト（内径用）	1	2	図番			変更番号	BB	
	専用完成ハイスバイト	1	3	図番			変更番号	HB	
	専用総形超硬バイト	1	4	図番			変更番号	FB	
	専用総形ハイスバイト	1	5	図番			変更番号	FB	
	標準バイトホルダ	2	テーブル①	追番					
	専用バイトホルダ	3	0	図番			変更番号	BH	
	標準カートリッジ	4	1	テーブル①	追番				
	標準μユニット	4	6	テーブル①	追番				
	専用カートリッジ	5	1	図番			変更番号	CT	
	専用μユニット	5	6	図番			変更番号	MU	
	スローアウェイチップ（三角）	6	内接円記号	厚み記号	逃げ角精度テーブル②	一連番号			
	スローアウェイチップ（四角）	7	内接円記号	厚み記号	逃げ角精度テーブル②	一連番号			
	スローアウェイチップ（他）	8	内接円記号	厚み記号	逃げ角精度テーブル②	一連番号			
	標準部品	9	テーブル③	一連番号					4桁目：ネジ、敷板などの区分
	専用部品	9	テーブル③	一連番号				ZL	

上二桁	工具品目	3桁	4桁	5桁	6桁	7桁	8桁	専用図番	備考
12 フライス工具	標準エンドミル	5	テーブル④		径×10		0		テーブル：シャンク、材質、刃形
	専用エンドミル	6	0	図番			変更番号	EC	
	標準正面フライス	0	テーブル⑤	一連番号					
	専用正面フライス	1	テーブル⑤	図番			変更番号	FM	
	標準ブレード	2	テーブル⑤	テーブル①	一連番号				
	専用ブレード	3	テーブル⑤	図番			変更番号	BC	
	スローアウェイチップ	4	0	一連番号					
	ザグリカッタ	7	0	図番			変更番号	ZC	
	その他のカッタ	8	カッタ区分	図番			変更番号		
	標準部品	9	テーブル⑥	一連番号					4桁目：ネジ、敷板などの区分
	専用部品	9	テーブル⑥	一連番号				ZL	

上二桁	工具品目	3桁	4桁	5桁	6桁	7桁	8桁	専用図番	備考
13 歯切・ブローチ	ホブカッタ	1	テーブル⑦		一連番号			GH	4桁目：モジュール
	ピニオンカッタ	2	テーブル⑦		一連番号			GS	5桁目：圧力角、勝手
	シェービングカッタ	3	テーブル⑦		一連番号			SV	
	スプラインブローチ	5	テーブル⑦	0	一連番号			SP	
	キーブローチ	6		幅寸法×100				KB	
	FC用サーフェースブローチ	7	0	一連番号			変更番号	SB	
	鋼用サーフェースブローチ	8	0	一連番号			変更番号	SB	

上二桁	工具品目	3桁	4桁	5桁	6桁	7桁	8桁	専用図番	備考
14 穴あけ工具	標準ドリル	0	テーブル⑧		径×10		0		テーブル：シャンク、材質
	専用ドリル	1	テーブル⑧	図番			変更番号	SD, TD	
	ステップドリル	2	テーブル⑧	図番			変更番号	STD	
	ガンドリル	3	1	図番			変更番号	GD	
	ガンリーマ	3	3	図番			変更番号	GR	
	ドリルリーマ	3	6	図番			変更番号	DR	
	センタードリル JIS I 型	4	0 / 1	小径×10			0		5桁目＝0：HSSドリル / 5桁目＝1：WCドリル
	センタードリル JIS II 型	4	2	小径×10			0		
	センタードリル 専用	4	3	図番			追番	OD	
	標準リーマ	5	テーブル⑨		径×10		0		テーブル：形式、材質
	専用リーマ	6	テーブル⑨	図番				MR	
	標準タップ 1級	7	テーブル⑩		径		番数		4桁目：メートル、ユニファイ 5桁目：インターラップテッド、スパイラルなど
	標準タップ 2級	8	テーブル⑩		径		番数		
	専用タップ	9	テーブル⑩	図番			追番	ST	

表 4.9　標準工具の 4〜8 桁テーブル(1)

テーブル①　標準バイト

第4桁		第5桁	第6桁	第7桁	第8桁
0	JIS標準				
1	A社		形式番号	サイズ番号	0
2	B社				
3	C社				
4	D社				
5	E社				
6	F社				
7	G社				
8	H社				
9	I社				

テーブル②　スローアウェイチップ

第4桁	第5桁	第6桁 逃角	第6桁 精度	第7桁	第8桁
CIS内接円記号 溝入れは0	CIS厚み記号	1　C	P級		
		2	他		
		3　E	P級	一　連　番　号	
		4	他		
		5　N	P級		
		6	他		
		7　P	P級		
		8	他		
		9	他		

テーブル③　旋削工具部品

第4桁			第5桁	第6桁	第7桁	第8桁
0	標準	敷き板				
1		ロックピン				
2		クランプネジ				
3		クランプ駒		一　連　番　号		
4		その他				
5	専用	敷き板				
6		ロックピン				
7		クランプネジ				
8		クランプ駒				
9		その他				

テーブル④　標準エンドミル

第4桁			第5桁	第6桁	第7桁	第8桁
0	直刃	S-HSS				
1		S-WC		径(0.1まで)×10		0
2		T-HSS				
3		T-WC				
4		その他				
5	ネジレ	S-HSS				
6		S-WC				
7		T-HSS				
8		T-WC				
9		その他				

注) S：ストレートシャンク　T：テーパシャンク

テーブル⑤　標準正面フライス

第4桁			第5桁	第6桁	第7桁	第8桁
0	FC用	S-HSS				
1		S-WC		一　連　番　号		0
2		T-HSS				
3		T-WC				
4		その他				
5	鋼用	S-HSS				
6		S-WC				
7		T-HSS				
8		T-WC				
9		その他				

表 4.9　標準工具の 4～8 桁テーブル(2)

テーブル⑥　フライス工具用部品

第 4 桁		第 5 桁	第 6 桁	第 7 桁	第 8 桁
0	標準 ロケータ				
1	押金	― 連 番 号			
2	ボルト				
3	クサビ				
4	その他				
5	専用 ロケータ				
6	押金				
7	ボルト				
8	クサビ				
9	その他				

テーブル⑦　ホブ、ピニオン、シェービングカッタ

第 4 桁		第 5 桁		第 6 桁	第 7 桁	第 8 桁
0	M1.5	0	14.5RH			
1	M1.667	1	14.5LH	― 連 番 号		
2	M2.5	2	20RH			
3	M3	3	20LH			
4	M3.25	4				
5	M3.5	5				
6	M4	6				
7	M4.5	7				
8	M5.5	8				
9	その他	9				

テーブル⑧　ドリル

第 4 桁		第 5 桁	第 6 桁	第 7 桁	第 8 桁
0	S-HSS				
1	S-WC	径（0.1 まで）× 10			0
2	T-HSS				
3	T-WC				
4	その他				
5	マルチ				
6	NP ドリル				
7	特 A				
8	特 B				
9	特 C				

テーブル⑨　リーマ

第 4 桁			第 5 桁	第 6 桁	第 7 桁	第 8 桁
0	HSS	マシンリーマ				
1		ハンドリーマ		径（0.1 まで）× 10		0
2		シェルリーマ				
3		テーパリーマ				
4		その他				
5	WC	マシンリーマ				
6		ハンドリーマ				
7		シェルリーマ				
8		テーパリーマ				
9		その他				

テーブル⑩　タップ

第 4 桁		第 5 桁		第 6 桁	第 7 桁	第 8 桁	
0	メートル並目	0	テーパ			0	
1	メートル細目	1	ストレート	径　メートル：整数		1	1 番タップ
2	メートル極細目	2	スパイラル	インチ：○/16		2	2 番タップ
3	メートル超細目	3	スパイラルポイント			3	3 番タップ
4	UNC	4	インターラップ			4	
5	UNF	5	ヘリサート			5	
6	PT	6	ナットタップ			6	
7	NPTF	7				7	
8	PS	8				8	
9	その他	9	その他			9	その他

部門に出向いて受け取る方法では，作業者が移動している間は，機械が停止する可能性があり，ライン稼働率が低下する恐れがある．

従って，ラインに専用の集配ステーション（棚）を設置して，工具室の担当者が再研削した工具と加工部門で使用した工具を専用の集配車で回収送することで，ライン稼働率の低下を防ぎ，生産ラインの安定化を図る必要がある．

〈集配時間〉

ラインで使用する工具の種類，量を考慮して，回配送回数を決め，集配車の運行時間（集配ダイヤ）を定めて各加工部門に連絡しておく．

この集配ダイヤの例を，**図 4.25** に示す．

この例は，一日4回の回配送をするように設定されているが，夜勤で使用する工具は(3)の16時から17時の間に各加工ラインに配送して，(4)の4時から5時に夜勤で使用した工具を回収している．

このように，必ず夜勤の最後に工具を回収することが大切であり，工具室の再研削作業が，朝8時からスムーズに着手可能となる．

回配送時間の設定のポイントとして，次の点を考慮する必要がある．

＊加工部門に出庫している回転数量に対して，加工して摩耗した工具が工作現場に1/3以上停滞しないように回収する

＊再研削部門の仕事量に大きな波のないように回収する．このためには回配送ルートを決めておき，必ずそのルートを通り，回収モレのないように注意することと，工作の作業者に使い終わった工具は必ず，早めに回収棚に置くことを守らせる必要がある．

特に，前日もしくは，夜勤の最終時間帯に回収し，朝一番の作業がすぐに着手できるように回収する

＊加工部門で使用する工具が不足しないように配送する．工作への出庫回転数量を把握して，回収した数量がその回転数量の2/3以上にならないように管理し，万一2/3以上の再研削待ちが発生したら，最優先で研削作業するように指示する必要がある．

この集配管理は，工具の種類が増加すると非常に手間のかかる作業となるため，できるだけ，工具の種類が増加しないようにすることと，回配送のタイミングをパソコン上でキャッチするシステムを構築することも必要である．

〈集配車〉

回配送車は，工場内を走行するため，なるべく排気ガスが発生しないバッテリ車とし，工具積載スペースの広いものと，運転者が乗り降りがしやすい無扉のオープンタイプが望ましく，その一例を以下に示す．

・ガソリン式積載車 富士重工業社製モートラックCG23型（積載重量 2t）
・バッテリ式積載車 富士重工業社製モートラックMCB12型（積載重量 2t）

(4) スローアウェイカッタのプリセット分担

加工部門で使用する工具は，ある一定の時間加工すると寿命となり交換が必要となるが，交換する際に工具の取り付け長さを一定にセットする必要がある．工具の取り付け長さが一定でないと，マシンの主軸先端を調整するか，もしくはプログラムで補正を入れる必要があるため，一定の長さにセットするのが通常であるが，この工具のプリセットには大きく分けて次の作業がある．

1) ドリルやタップを所定の長さに設定してツールホルダにセッティングする
2) スローアウェイカッタなどのスローアウェイ工具に使い終わったチップを取り外し，新たなチップをカッタ本体に取り付ける

この摩耗した工具を，新たな工具と取り変える場合のプリセット作業の方法は

1) 機上でプリセットする
2) 機外でプリセットする

があるが，プリセット作業者については

1) 加工作業者がセットする
2) 専門のプリセットマンがセットする

で，そのラインまたは工程の特徴によって，どこで誰がセットしたら効率的かを選択する必要がある．

その例を，**表 4.10** に示すが，作業者に手待ち時間

表 4.10 工具のプリセット分担

区分	プリセット作業者	工程の特徴				
		作業に手待ち時間がある	ピッチタイムに余裕がある	プリセットと治具の段取りなどを同時に行なう	ラインの稼働率重視	プリセット精度の信頼性向上
機上	加工作業者	○	○	×	×	×
	専任プリセットマン	△	○	○	×	○
機外	加工作業者	○	△	×	○	×
	専任プリセットマン	△	△	○	○	○

○：採用　　×：やめるべき
△：必要性が少ない　　枠内：推奨

1. ライン稼働率優先の場合
 (1) 鋳鉄用カッタ (NT=2D+2)　(2) 鋼用多刃カッタ (NT=11/6D)　(3) 鋼用一般カッタ (NT=D+2)

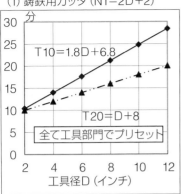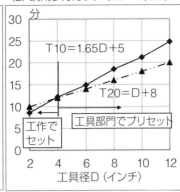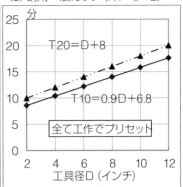

2. ライン稼働率無視の場合（対象工程に余裕がある場合）
 (1) 鋳鉄用カッタ (NT=2D+2)　(2) 鋼用多刃カッタ (NT=11/6D)　(3) 鋼用一般カッタ (NT=D+2)

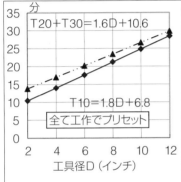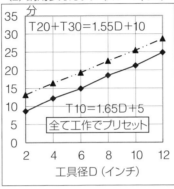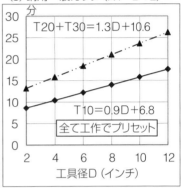

D>19インチでは、工具管理部門でプリセット

(1) 工作部門でセットする場合の工作の
　　負荷工数
　$T_{10}=\Sigma T_{1i}=T_{11}+T_{12}+T_{13}+T_{14}+T_{15}$
　　$=0.9NT+5$ (min/回)

　　T11：チップ取り外し　0.2 min/刃
　　T12：エアブロー　　　0.1 min/刃
　　T13：チップ取付　　　0.3 min/刃
　　T14：刃ブレ測定　　　0.3 min/刃
　　T15：寸法確認　　　　5 min/回
　　NT：対象カッタの刃数

(2) 工具管理部門でセットする場合の工作
　　の負荷工数
　$T_{20}=\Sigma T_{2j}=T_{21}+T_{22}+T_{23}+T_{24}$
　　$=D+8$　　　(min/回)

　　T21：カッタ取り外し　0.5 min/D
　　T22：清掃　　　　　　3 min/回
　　T23：予備カッタ取付　0.5 min/回
　　T24：寸法確認　　　　5 min/回
　　D：対象カッタ径（インチ）

(3) 工具管理部門でセットする場合の工具の
　　負荷工数
　$T_{30}=\Sigma T_{3k}=T_{31}+T_{32}+T_{33}+T_{34}+T_{35}+T_{36}$
　　$=0.3NT+2$ (min/回)

　　T31：回収　　　　　　1 min/回
　　T32：チップ取り外し　0.1 min/刃
　　T33：エアブロー　　　0.05 min/刃
　　T34：チップ取付　　　0.1 min/刃
　　T35：刃ブレ測定　　　0.05 min/刃
　　T36：配送　　　　　　1 min/回

図 4.26　スローアウェイカッタのプリセット分担区分

がある場合は作業者にセットさせるべきであり，さらにその工程のピッチタイムがネックでなく余裕があれば，機上でのセットでもよいが，理想は機外で専門のプリセットマンにセットさせることで，セットの精度が安定し工具寿命の低下の防止を図ることができる．

この機外でプリセットすることで，機械の稼働率を維持することができるので，できるだけ機外でのセットを薦める．

これらの理由から，表 4.10 の太線内での作業を推奨する．

ただし，スローアウェイカッタのように，刃数が多くてセット工数がかなり掛かる場合は，そのセット時間でどちらが，よりロスが少ないかを検討して決める必要もある．

図 4.26 にその例として，プリセットするカッタの径と刃数により，工作部門でセットする場合と工具部門（専任プリセットマン）でセットする場合のどちらが有利かの分岐を示す．この図 4.26 から，どちらの部門でセットしたほうが有利かが判る．

・鋳鉄を加工するカッタは刃数が多く，カッタ径に関係なく，工具部門でセットするほうが有利
・鋼加工用のカッタは，刃数が径多いもの（刃数が径の 11/6 倍）では，カッタの径が4インチ以上は

143

工具部門でセットし，4インチ未満のカッタは工作部門でセットする
・一般的な刃数の鋼用のカッタはすべて工作部門でセットする
・セット対象カッタを使用する工程が，時間的に余裕があれば，つまりライン稼働率を考慮する必要がない場合は，鋳鉄加工用で，カッタ径が19インチ以上のものは，工具部門でセットし，それ以外のカッタはすべて工作部門でセットする．

ただし，上記はあくまでも時間的な尺度での判定基準であり，セットの精度を維持し，工具の寿命の安定化をはかる必要があれば，すべて工具部門で専任のプリセットマンがセットすべきである．

(5) 工具再研削作業の実績集計と分析

工具の再研削作業は，一般の部品加工と比べて標準工数を設定しても，刃先の損傷状況により，作業時間が大きく異なるため，実績工数/標準工数の消化率計算をしても誤差が発生するので，一般的には実績工数を把握して，生産量と対比しながら工数管理や，操業度計算および人員計画をたてるケースが多い．

1) 工数予測

$$To = \Sigma(Tj \times Na/Nj) \quad H/月 \quad \cdots\cdots\cdots\cdots \quad 4.3$$
　　To：予測工数

　　Tj：過去6か月の機種別実績工数
　　Nj：過去6か月の機種別実績生産量
　　Na：機種別計画生産量

実績工数を機種別に把握できない場合は，部門別もしくはライン別でもよいが，できるだけ，小区分に分けて集計管理することが望ましいが，小区分できない場合は，工場全体での集計でもやむを得ないが，肝心なのはまず，工具管理部門の実績工数を把握することである．

この，To を算出して，大幅に変動が生ずるようであれば人員の増減を考え，少しの変動なら，残業にて調整する形となる．

2) 実績工数の把握

工具再研削作業の実績工数の集計は，工具の種類と数量が多く手間のかかる作業であり，次の方法がある．

＊作業日報に作業実績を記入させ，機種別，工具別の集計をする
＊作業日報の記入と集計の効率化のために，作業実績集計システムを構築して活用する

この作業実績集計システムの例を，図4.27〜4.29に示す．

図4.27 は，実績集計システムでの作業者のデータの取り込み状況を示す．

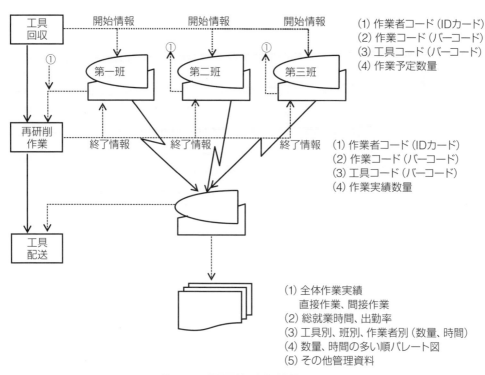

図4.27　工具再研削作業実績集計システム

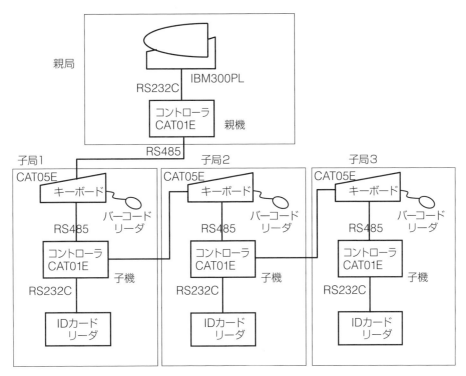

図 4.28　工具再研削作業管理システム　ハードウエア構成

工具を回収したら，再研削作業を始める前に，開始情報として，作業者に配布してある ID カードをカードリーダで読み込み，次にこれから行なう作業内容のコードと作業する工具コードをバーコードにて読み込み，作業する予定数量をキーインする．

再研削作業が終了したら，終了情報として，開始の時と同じように，誰が（作業者コード），何を（作業コード，工具コード），いくら作業したかの情報をパソコンに取り込む．これらの情報をもとに，工具の再研削作業の維持管理に必要な管理資料を集計するものが工具の再研削作業実績集計システムである．

この実績集計システムのハード構成を図 4.28 に示すが，作業エリアが広い場合は，図のように作業者の近くに，親機から分配した子機を複数個（子局 1～3）設置し，作業者がデータをインプットするのに，ムダな移動をさせないようにする配慮が必要である．

図 4.29 は，このシステムで集計する管理資料であるが，以下にまとめを示す．

＊日次処理
- i) 作業者別，工具別の当日の作業実績時間，数量リスト
- ii) 班別，工具別の当日の作業実績時間，数量リスト

＊月次処理
- i) 作業者別，工具別の当月の作業実績時間，数量リスト
- ii) 班別，工具別の当月の作業実績時間，数量リスト
- iii) 間接作業の内容別工数
- iv) 出勤率，稼働率，直間比率の就業状況
- v) 一か月の作業内容で，作業内容別の上位から多い順のパレート図
- vi) 一か月の作業内容で，工具別の作業時間および数量の上位から多い順のパレート図

これらの管理資料をもとに，次の検討を行なうことが大切である．
- i) 当月の作業実績が，過去の実績と比べて異常の有無
- ii) 異常があれば，加工部門の工程に何らかの問題点があるために，工具寿命が短くなっている可能性があり，その調査と対策
- iii) 作業者別の仕事量の偏りの有無
- iv) 間接作業で，ムダなものがないか，その対策はどうするか
- v) 作業実績で工数，数量が多い工具の再研削作業での改善が図れないか
- vi) 作業実績で工数，数量が多い工具の加工部門で

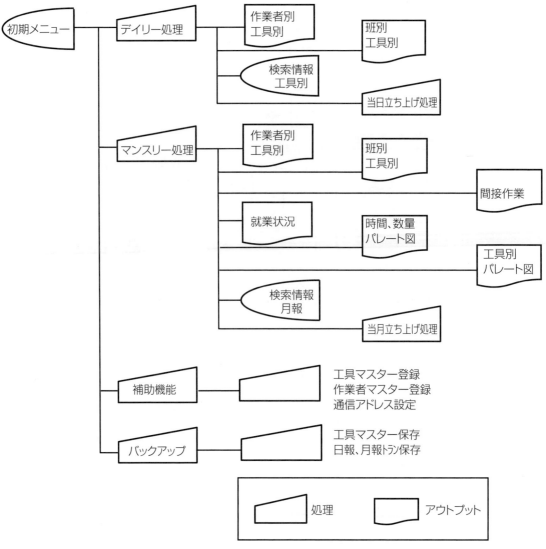

図 4.29 作業管理システムの処理 / 管理資料

の工具寿命を延ばすことができないか
-vii) 翌月以降の仕事量の予測と，残業計画の策定
(6) 工具発注・予算・在庫管理

工具管理で最も手間がかかるのが，工具の発注と在庫管理である．発注については，新設備を導入する時に使用する立ち上り用工具と，設備が稼動して通常の生産加工にて消耗する工具との，二通りの管理が必要となる．また，消耗した工具の補充をスムーズに行わないと使用する工具が不足してラインの稼動ができなくなる危険があるので，適量の在庫を必要とする．

この項では，これらの工具の発注と在庫管理および予算管理について述べる．
1) 立ち上り用工具の発注手順

立ち上り用の工具を発注するタイミングは，**図 4.1**と **4.21** にて述べたように設備を計画する部門，一般的には生産技術部門からの調達依頼をもとに過去の技術上のノウハウを織り込んで社内で設計したものを発注するのであるが，その発注の手順を図 4.29 に示す．

この**図 4.30** にて，生産技術からの調達依頼にて社内の在庫品が使用できない工具で新規に工具設計をしたものは，3 社以上から見積もりを取り寄せ，なるべく安いメーカーを採用する．立ち上り用の工具の予算処置は，半期予算で行ない，高価(一般に 1 万円以上) でその工具の耐用年数が 1 年以上であるものについては，設備予算で処理すべきである．

ただし，1 万円以下でも社内の規定で設備に取り付

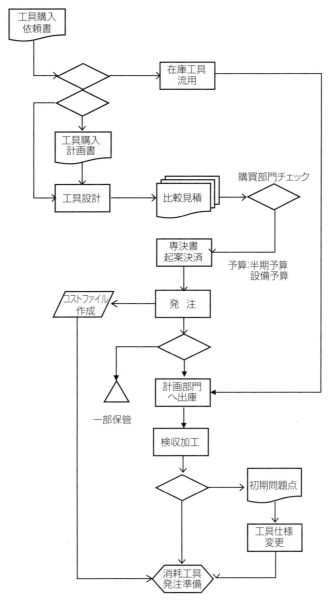

図 4.30 立ち上り工具発注手順

ける1セット分については,設備予算で処理し,2セット目以降について半期予算で処理する例もある.

この段階で工具の価格を決め,コストファイルを作成して工具原単位の設定や,消耗補充の時に参考とするデータベースを整備しておく必要がある.

立ち上り用工具は,設備の検収加工の時に発生した問題点を初期流動として把握し,工具の仕様に反映して設備稼働時までに,問題点を解決しておかなければならない.また,立ち上り用工具の準備は短納期となるケースが多いが,計画部門である生産技術に対して工具別の納期リストを定期的に発行し,なるべく余裕のあるスケジュールで調達依頼をするように指示しておくことも必要である.

表4.11に立ち上がり用工具の手配数量の例を参考として示すが,加工中に欠損しやすい工具は多めに準備しておかないと,機械の検収加工の時,トラブルがおきるとライン稼働時に使用する工具が不足する場合もあるので,**表4.11**を参考として,社内の実情に合わせて手配標準数を決めておくことが大切である.

2) 消耗工具の発注手順

消耗工具の発注は,出庫した後ある一定の在庫数

147

表4.11 立ち上り用工具の手配数量

No	工具名	準備数	備考
1	バイトホルダ	3	
2	チップ	1ケース	
3	フォームドカッタ	3〜5	
4	ミーリングカッタボディ	3	
5	ホブカッタ	3	
6	シェービングカッタ	2	
7	ブローチ	3	消耗が多いと予測される工具は増加する
8	ドリル	3〜5	
9	リーマ	3〜5	
10	タップ	3〜10	
11	ガンドリル	10〜15	
12	砥石	2	
13	その他	3	

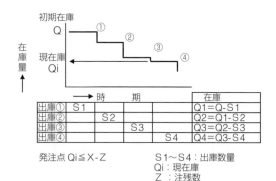

図4.32 発注判断の考え方

発注点 $Qi \leq X - Z$
$S1〜S4$：出庫数量
Qi：現在庫
Z：注残数
X：管理数値（表4.12参照）

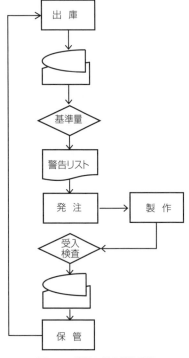

図4.31 消耗工具の発注手順

理システムをを運用すれば，表に示すように工具別の発注点と発注量を決めておき，最低在庫量を下回ったものを抽出することで発注警告リストを自動的にアウトプットし，何をいつまでに何個発注すべきかを，容易に管理することができる．

表4.12はあくまでも参考としての一例であり，自社の過去の入出庫実績に合わせて，工具別に木目細かな管理数値を決めていただくことで，正確な発注警告リストを得ることが可能となる．

3）予算管理

工具を発注し納入した物については納入業者ないしはメーカーに代金を支払うことになるが，工具費は一般の企業では変動費として管理しており，当然予算枠があるわけで，むやみに発注できない．

しかし予算がないからといって工具を発注しなければラインで使用する工具が不足し，生産停止を招く危険性もあるので，予算内で必要な在庫量を確保しなければならない発注管理はむずかしく，特に予算管理は非常に大事な業務といえる．

まず一番重要なことは，期初に工具原単位を適正に策定することであるが，この策定方法については後で述べるので，この項では適正な原単位が策定された後の日常の予算管理について説明する．

図4.33に予算管理の手順例を示すが，月次管理として当月の予算と出庫の実績を対比し，超過の恐れのある時は発注・出庫抑制をすることも必要であるが，仮に予算超過の可能性があっても，加工現場に出回っている回転工具に不足もしくは在庫切れが発生すると考えられる場合は，発注・出庫をしなければならないが，その予算超過の原因を調べて翌月以降に挽回するようにしたい．

以下に，その手順を説明する．

（i）**図4.33**で，期初に部門別の工具原単位を策定し

これを下回った場合に行ない，この手順を**図4.31**に示すが，基準数量（最低在庫量）に達した工具をいかに漏れなく検索するかが大切で，工具は種類が多く，この検索漏れにより在庫の不足を招きやすいものである．発注の判断をするために，図の発注警告リストを社内の実情に合わせ，できるだけ正確なものを検出するしくみが必要となる．

この発注判断の考え方の一例を**図4.31**と**表4.12**に揚げるが，後で説明するようにパソコンにて発注管

表 4.12 基本計算式の例

区分	細区分	単価	出庫数	発注点	発注量	対象工具例
I	－1	@≧10,000	n≧10	Qi+Z<X=n×(L+0.5)	Y=n	特殊工具
	－2		n<10	Qi+Z<X=3n	Y=n	フォームドカッタ
	－1	@<10,000	n≧25	Qi+Z<X=n×(L+0.5)	Y=n	ガンドリル
	－2		n<25	Qi+Z<X=n×L	Y=2n	ガンリーマ他
II	－1		m≧20	Qi+Z<X=m	Y=m	歯切り工具
	－2		m<20	Qi+Z<X=0.5m	Y=m	ホブカッタ、ブローチ
III	－1		P≧50	Qi+Z<X=P×(L+0.5)	Y=P	標準工具
	－2		P<50	Qi+Z<X=2P	Y=P	チップ、JISドリル
IV	－1	@≧1,000	j≧30	Qi+Z<X=j	Y=j	特殊工具
	－2		j<30	Qi+Z<X=10	Y=j	ドリル、リーマ
	－1	@<1,000	j≧20	Qi+Z<X=10	Y=2j	カッタ他
	－2		j<20	Qi+Z<X=10	Y=10	
V	－1		K	要求時特別管理	個別設定	特異工具

注
出庫数（月平均）
n　過去6か月間の出庫数の平均 +0.6
m　（月間最大出庫数＋最少出庫数）×0.5+0.6
P　過去6か月間の出庫数の平均
j　（月間最大出庫数＋最少出庫数）×0.5
k　特別管理

@：単価（円）
Qi：現在庫数（個）
Z：注残数（個）
X：発注点（個）
Y：発注量（個）
L：納期（月）

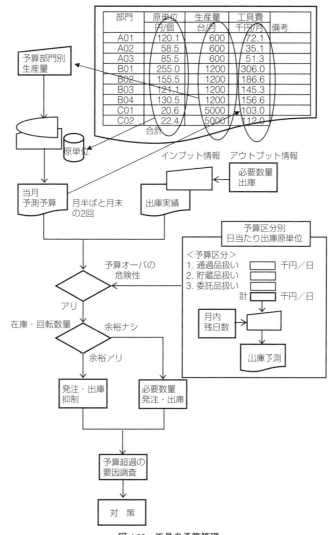

図 4.33　工具の予算管理

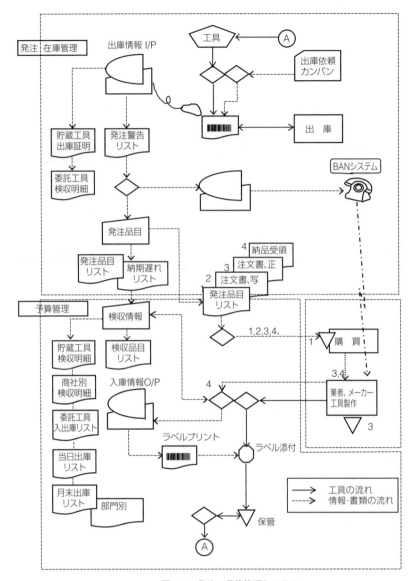

図 4.34　発注・予算管理システム

てファイルに登録しておき，月初に計画生産量を取り込むことで，当月の部門別の工具予算を把握する．
(ii) 月の半ばに，それまでの出庫実績と予算を対比し超過状況を確認する．
　もちろん，日ごとに生産実績を簡単に取り込むことができる体制があれば，毎日の出庫実績とその日までの予算とを対比することがベストである．
(iii) 先月までの出庫実績を予算区分別に，例えば通過品，委託品，貯蔵品別など，一日当たりの出庫原単位を把握しておく．
(iv) 月半ばに予算の超過状況を確認するとき，その日から月内予算〆切日まで，あと何日かを計算し，(iii)項の出庫原単位との積でこれからの月内の出庫金額を予測する．
(v) 出庫予測を含めた月間予測金額と当月予算とを対比し，予算オーバの危険性が考えられるようなら，一時的な出庫抑制を行なう．

　以上のように，月初に当月予算を把握することと，予算区分別の日当たり出庫原単位を把握しておくことが，管理のポイントであるといえる．

4) 工具管理システム

　工具は種類が多く，出庫数量も不安定のため，できれば管理システムを構築し，その運用を行なうことで，必要以上の在庫を持たず，効率的な管理をす

ることを薦める．その一例を**図4.34**に揚げるが，パソコンに入出庫のデータを取り込む場合，バーコードを有効に活用して，管理工数をできるだけ少なくしたい．

まず，出庫依頼に基づきバーコードにて，使用職場と工具番号を読み取り，出庫数量を入れることで，(6)-2)消耗工具の発注手順の**図4.31**と**表4.12**にて説明した発注点を自動で検索し，在庫が基準数量に達した工具を発注警告リストとしてアウトプットする．

この発注警告のリストについて，発注担当者の判断を織り込み発注品目を決める．

つまり，発注警告リストに載っても，中には生産量が極端に落ちたものや，生産中止になったものも含まれている場合があるので，発注担当者が選り分けする必要がある．

発注すべき品目が決まれば，BANシステムで自動発注をかけることができるのが理想であるが，残念ながら現状はすべての工具商社がこのシステムを構築しているわけでないので，パソコンにキーインして発注伝票を発行して購買部門経由で各業者やメーカーに発注指示をかける．

このシステムの発注・在庫管理では次の情報がほしい．
i) 予算区分別出庫明細
　委託工具の出庫明細は月末にまとめて，検収明細に兼用する．
ii) 発注警告リスト
iii) 発注品目リスト
iv) 納期遅れリスト

発注指示がでると，各業者およびメーカーは工具を製作したら，納品時に受入検査を受け，合格した工具について，ユーザーの工具番号をバーコードにプリントアウトし，工具に張りつけ，指定の場所に納入する．この入庫情報をもとに月末にまとめて，各ラインベつの出庫情報を自動集計して管理指標として活用する．
i) 検収品目リスト
ii) 予算区分別検収明細
iii) 業者(商社)別検収明細
iv) 当日，月末出庫リスト
v) 部門別出庫，検収金額
などを得ることのできる管理システムを構築することで，工具管理の効率化を図る必要がある．

5) 在庫管理

工具の在庫量はなるべく少ないほうがよいが，加工機械の故障や加工ワークの被削性の変化で破損が発生したり，工具寿命が極端に短くなることがあり，出庫量が大幅に変動するため，在庫量の設定は多めになる傾向にあるが，**表4.12**の発注点と発注量を管理すれば，ムダを少なくすることが可能である．

発注点や発注量については，学識者がいろいろな式を設定して説明しているが，組立て部品のように生産量にフィットさせてコントロールするものと違って工具の場合は消耗量が変動しやすく，一般式では管理しきれない場合が多い．従って，表4.12に示したような自社にあった式を自分でつくることが大切であり，場合によってはある一定期間たったらミスマッチの部分を探して修正することも必要となる．

また，簡便法としては，工具別に最低在庫数を決めて，その数値に達したら発注する方法も考えられるが，この最低在庫数の決め方としては，過去数ヵ月(少なくも6か月)の平均出庫数に，出庫のバラツキを考慮して標準偏差の3倍をプラスし，さらにある程度の調整を織り込んで決めることで在庫コントロールを行なうことも可能である．

工具の現品管理方法については，管理担当者が管理しやすい方法をとればよいが，いくつかの例について(8)の工具保管倉庫の新しい形態の項で説明する．

(7) 工具予算の策定方法

工具を調達する場合，新設備導入時の立ち上り用の新規工具は，設備の導入計画に合わせて半期もしくは年間予算として申請し，消耗補充用の工具は生産量に比例して消耗するため変動費として管理するのが一般的である．従って，原単位を策定する必要がある．

この原単位の策定にあたり，管理しやすい単位を設定すべきであるが，一般的には次の単位を採用する場合が多い．
i) 製品一個加工するのに，いくらの工具費がかかるか　　　　　　　　　　　　　　　　　円/個
ii) そのラインの作業者が一時間作業すると，いくらの工具費がかかるか　　　　　　　　円/H
iii) ラインもしくは設備が一時間稼動すると，いくらの工具費がかかるか　　　　　　　　円/H
iv) 工場全体で，一時間稼動すると，いくらの工具費がかかるか　　　　　　　　　　　　円/H

この内，i)の個数原単位を設定するのが理想であ

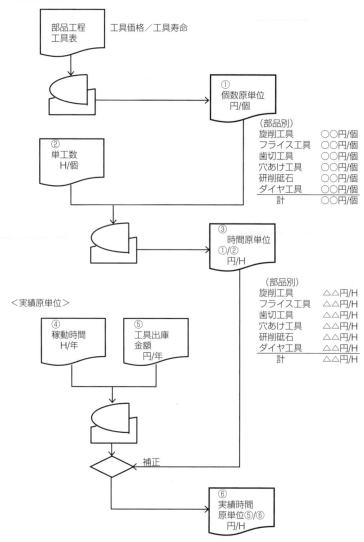

図 4.35 工具原単位の算出

るが,加工品目が多いとその設定に多大の工数がかかり,工具価格や寿命が変更となると,そのメインテナンスにもかなりの負荷工数を必要とするため,その工数をかけられない場合は,マクロ的な ii)〜iv)の時間原単位を使う.

1)理論原単位(個数原単位)

製品あるいは,部品を一個加工するのに工具費はいくらかかるかを調べるのに有効なツールとして使えるのが,**表 2.6** に揚げた部品工程工具表である.

ラインの各設備別に,その設備(工程)で使用している工具の仕様,価格,寿命,切削条件などのデータを明記し,製品 1 個あたりの工具費つまり工具原単位を算出する表である.

この工具に関するデータベースである部品工程工

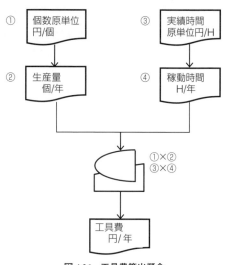

図 4.36 工具費算出概念

具表は，工具原単位を作成するだけでなく，その工程の加工技術を集積した資料ですべての改善はこの資料をもとに展開していく．

また，各工程別に作成した部品工程工具表の原単位をラインとしてまとめることにより，その製品を加工するのに必要な工具費を算出する．

この工具原単位を集計する場合，なるべく工具種類別に集計しておくと，改善案を出す場合に活用でき，この部品工程表から算出した個数原単位を理論原単位ともいう．

・旋削用工具費
・ミーリング用工具費
・歯切り用工具費
・穴あけ用工具費
・研削用砥石費
・ダイヤモンド工具費

図 4.35 に示すように，部品工程表から求めた個数原単位と，その部品の加工単工数をもとに，理論原単位としての時間原単位を得ることもできるが，時間原単位を算出する場合は過去の実績から求めるほうが簡便であり，次に説明する実績原単位として扱う．

2) 実績原単位（時間原単位）

過去，通常は昨年の年間消耗工具費と稼動時間とで，図 4.35 に示すように実績原単位を求めるが，この場合，工場全体でまとめてしまうか，ライン別に集計するか，または稼動時間は作業者が作業したマンアワーあるいは，設備が稼動したマシンアワーにするかで，上記の ii）〜iv）の原単位を求めることができる．

この時間原単位は，通常は ii）の作業者のマンアワー当たりの工具費を用いるが，各社の管理方法に合わせて管理しやすい原単位を決めるべきである．時間原単位を策定する場合に注意することは，マンアワーもしくはマシンアワーを改善して短縮する場合，前もってその数値がわかれば原単位に改善比率分を上乗せしておく必要がある．

この上乗せをしておかないと，次項にて説明するように工具費は原単位×時間できまるため，稼動時間が少なくなると，その分だけ工具費が少なくなってしまう．

3) 工具費の算出

原単位が決まれば，その値と年間の生産量もしくは，年間操業時間との積で年間の工具費を求めることができる．図 4.36 にその概念図を示し，時間原単位からの工具費の算出例として表 4.13 に示す．

表 4.13 は実績時間原単位をもとに工具費を計算する例で，工具コード別の前年度の原単位からきまる H△年/1〜12 月間の予算と使用実績とを対比して，翌年度 H○年の操業時間から成り行き工具費を算出し，H○年度内の増加予測金額と，前年度の改善実績を織り込み，一部調整を加えて新年度の工具費を算出する．

この方法で工具費を決める場合には，以下について注意をはらう必要がある．

i) 時間原単位をベースにする場合，操業度が少なくなると比例して工具予算が少なくなるため，期中の工数改善予測を織り込んで改善工数比率分だけ増加補正をすること
ii) 工程変更や設計変更にて，工具の仕様が変わり，明らかに工具費が増加することが判れば，その分だけ原単位を増加させておく．
iii) 実績原単位を算出したら，来期の計画等が判れば，それと照らし合わせ，算出原単位が多いか少ないかを経験から判断して調整を加味する必要がある．

例えば，前期はある部門は機械故障が多くて，異常に工具が消耗したが，来期はその機械の不具合もなくなるため，工具の消耗は少なくなると考えられる場合は，実積原単位が多くても，原単位の増加は少なめにするとかの調整をする．

図 4.37 は前年度の原単位を変えないで，そのまま使った場合の成り行き工具費と，算出した予算との比較をして，前期に対して今期はいくら低減したかを図示したものである．

このようにマクロ的にみて設定した原単位が妥当か否かを判断することも必要である．

(8) 工具保管倉庫の新しい形態

工具の保管および管理上の必要条件は
i) 損傷しないこと
ii) 入出庫ロケーションが誰でも判ること
iii) 現品と台帳の数量が一致していること
iv) 入出庫データを容易に取り込むことができること
v) 入出庫情報の月末集計作業が容易なこと
などが，あげられる．

これらを満足させるための現品の管理方法については，いろいろな方法があるが，管理する工具の種類や管理担当者の能力によっても異なるが，自社にマッチした管理しやすい方法をとればよい．

表 4.13　工具予算の策定表

H○年　変動工具予算　　B*1000/A　　H△年ベース　　H△年活動実績　　⑤　　H○-○-○

課名	原価部門	工具コード	H△年 A 原単位	H△/1－12 工具費 B 予算	H△/1－12 工具費 C 実績	H△/1－12 工数 D 実績	H△/1－12 E 実績原単位 C/D*1000	H△/1－12 参考 A-E	H○年 F 工数低減率	H○年成行 G 原単位 A*(1+F)	H○年 H 操業時間	H○年成行 I 工具費 G*H/1000	H○年工具改善・増加 J 増加 (千円/年)	H○年工具改善・増加 K 原低 (千円/年)	H○年工具改善・増加 J+K (円/H)	調整 (円/H)	調整 (千円/年)	H○年工具予算 M 原単位 G*(1-K)+L	H○年工具予算 N 工具費 M*H/1000	備考
A課	01	11	120.12	122	322	1016	317.04	-196.92	0.5%	120.72	100	12.07	0.0		0	230	23	350.72	35.1	
		12	235.59	332	444	1409	315.07	-79.48	0.5%	236.77	100	23.68	0.0		0	130	13	366.77	36.7	
		14	1361.30	1162	1796	854	2104.04	-742.74	0.5%	1368.11	100	136.81	0.0		0	720	72	2088.11	208.8	
		17	50.22	45	6	896	0.00	50.22	0.5%	50.47	100	5.05	0.0		0	-50	-5	0.47	0.0	
		計	1767.23	1661	2568	940	2736.14	-968.91	0.5%	1776.07	100	177.6	0.0	0.0	0.0	1030	103	2806.1	280.6	
	02	11	155.22	1009	920	6500	141.53	13.69	9.2%	169.50	1000	169.50	0.0		0		0	169.50	169.5	
		12	49.25	2885	3636	58579	62.07	-12.82	9.2%	53.78	1000	53.78	220.2		220.2		0	273.98	274.0	
		14	125.56	9035	8781	71958	122.03	3.53	9.2%	137.11	1000	137.11	123.0		123		0	260.11	260.1	
		17	420.23	852	588	2027	290.02	130.21	9.2%	458.89	1000	458.89	0.0		0		0	458.89	458.9	
		77	0.00	0	6				9.2%	0.00	1000	0.00			0			0.00		
		計	750.26	13781	13931	18368	615.65	134.61	9.2%	819.28	1000	819.3	343.2	0.0	343.2	0	0	1162.5	1162.5	
	03	11	222.35	151	82	679	120.75	101.60	0.2%	222.79	2000	445.59	0.0		0	-30	-60	192.79	385.6	
		12	230.55	501	222	2173	102.16	128.39	0.2%	231.01	2000	462.02	0.0	-241	-120.5		0	110.51	221.0	
		14	450.21	1601	510	3556	143.41	306.80	0.2%	451.11	2000	902.22	0.0	-200	-100	-188	-376	163.11	326.2	
		17	1.25	1	0	800		1.25	0.2%	1.25	2000	2.51	0.0		0			1.25		
		17	55.55	96	99	1728	57.29	-1.74	0.2%	55.66	2000	111.32	0.0		0		0	55.66	111.3	
		計	959.91	2350	913	2448	423.61	536.30	0.2%	961.83	2000	1923.7	0.00	-441.0	-220.5	-218.0	-436	523.3	1044.2	
	04	11	210.12	885	1038	4212	246.45	-36.33	0.5%	211.17	3000	633.51	225.0		75		0	286.17	858.5	
		12	43.32	1873	2364	43236	54.68	-11.36	0.5%	43.54	3000	130.61	110.0	-380	-90		0	-46.46	-139.4	
		14	580.12	2529	3301	4359	757.21	-177.09	0.5%	583.02	3000	1749.06	0.0		0	160	480	743.02	2229.1	
		17	3.33	6	0	1802	0.00	3.33	0.5%	3.35	3000	10.04	0.0		0			3.35	10.0	
		17	21.12	7	9	331	27.15	-6.03	0.5%	21.23	3000	63.68	0.0		0			21.23	63.7	
		計	858.01	5300	6712	6177	1085.48	-227.47	0.5%	862.30	3000	2586.9	335.0	-380.0	-15.0	160.00	480.00	1007.3	3021.9	
B課	01	11	420.99	1665	1253	3955	316.82	104.17	2.6%	431.94	1000	431.94	0.0	-352.8	-352.8	-50	-50	29.14	29.1	
		12	858.47	3239	2655	3773	703.69	154.78	2.6%	880.79	1000	880.79	0.0	-12.2	-12.2	-80	-80	788.59	788.6	
		14	89.75	1958	2225	21816	101.99	-12.24	2.6%	92.08	1000	92.08	0.0		0	50	50	142.08	142.1	
		17	3.12	16	0	5128	0.00	3.12	2.6%	3.20	1000	3.20	0.0		0			3.20	3.2	
		17	9.99	25	35	2503	13.99	-4.00	2.6%	10.25	1000	10.25	0.0		0			10.25	10.2	
		計	1382.32	6903	6168	4994	1136.48	245.84	2.6%	1418.26	1000	1418.3	0	-365	-365	-80	-80	973.2603	973.3	
	02	11	103.11	2148	1921	20832	92.21	10.90	1.9%	105.07	500	52.53	2.4		4.8			109.87	54.9	
		12	144.33	10136	8901	70228	126.74	17.59	1.9%	147.07	500	73.54	0.0		0	-50	-25	97.07	48.5	
		14	365.84	5605	6024	15321	393.19	-27.35	1.9%	372.79	500	186.40	64.8		129.6	20	10	522.39	261.2	
		17	1050.33	23883	23253	22739	1022.62	27.71	1.9%	1070.29	500	535.14	28.0		56	-30	-15	1096.29	548.1	
		19	1420.25	5249	3901	3696	1055.51	364.74	1.9%	1447.23	500	723.62	0.0	-20	-40	-50	-25	1357.23	678.6	
		計	3083.86	47021	44000	15247	2690.28	393.58	1.9%	3142.45	500	1571.2	95.2	-20.0	150.4	-110.0	-55.0	3182.9	1591.4	
	04	11	220.22	890	855	4041	211.56	8.66	3.7%	228.37	750	171.28	0.0		0		0	228.37	171.3	
		12	850.25	4977	2928	5854	500.21	350.04	3.7%	881.71	750	661.28	0.0	-500	-666.667	-98	-73.5	117.04	87.8	
		14	550.29	486	230	883	260.43	289.86	3.7%	570.65	750	427.99	0.0		0		0	570.65	428.0	
		17	365.28	1703	926	4662	198.62	166.66	3.7%	378.80	750	284.10	0.0		0	-60	-45	318.80	239.1	
		19	66.56	158	468	2374	197.15	-130.59	3.7%	69.02	750	51.77	0.0		0	40	30	109.02	81.8	
		計	2052.60	8214	5407	4002	1367.96	684.64	3.7%	2128.55	750	1596.4	0.0	-500.0		-118.0	-89	1343.9	1007.9	
	07	11	220.21	3121	2082	14173	146.90	73.31	8.6%	239.15	3500	837.02	0.0		0		0	239.15	837.0	
		12	338.47	9608	4516	28387	159.09	179.38	8.6%	367.58	3500	1286.52	330.0	-50.5	79.85714	-40	-140	407.44	1426.0	
		13	22.33	3067	1447	137349	10.54	11.79	8.6%	24.25	3500	84.88	0.0		0	-10	-35	14.25	49.9	
		14	583.22	10601	8969	18177	493.43	89.79	8.6%	633.38	3500	2216.82	20.6		5.871429	-10	-35	629.25	2202.4	
		17	89.54	1165	884	13011	67.94	21.60	8.6%	97.24	3500	340.34	30.0		8.571429			105.81	370.3	
		19	3.39	49	24	14454	1.66	1.73	8.6%	3.68	3500	12.89	0.0		0			3.68	12.9	
		計	1257.16	27611	17922	21963	879.56	377.60	8.6%	1365.28	3500	4778.5	380.6	-50.5	94.3	-60.0	-210	1399.6	4898.5	
総合計		11		9991	8473							2753.4381	227.4	-352.8			-87		2541.0381	
		12		33551	25666							3572.22256	660.2	-1183.7			-305.5		2743.22256	
		13		3067	1447							84.87633	0	0			-35		49.87633	
		14		32977	31836							5848.49106	208.35	-200			201		6057.84106	
		15		875	588							474.63723	0	0			0		472.13223	
		17		26924	25218							1349.87705	58	0			-65		1342.87705	
		19		5456	4393							788.269805	0	-20			5		773.269805	
		計		112841	97621							14872	1153.95	-1756.5			-287	②	13980	

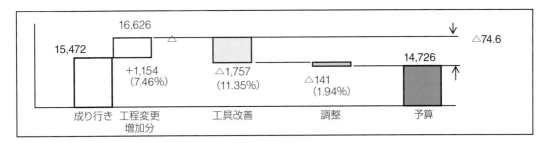

図 4.37 工具費比較

表 4.14 在庫管理

No	管理ツール	在庫数管理	予算区分識別	入庫数記録	出庫数記録	入出庫数集計	投資	管理工数	保管性
1	棚	棚カード	カードの色分	棚カード記入	棚カード記入	手計算 or パソコン入力	○	×	×
2	キャビネット	棚カード	カードの色分	棚カード記入	棚カード記入	手計算 or パソコン入力	△	×	○
3	ロータリストッカ	パソコン	マスター登録	バーコード or キーイン	バーコード or キーイン	自動集計	×	○	○
4	自販機	パソコン	マスター登録	バーコード or キーイン	不用	自動集計	×	○	○

○：少ない
△：中くらい
×：多い

工具の現品管理方法について，表 4.14 にいくつかの例を揚げるが，これからの新しい工具保管倉庫としては，管理工数の短縮と管理のレベルアップのために，倉庫管理用としてはロータリストッカを，ライン管理用として自販機システムを進める．

以下に，その概要を説明する．

1) 棚管理

投資が少なく，管理品の全般を目で確認できるので在庫が無くなればすぐ気づくことが，できるので最も簡便な方法である．在庫数と入出庫は棚カードに記録し予算別の管理や，使用職場別の管理が必要なら棚カードの色を変えることで簡単に月末の集計を行なうことができる．ただし，入出庫の実績集計は手計算か，もしくはパソコンを活用する場合もそのデータ入力に手間がかかり管理工数が多くなると共に，保管性の面で落ちる．

2) キャビネット管理

入出庫数や管理の方法は，棚管理とほぼ同じであるが，棚管理と違うことは保管性の面ですぐれていることである．

鍵をかけることで管理担当者以外の者が出庫することを防ぐと共に錆びの発生や防塵の点で棚管理よりすぐれているが，棚よりキャビネットを購入する費用が高い．

3) ロータリストッカ

図 4.38 にロータリストッカの概略図を示すが，大きなキャビネットの中に複数段複数列の工具保管 BOX があり，立体空間を利用して多くの数量を保管することができる．

(a) の片面取り出しタイプが基本仕様であり，(b) 〜 (d) はその応用タイプで天井とのすきまを 20cm 以上あければいろいろなタイプを組み合わせすることが可能である．

ロータリストッカでの管理の特徴はバーコードを活用して入出庫のデータを簡単に取り込むことが出パソコンへ転送し，必要とする管理帳票類を自動で得ることができることである．

図 4.39 に棚，キャビネット管理とロータリストッカ管理の相違を示すが，棚，キャビネット管理は使用部門ら出庫依頼がくると，保管ロケーションを棚カードやパソコンで確認し，それから工具を探して出庫データをカードに記入し月末集計のためのパソコンへのデータを入れ込む必要がある．

納品受付から保管までの業務も出庫業務と同様に手作業がかなり入り，管理工数も例として図中の表にあるように，一回あたりの入出庫に 9 分も工数が掛かる．

一方，ロータリストッカは，出庫依頼をもとにバーコードを読み込むことで，所定の棚と BOX が自動で検出できるので，探す手間がほとんど掛からない

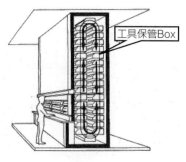
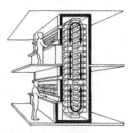
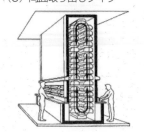

(a) 片面取り出しタイプ（基本仕様）　(b) 片面二階建て取り出しタイプ
工具保管Box
(C) 両面取り出しタイプ　(d) 両面二階建て取り出しタイプ

図 4.38　電動回転棚の概略図 ㈱タイメック資料

ことと，入庫時は業者に直納させることで，手間を省くと共に，入出庫データは自動でパソコンに転送されるので，月末の集計のためのデータの取り込みをあえて行なう必要はない．

このため，棚，キャビネット管理より管理工数が大幅に少なくなり，投資金額は掛かるが合理化効果は十分にある．

参考として，㈱タイメックや㈱マキシンコーなどがこのロータリストッカのメーカーである．

4) 自動販売機管理

工具倉庫管理はロータリストッカが適しており，ラインサイドでの工具管理は自動販売機を活用することで，工具管理の効率化を実現できる．自動販売機システムは，筆者が世に先駆けて開発したシステムで，これからの工具管理として画期的な管理方法といえる．

図 4.40 に工具管理システムの構成図を示すが，一台のパソコンに倉庫管理用のロータリストッカとライン管理用の自動販売機をつなげることで，工場全体の工具を一元管理することができる．

工場が複数棟ある場合等で，工具管理事務所と現場事務所で別の場所で管理することも可能であり，そのシステム構成を**図 4.41** と **4.42** に示す．

筆者が開発した自動販売機システムは，それを使用する作業者に ID カードを配布し，自動販売には，カードリーダを取り付け，そのカードを読み込むことで通常の自動販売機にコインを投入した状態となり，作業者は自分で使用する工具のキーを押すことで取り出すことができるもので，その取り出したデータは，誰が何時に何を何個取り出したかがリアルタイムに工具管理室に転送される．

このように作業者別に ID カードを使用させることで，必要以外の工具や数量を取り出すことを防止しており，工具管理室では，月末に必要な管理資料を得ることが可能である．

主な管理資料を次に揚げる．
1) ディリー情報
・現在庫数量
・自販機別出庫集計
・工具型番別出庫集計
・ライン別出庫集計
2) マンスリー情報
・検収リスト
・自販機別出庫集計
・工具型番別出庫集計
・ライン別出庫集計
3) データ処理
・原単位計算
・翌月の出庫量予測
・異常出庫情報

	棚	電動回転棚
①	3	1
②	1	1
③	1	
④	1	1
⑤	3	
計	9	3

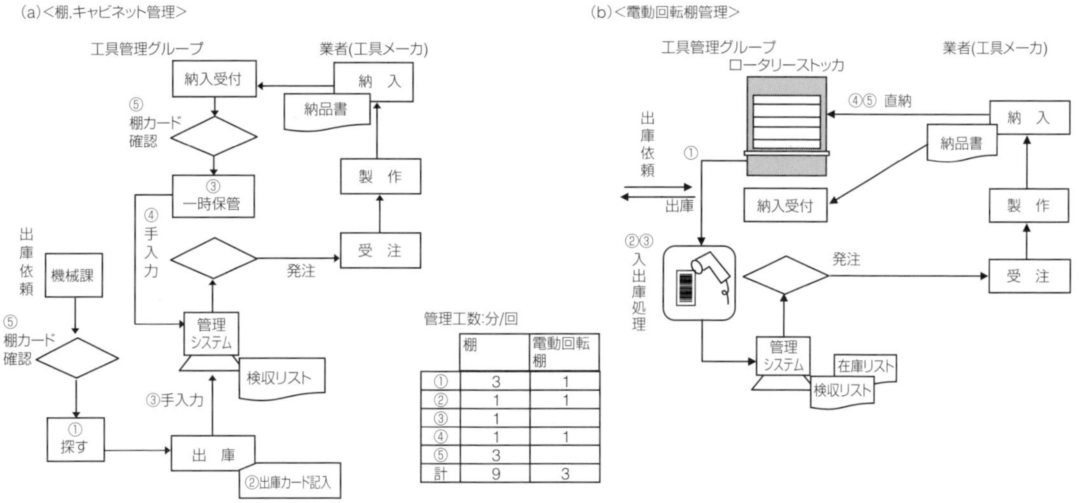

図 4.39　棚, キャビネット管理とロータリストッカ管理の相違

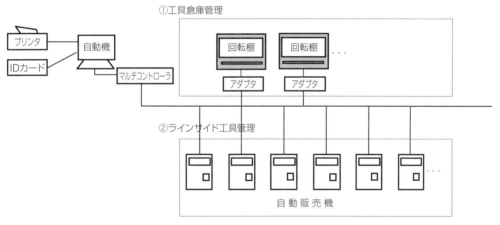

図 4.40　工具管理システム構成

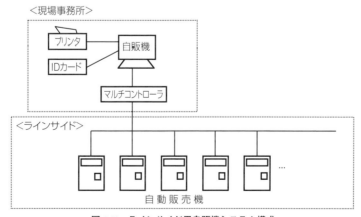

図 4.41　ラインサイド用自販機システム構成

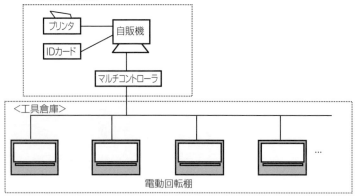

図4.42　工具倉庫用ストッカーシステム

・6か月間のデータ集計

以上の情報から次の効果が期待できる.

1) 加工する製品1個当たりの工具費(原単位)を自動計算するので,工具改善の狙いどころが掴める.
2) 工具別に異常出庫の情報を自動的にアウトプットするので,加工ラインの異常がわかる.
3) 出庫データは,自動集計されるので,管理工数が低減できる.
4) 工具の在庫をリアルタイムに確認できるので,ライン停止を防ぐことができる.
5) 過剰在庫を防止することも可能.
6) 自販機に価格を表示することで,作業者のコスト意識が向上する.

この自販機で管理する工具は業者在庫扱いとして,使用した分だけ支払う使用高払いとすれば,自販機へ工具を入れる作業を業者に委託することで,管理工数を大幅に短縮することができる.

表4.15に自販機システムを導入した4社での効果を示すが,管理方法が各社で異なり,特に帳票類を担当者から上司への流れとチェックがことなり,従来の管理の工数がマチマチであるが,一回当たりの発注から検収までの工数は,9.5分から19分も短縮することができる.

また,自販機システムを採用すれば,工具管理担当者が不在の夜勤時でも,作業者は必要な工具を出庫することができるので,緊急出庫で管理担当者を夜中に呼び出す必要が省ける.

(9) 再研削作業の工数計画

工作部門で使用した工具は,再研削して再使用するものと,損傷が激しくまたは廃却寸法に達して廃却処理するものとに選別するが,この再研削作業は摩耗の多少で作業時間が異なるため,標準時間を設定することは難しいものである.

しかし,工具集中研削部門の人員計画を検討する時や,毎月の操業度(残業)を算出する場合は,この標準工数を必要とする.

この項では,この工具再研削の標準工数の設定の仕方と,人員・残業計画の算出についての例を説明する.

人員計画や操業度計画を検討する場合,工場内で加工する部品ごとの研削工数原単位を必要とするが,データがない場合は,図4.43に示すようにタイムスタディから始めることになる.

表4.16は,タイムスタディの測定用紙で,その測定例を表4.17に示す.

先にも述べたように,工具研削は摩耗量により作業時間が異なるため,何度か繰り返し測定して,その平均値を求めるようにしたい.表4.17の例のように比較的単純な工具の場合は書く作業内容別に詳細に調査しなくも大雑把に所要工数トータルとしてとらえてもよいが,この測定結果を解析して作業改善を行なう時の参考にもなるので,可能なかぎり工具別にタイムスタディを行なうことが望ましい.

当然手作業であるため,作業者間のバラツキがあるが,なるべくベテラン作業者の作業を測定し,それを標準として未熟練者の目標とさせることも必要である.

しかし,工数原単位を設定する場合は,平均的には数値に修正するための係数を考慮する必要もある.

また工具の再研削作業は手作業が多く,作業に余裕を与える必要があり,この余裕率の決め方は,全作業時間の内の手扱い時間の比率で,表4.17の左下の表にあるように設定したい.

表4.18に研削作業と段取り作業とに分けて研削作

表 4.15 自販機システム導入の効果例

効果例 (1) A社

	作業者	セクタ長	スタッフ	課長	部長	工場長	単工数	自販機システム	効果
1. 在庫確認チェック							2	0	-2
2. 注文要求（口頭, TEL）							1	0	-1
3. 注文書作成発行							1	0	-1
4. 注文書チェック							1	0	-1
5. 納品受付							2	0	-2
6. 納品書保管							1	0	-1
7. 一時保管							2	0	-2
8. 検収							1	0	-1
9. 検収書チェック							2	0	-2
10. 出庫							1	1	0
11. 月次実績集計							1	1	0
12. 使用済みチップ回収									
合計							16	2	-14.0

単位: 分/回

効果例 (2) B社

	作業者	係長	スタッフ	課長	部長	工場長	単工数	自販機システム	効果
1. 在庫確認チェック							1	0	-1
2. 注文要求（口頭, TEL）							2	0	-2
3. 注文書作成発行							2	0	-2
4. 注文書チェック							1	0	-1
5. 納品受付							3	0	-3
6. 納品書保管							1	0	-1
7. 一時保管							4	0	-4
8. 検収							1	0	-1
9. 検収書チェック							3	0	-3
10. 出庫							1	1	0
11. 月次実績集計							1	1	0
12. 使用済みチップ回収									
合計							21	2	-19.0

単位: 分/回

効果例 (3) C社

	作業担当者	スタッフ	課長	部長	工場長	単工数	自販機システム	効果
1. 在庫確認チェック						3	0	-3
2. 注文書作成発行						2.5	0	-2.5
3. 納品受付						1	0	-1
4. 納品書保管						1	0	-1
5. 一時保管								
6. 出庫						2.5	0	-2.5
7. 出庫数 OA 処理						0.2	0	-0.2
8. 入庫データ処理						0.3	0	-0.3
9. 配送						1.5	0	-1.5
10. 月次実績集計						2	1	-1
11. 使用済みチップ回収						1.5	1.5	0
合計						16.5	2.5	-14.0

単位: 分/回

効果例 (4) D社

	作業担当者	スタッフ	事務員	課長	部長	工場長	単工数	自販機システム	効果
1. 在庫確認チェック							1	0	-1
2. 注文要求（口頭, TEL）							0.5	0	-0.5
3. 注文書作成依頼							1	0	-1
4. 注文書依頼							1	0	-1
5. 納品受付							1	0	-1
6. 納品書保管							2	0	-2
7. 一時保管							1	0	-1
8. 検収							1	0	-1
9. 出庫							2	1	-1
10. 月次実績集計							1	1	0
11. 使用済みチップ回収							1	0	-1
12. 期末棚卸									
合計							11.5	2	-9.5

単位: 分/回

159

業の単工数を求める計算式の例をあげたが，このように式としてまとめておくと，新しい工具の工数を検討する参考となる．表 4.18 はロット数は加味してないが，同時に複数本作業する場合は表 4.19 のロッと数を加味した式を使用するケースもある．

これらはあくまでも平均的な見方であるが，当然使用する研削盤によっても工数は異なり，同じ工具たとえばドリルでも単純な形状から，段付ドリルや材質もハイスと超硬，それにシンニングの形状など多くの種類があるが，その種類によっても再研削工数は異なる．

この使用機械別の単工数の例を表 4.20 に，ドリルの種類別研削単工数を表 4.21 に，またタップの例を表 4.22 に示す．

以上のタイムスタディや単工数算出式など，いくつかの方法にて工具別の平均的な工数原単位としてまとめたものが，表 4.23 である．この工具再研削工数原単位を表 2.6 の部品工程工具表に転記して，各工程の工具別の部品当たりの工数を算出する．

表 4.24 の A 機種のシリンダブロックの単工数が 2.2 分/個，B 機種が 3.3 分/個が部品工程工具表からまとめた数値，すなわち部品別の再研削工数原単位である．

この部品別の原単位のトータルに各月の機種別の生産量を乗じて，その月の再研削工数を算出する．表 4.24 の下段に例を示すが，A 機種の部品別原単位のトータルが 10.94 分/台で，生産量は 10 台であるので，A 機種の月間工数は 1.823H/月となる．

この計算を各機種にわたり行ない，総工数 2513.6H/月を求め，必要人員を算出し，在籍人員との超過分を残業で賄うことになる．

この超過分が大幅に増えて，残業で賄うことが不可能，たとえば操業度が 3H/日・人を超えるような状況であれば，人員増を検討しなければならない．

予定生産量が 6 か月ないしは 1 年先までの計画であれば，図 4.45 の例のように，これから 6 か月間ないしは 1 年間の残業予定を組むことができる．

(10) 新機種立ち上り時の工数計画

新規に立ち上がる機種が計画されると，その機種の各部品を加工する工具の再研削工数はどのくらい掛かるか，あるいは工具スタッフの負荷工数はどの程度見込む必要があるか，という検討をする場合がある．

その検討の考え方について，以下に記述する．

1) 再研削負荷工数の予測

表 4.24 の再研削工数原単位の合計（表中の A）と，各機種の仕様または特性，たとえばエンジンの場合は，排気量（CC）や出力（PS）または重量（kg）などとで

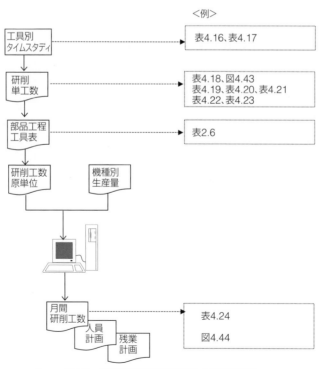

図 4.43　工具再研削工数の設定と人員残業計画

表 4.16 タイムスタディ測定用紙の例

タイムスタディ		

研削工具名	
工具番号	
仕様・型番	
再研削個所	

研削機械名	
資産No.	
作業者	
測定日時	
測定者	

注 記	No	作業内容	1 読み	1 所要時間	2 読み	2 所要時間	3 読み	3 所要時間	平均
		単一マシンアワー ①+②+⑦+⑧	(分/個)				(注記)		
	①	自動時間	(分/個)						
	②	サイクル内手扱時間	(分/個)						
90～100	16 ③	1サイクルの時間 ①+②	(分/個)						
80～90	15 ④	全手扱時間	(分/個)						
70～80	13 ⑤	手扱率 ④/③×100	(%)						
60～70	11 ⑥	余裕率	(%)						
50～60	10 ⑦	余裕時間 ③×⑥/100	(分/個)				確認		担当
40～50	8 ⑧	砥石交換時間 ⑨/⑩	(分/個)						
30～40	7 ⑨	一回あたりの砥石交換時間	(分/回)						
0～30%	5% ⑩	砥石寿命	(個)						
手扱率	余裕率 ⑪	段取り時間	(分/回)						

161

表 4.17 タイムスタディ測定例

タイムスタディ									

研削工具名	フォームドカッタ	研削機械名	牧野フライス精機C40
工具番号	FMC-0117	資産No.	0012041F
仕様・型番	φ46.22×Φ32WC4NT	作業者	日本太郎
再研削個所 　外径二番面および三番面 　4刃		測定日時	H12年5月22日
		測定者	桑田一郎

				1		2		3		
注記	No	作業内容		読み	所要時間	読み	所要時間	読み	所要時間	平均
ハイス用砥石セット有	1	砥石取り外し		0 52"	52"	0 49"	49"	0 44"	44"	48.3
	2	砥石軸清掃		52" 1'12"	20"	49" 1'10"	21"	44" 1'06"	22"	21.0
ダイヤモンド砥石	3	砥石取り付け		1'12" 1'58"	46"	1'10" 1'51"	41"	1'06" 1'49"	43"	43.3
	4	ワークヘッド取り付け		1'58" 3'12"	1'14"	1'51" 3'20"	1'29"	1'49" 3'02"	1'13"	1'18.7"
	5	ワークヘッド清掃		3'12" 3'24"	12"	3'20" 3'33"	13"	3'02" 3'28"	26"	17.0
	6	保管棚からコレット取り出し		3'24" 3'33"	9"	3'33" 3'41"	8"	3'28" 3'39"	11"	9.3
	7	コレット清掃		3'33" 3'45"	12"	3'41" 3'59"	18"	3'39" 3'51"	12"	14.0
	8	コレット取り付け		3'45" 3'57"	12"	3'59" 4'10"	11"	3'51" 4'03"	12"	11.7
	9	作業台から工具取り出し		3'57" 4'33"	36"	4'10" 4'41"	31"	4'03" 4'39"	36"	34.3
	10	工具シャンク部清掃		4'33" 4'45"	12"	4'41" 5'01"	20"	4'39" 4'58"	19"	17.0
	11	工具取り付け		4'45" 5'02"	17"	5'01" 5'19"	18"	4'58" 5'13"	15"	16.7
φ32コレット	12	コレット締め付け		5'02" 5'21"	19"	5'19" 5'31"	12"	5'13" 5'40"	27"	19.3
	13	分割盤位置合わせ		5'21" 5'43"	22"	5'31" 5'55"	24"	5'40" 5'54"	14"	20.0
	14	フィンガをテーブルに取り付け		5'43" 6'08"	25"	5'55" 6'15"	20"	5'54" 6'06"	12"	19.0
	15	工具心合わせ		6'08" 6'11"	3"	6'15" 6'22"	7"	6'06" 6'25"	19"	9.7
	16	フィンガセット		6'11" 6'27"	16"	6'22" 6'40"	18"	6'25" 6'50"	25"	19.7
約30mm	17	テーブル移動ストローク調整		6'27" 6'59"	32"	6'40" 7'24"	44"	6'50" 7'31"	41"	39.0
8°	18	逃げ角セット		6'59" 7'33"	34"	7'24" 7'48"	24"	7'31" 7'50"	19"	25.7
	19	砥石軸回転		7'33" 7'38"	5"	7'48" 7'53"	5"	7'50" 7'58"	8"	6.0
	20	ドレス		7'38" 7'43"	5"	7'53" 7'59"	6"	7'58" 8'06"	8"	6.3
	21	第一刃研削		7'43" 8'31"	48"	7'59" 8'40"	41"	8'06" 8'53"	47"	45.3
	22	研削状況確認		8'31" 9'06"	35"	8'40" 9'17"	37"	8'53" 9'10"	17"	29.7
	23	第二から四刃研削		9'06" 11'21"	2'15"	9'17" 11'34"	2'17"	9'10" 11'30"	2'20"	2'17.3"
	24	外形寸法チェック		11'21" 11'37"	16"	11'34" 11'44"	10"	11'30" 11'41"	11"	12.3
	25	再切込み		11'37" 11'52"	15"	11'44" 12'09"	25"	11'41" 12'00"	19"	19.7
	26	第一から四刃研削		11'52" 15'05"	3'13"	12'09" 15'22"	3'13"	12'00" 15'11"	3'11"	192.3
15°	27	三番角セット		15'05" 15'32"	27"	15'22" 15'47"	25"	15'11" 15'29"	18"	23.3
	28	三番角研削		15'32" 19'11"	3'39"	15'47" 19'30"	3'43"	15'29" 19'26"	3'57"	3'46.3"
	29	工具取り外し		19'11" 19'30"	19"	19'30" 19'42"	12"	19'26" 19'34"	8"	13.0
	30	研削個所目視検査		19'30" 20'07"	37"	19'42" 20'34"	52"	19'34" 20'29"	55"	48.0
	31	所定の作業台に置く		20'07" 20'18"	11"	20'34" 20'44"	10"	20'29" 20'35"	6"	9.0

平均20'33"

		単一マシンアワー ①+②+⑦+⑧	(分/個)	23'50"	(注記)
	①	自動時間	(分/個)	0	
	②	サイクル内手扱時間	(分/個)	20'33"	
90～100　16	③	1サイクルの時間　①+②	(分/個)	20'33"	
80～90　15	④	全手扱時間	(分/個)	20'33"	
70～80　13	⑤	手扱率　④/③×100	(%)	100	
60～70　11	⑥	余裕率	(%)	16%	
50～60　10	⑦	余裕時間　③×⑥/100	(分/個)	197.28	
40～50　8	⑧	砥石交換時間　⑨/⑩	(分/個)	②に含む	確認　担当
30～40　7	⑨	一回あたりの砥石交換時間	(分/回)	②に含む	
0～30%　5%	⑩	砥石寿命	(個)		河原　桑田
手扱率　余裕率	⑪	段取り時間	(分/回)	②に含む	

表 4.18 工具再研削作業の単工数

工具名	区分	簡易式（分）
フォームドカッタ	段取り	X1=8.59×（工程数）
	研削	X2=2.77×（工程数）×（刃数）
ザグリカッタ	段取り	X1=2.02×（工程数）
	研削	X2=1.59×（工程数）×（刃数）
リーマ	段取り	X1=2.02×（工程数）
	研削	X2=1.18×（工程数）×（刃数）
バニシドリル	段取り	X1=1.31×（工程数）
	研削	X2=1.52×（工程数）×（刃数）

再研削単工数（X）=X1+X2

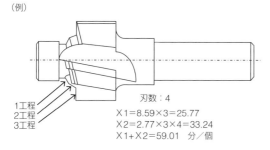

（例）

刃数：4
1工程
2工程
3工程
X1=8.59×3=25.77
X2=2.77×3×4=33.24
X1+X2=59.01 分／個

図 4.44 フォームドカッタ（シート面カッタ）の研削工数

表 4.19 再研削工数算出簡易式

ボルト座用 ザグリカッタ	Y=0.92×A×（3.5/ロット数）+1.32×B
フォームドカッタ	Y=10.31×A×（1/ロット数）+2.50×B
バニシリーマ	Y=1.30×A×（2/ロット数）+0.94×B
バニシドリル	Y=0.44×A×（2/ロット数）+1.77×B

注 A：工程数　B：工程数×刃数
（例）フォームドカッタ（シート面カッタ）
ロット数：1個　Y=7.31×3×（1/2）+2.5×3×4=60.93 分／個
ロット数：2個　Y=7.31×3×（1/2）+2.5×3×4=45.47 分／個

グラフを作成しておくことで，機種の仕様または特性から概略の工具原単位を求めることができる．

なお，各部品別の原単位グラフを作成しておけば，新機種の部品別の工具再研削原単位を求めることが可能である．

図 4.46 は表 4.24 の原単位と製品重量との関係をグラフ化したもので，たとえばこれから計画する新機種の重量が 90kg であれば，工具再研削工数原単位は，おおよそ 84 分／台と求め，計画生産台数を乗じることで総工数を把握する．

2）技術スタッフの負荷工数予測

新機種の立ち上げ準備として，技術スタッフは工具の設計，設備仕様書のチェック，新規工具の見積もり，起案，発注や再研削用のジグの検討，標準類の整備それに，設備が導入されるとその初期流動としての不具合対処など広い業務を取り行なわなければならない．

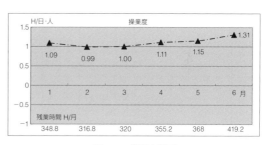

図 4.45 操業度計画

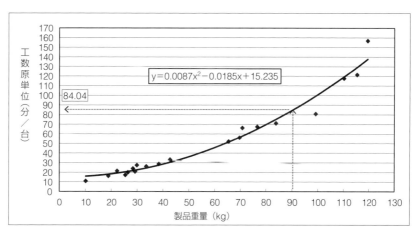

<データ：原単位　単位 分／個>

機種	A	B	C	D	E	F	G	H	I	J
重量kg	10.1	18.9	22.3	25.5	26.5	28.4	29.9	33.5	38.4	42.8
原単位	10.94	16.20	21.43	17.18	19.85	23.98	27.40	26.10	28.61	33.11

機種	K	L	M	N	O	P	Q	R	S	T
	29.2	99.2	83.9	65.5	69.7	70.8	76.6	110.2	119.5	115.3
	20.78	80.70	71.06	51.94	55.98	66.21	67.35	117.59	156.69	121.35

図 4.46 製品重量と原単位の関係

表 4.20 研削盤別ドリル研削単工数

No	項　目		TG (1) φ5.5TG	TG (2) φ27TG	TG (3) 粗研 φ27TG	S型シンニング φ5.5TG	X型シンニング φ5.5TG	TG (4) φ2.1SD	TG (5) φ10.5TG	TG (6) 単溝STD φ9.5×φ13	TG (6) 複溝STD φ5.1×φ9	TG (7) 超硬TG φ10.5	TG (8) 超硬TG φ12.5	TG (9) 超硬TG シンニング	TG (10) 油穴ドリル φ15
1	自動時間	(分/個)	0	0	0	0	0	0	0.38	0	0	1.3	1.4	0	0
2	サイクル内手扱い時間	(分/個)	1.34	2.69	2.17	0.15	0.63	1.59	0.07	1.3	1.52	2.5	1.2	2.2	5.5
3	1サイクルタイム 1+2	(分/個)	1.34	2.69	2.17	0.15	0.63	1.59	0.45	1.3	1.52	3.8	2.6	2.2	5.5
4	全手扱い時間	(分/個)	1.34	2.69	2.17	0.15	0.63	1.59	0.07	1.3	1.52	2.5	1.2	2.2	5.5
5	手扱い率 4/3×100	(%)	100	100	100	100	100	100	16	100	100	66	46	100	100
6	余裕率	(%)	20	20	20	20	20	20	10	20	20	10	10	20	20
7	余裕時間 3×6/100	(分/個)	0.27	0.54	0.43	0.03	0.13	0.32	0.05	0.26	0.30	0.38	0.26	0.44	1.10
8	砥石交換時間	(分)	10	10	10	5	5	10	10	10	10	15	10	5	1
9	砥石寿命	(個)	500	1500	5000	2500	2500	2500	1500	5000	5000	5000	2500	2500	1000
10	砥石交換時間 8/9	(分/個)	0.02	0.36	0	0	0	0	0	0	0	0	0	0	0
11	段取り時間	(分/回)	0.44	0.07	0	0	0	0.5	4.34	3.34	3.34	4.34	3.2	2.0	5
12	1ロット研削数量	(個)	5	5	1	1	1	20	5	5	5	3	12	5	5
13	1ケ当たりの段取り時間	(分/個)	0.09	0.75	0	0	0	0.03	0.87	0.67	0.67	1.45	0.27	0.40	1.00
14	ドレス時間	(分/回)	0.69	0.75	0	0.3	0.3	0.3	0.3	0	0	22.5	0.3	0	0
15	ドレスインターバル	(個/回)	5	1	2に含む	10	10	5	5			1/week	1		
16	1個当たりのドレス時間	(分/個)	0.14	0.14		0.03	0.03	0.06	0.06			0.01	2に含む		
A	単一マシンアワー 3+7+10+16	(分/個)	1.77	3.98	2.61	0.21	0.79	1.97	0.56	1.56	1.83	4.19	2.864	2.64	6.60
B	研削時間 A+13	(分/個)	1.85	4.06	2.61	0.21	0.79	2.00	1.43	2.23	2.49	5.64	3.13	3.04	7.60
	備考		φ4～15	φ15～				φ4以下							スリーキー

表 4.21 ドリル種類別研削単工数

区分			TG (1) φ5.5TG	TG (2) φ27TG	TG (3) 粗研合 φ27TG	S型シンニング φ5.5TG	X型シンニング φ5.5TG	TG (4) φ2.1SD	TG (5) φ10.5TG	TG (6) 単溝STD φ9.5×φ13	TG (6) 複溝STD φ5.1×φ9	TG (7) 超硬TG φ10.5	TG (8) 超硬TG φ12.5	TG (9) 超硬TG シンニング	TG (10) 油穴ドリル φ15	研削工数合計(分/個)
No	研削個所+形状	材質														
	φ4以下SD	ハイス						2.00								2.00
1	逃げ面+X型シンニング	ハイス	1.85				0.79									2.64
2	SD	ハイス	1.85			0.21										2.06
3	逃げ面+X型シンニング	ハイス		4.06			0.79									4.85
4	TD	ハイス		4.06		0.21										4.27
5	逃げ面+S型シンニング	ハイス		4.06	2.61		0.79									7.46
6	TD	ハイス		4.06	2.61	0.21										6.88
7	粗研+逃げ面+S型	ハイス				0.21										
	粗研+逃げ面+X型	ハイス					0.79		1.43							2.22
8	逃げ面+X型シンニング	ハイス				0.21			1.43							1.64
9	逃げ面+S型シンニング	ハイス		4.06		0.21				2.23						6.50
10	単溝STD	ハイス		4.06			0.79			2.23						7.08
11	小大径逃げ面+X型	ハイス		4.06		0.21					2.49					6.76
12	小大径逃げ面+S型	ハイス		4.06			0.79				2.49					7.34
13	小大径逃げ面+X型	ハイス										5.64				5.64
14	逃げ面+X型シンニング	超硬											3.13	3.04		6.17
15	逃げ面+S型シンニング	超硬													7.6	7.60
16	逃げ面+特殊シンニング	超硬														

表 4.22 研削盤別タップ研削単工数

No	項目		TG (10) ハイス4溝 M14×2	TG (11) 超硬4溝 M12×1.75	TG (12) ハイス 先端詰め
1	自動時間	(分/個)	3.495	3.495	0
2	サイクル内手扱い時間	(分/個)	1.5	1.98	4.99
3	1サイクルタイム 1+2	(分/個)	4.995	5.475	4.99
4	全手扱い時間	(分/個)	1.50	1.98	4.99
5	手扱い率 4/3×100	(%)	30	36	100
6	余裕率	(%)	10	10	20
7	余裕時間 3×6/100	(分/個)	0.50	0.55	1.00
8	砥石交換時間	(分)	15	10	5
9	砥石寿命	(個)	5000	2500	1500
10	砥石交換時間 8/9	(分/個)	0	0	0
11	段取り時間	(分/回)	7.5	7.5	3.0
12	1ロット研削数量	(個)	5	5	5
13	1個当たりの段取り時間	(分/個)	1.0	1.0	4.0
14	ドレス時間	(分/回)	0	25	0.1
15	ドレスインターバル	(個/回)		1/week	5
16	1ケ当たりのドレス時間	(分/個)			0.02
A	単一マシンアワー 3+7+10+16	(分/個)	5.50	6.03	6.01
B	研削時間 A+13	(分/個)	6.50	7.03	10.01
	備考				

表 4.23 工具別再研削工数原単位

区分	No	工具名	単工数 (分/個)	No	工具名	単工数 (分/個)
再研削	1	小径用中グリバイト	9.3	12	ピニオンカッタ	19.5
	2	フォームドバイト	10.5	13	シェービングカッタ	216.0
	3	チップ (再生)	5.0	14	テーパドリル	6.0
	4	ミーリングカッタ	123.0	15	ストレートドリル	4.5
	5	コアカッタ	40.5	16	ステップドリル	7.5
	6	エンドミル	22.5	17	センタドリル	15.0
	7	メタルソー	22.5	18	ガンドリル	11.6
	8	サーフェースブローチ	27.0	19	リーマ	9.0
	9	キーブローチ	51.0	20	ガンリーマ	15.0
	10	スプラインブローチ	270.0	21	ドリル付きリーマ	37.5
	11	ホブカッタ	22.5	22	タップ	7.5

表 4.24 部品別再研削工数原単位と操業度算出例

⟨原単位 単位：分／個⟩

No	部品名＼機種	A	B	C	D	E	F	G	H	I	J	K	L	M	N	O	P	Q	R	S	T
1	部品 A	2.2	3.3	4.4	5.33	6.19	7.19	5.2	5.72	5.1	7.24	6.24	29.3	24.64	20.72	20.94	14.33	8.52	27.89	32.89	30.38
2	部品 B	3.58	5.76	7.91	2.85	3.46	4.2	4.38	4.82	4.82	6.88	5.79	7.25×3 21.75	5.59×3 16.77	1.955×6 11.73	2.19×6 13.14	6.49×3 19.47	4.02×6 24.12	4.07×8 32.56	4.07×12 48.84	2.19×12 26.28
3	部品 C	0.76	0.76	0.76	0.76	0.76	0.76	0.8	0.8	0.8	0.96	0.96	3.38	3.38	1.34	1.48	4.35	1.29	5	5	5
4	部品 D												0.58	0.58	0.87	0.98	1.67	1.98	2	2	2
5	部品 E																1.71	1.06	3	3	3
6	部品 F	1.5	2.2	2.9	3.4	3.4	3.4	7.34	7.34	7.34	7.34	7.34	9.76	9.76	6.49	7.14	7.95	14.9	18.9	28.4	23.65
7	部品 G	0.5	0.7	0.9	0.98	0.98	0.98	0.75	0.75	0.75	0.75	0.75	1.72	1.72	1.09	1.2	3	2.48	5.0×2 10	5.0×2 10	5.0×2 10
8	部品 H							0.4×2 0.8				0.4×2 0.8									
9	部品 I	1.08×2 2.16	1.08×3 3.24	1.08×4 4.32	1.08×3 3.24	1.08×4 4.32	1.08×6 6.48	1.8×4 7.20	1.435×4 5.74	1.435×6 8.61	1.435×6 8.61	2.168×4 8.67	2.29×6 13.74	2.29×6 13.74	1.398×6 8.39	1.62×6 9.72	2.098×6 12.59	2.118×6 12.71	2.08×8 16.64	2.08×12 24.96	1.62×12 19.44
10	部品 J	0.14	0.14	0.14	0.14	0.14	0.14	0.19	0.19	0.19	0.33	0.23	0.47	0.47	0.29	0.32	1.14	0.29	1.6	1.6	1.6
11	部品 K	0.1	0.1	0.1				0.1	0.1	0.1	0.1										
12	部品 L				0.119×4 0.48	0.119×5 0.60	0.119×7 0.83	0.128×5 0.64	0.128×5 0.64	0.128×7 0.90	0.129×7 0.90				0.146×7 1.02	0.152×7 1.06					
Ⓐ	計	10.94	16.20	21.43	17.18	19.85	23.98	27.40	26.10	28.61	33.11	30.78	80.70	71.06	51.94	55.98	66.21	67.35	117.59	156.69	121.35

⟨工数集計・操業度算出例⟩

Ⓑ	生産量 個／月	10	120	90	500	210	550	350	550	450	380	75	100	90	120	150	80	50	60	140	20
Ⓒ	A×B/60 H／月	1.82	32.40	32.15	143.13	69.46	219.84	159.83	239.25	214.55	209.72	38.48	134.50	106.59	103.88	139.96	88.28	56.12	117.59	365.61	40.45

① 工数総計 Σⓒ 2513.6 H／月
② 直接作業時間 135.4 H／月・人
③ 必要人員 18.6 名
④ 在籍作業者数 16 人
⑤ 操業度 1.09 H／日・人
⑥ 月間平均残業時間 21.7 H／月・人
⑦ 残業時間総計 347.8 H／月

表 4.25 スタッフ業務の新機種立ち上り業務負荷工数試算

$T_0 = \sum_i T_i$

No	区分	算出式		標準単工数
(1)	工具設計工数	$T1 = \sum_{jk1} N1_{jk1} \times t1_{jk1}$	N1：件数　t1：単工数（分） j：設計　k：トレース　l：メーカー図面チェック	t1＝ 表4.26参照
(2)	部品工程工具表作成工数	$t2 = \sum_m N2_m \times t2_m$	N2：作成件数　t2：単工数（分） m：部品点数	t2＝ 30〜40分
(3)	再研削用ジグ検具設計工数	$T3 = N3 \times t3$	N3：件数　t3：単工数（分）	t3＝60分
(4)	立ち上り工具発注起案工数	$T4 = N4 \times (t4 + t5)$	N4：起案件数 t4：技術打合せ見積もり工数　t5：発注納期管理工数	t4＝60分 t5＝60分
(5)	設備仕様書チェック工数	$T5 = N4 \times t6$	t6：生産技術発行設備仕様書チェック単工数	t6＝30分
(6)	生産技術部門との調整打合せ工数	$T6 = 0.2 \times N4 \times t7$	t7：単工数	t7＝60分
(7)	再研削仕様書作成工数	$T7 = N5 \times t8$	N5：件数　t8：単工数	t8＝30分
(8)	納入保管手続き工数	$T8 = 3 \times N4 \times t9$	t9：工具グループ内連絡用紙作成工数	t9＝15分
(9)	新設備不具合対処工数	$T9 = 0.1 \times N4 \times t10$	t10：単工数	t10＝120分
(10)	その他管理工数	$T10 = N4 \times t11$	t11：単工数	t11＝40分

表 4.26　計算例（工具の設計工数などの試算）

(1) 設計工数

No	区分	工具名	工具種類 特殊工具	工具種類 標準工具	設計件数 設計	設計件数 トレース	設計件数 メーカー図チェック	単工数（分）設計	単工数（分）トレース	単工数（分）メーカー図チェック	設計工数 設計	設計工数 トレース	設計工数 メーカー図チェック	総工数（分）
1	旋削工具	バイト	23	18	23			30			690			690
2		チップ	0	71										
3		カートリッジ	0	37										
4		E-Gセット	0	9										
5	フライス工具	ミーリングカッタ	30	0	30					30			450	450
6		カップブレード	25	0	25				25		625			625
7		チップ	0	23										
8		サイドカッタ	10	0	10					10			100	100
9		メタルソー	3	0	3				30		90			90
10		コアカッタ	8	0	8	8						160		160
11		ナグリカッタ	21	0	21	21						420		420
12		同ホルダ	4	0	4	4						60		60
13		エンドミル	7	0	7			30			210			210
14		ロータリバー	0	1		1								
15		半月キーカッタ	1	0	1			30			30			30
16		ローソングリール	0	2			2			10			20	20
17	歯切工具	ブローチ	28	0	28		28	20			560			560
18		ピニオンカッタ	1	0	1		1	15			15			15
19	穴あけ工具	ドリル	86	2	86			25			2150			2150
20		カンドリル	2	0	2			35			70			70
21		リーマ	9	0	9			30			270			270
22		ガンリーマ	1	0	1			40			40			40
23		タップ	5	26	5			25			125			125
24		センタドリル	6	2	6			25			150			150
25	研削工具	砥石	15	0	15			25			375			375
26		ロールペーパ	3	0		3			15			45		45
27		チップストン	1	0										
	合計		289	191	183	36	71				4825	685	1145	6655

(2) 部品別工具種類

ライン名	要設計	設計不用	計
部品 A	109	83	192
部品 B	61	8	69
部品 C	19	26	45
部品 D	33	8	41
部品 E	15	14	29
部品 F	49	30	79
部品 G	2	22	24
計	288	191	479

(3) 部品工程工具表作成件数と工数

ライン名	要設計	単工数（分）	総工数（分）
部品 A	33	40	1320
部品 B	17	40	680
部品 C	9	40	360
部品 D	16	30	480
部品 E	12	30	360
部品 F	17	30	510
部品 G	6	30	180
計	110	240	3890

それらについての算出式を，表4.25に示す．

なお，標準単工数については，各企業により異なるので参考程度に示す．

もちろん，表4.25に揚げた式はすべてにわたって必要でない場合があるので，必要とする項目だけ，取り上げて試算する形となる．表4.26に工具の設計工数などの試算の例であるが，工具別の種類を把握することで，例のように新機種立ち上げ準備のための工数を算出することができる．

仮に，工具の種類が判らない場合は，他の既存の生産機種に使用している工具の種類で代用して，参考程度の負荷工数を算出し，工具技術スタッフの人員計画や残業計画のデータとして活用する．

(11) 技能者への教育

工具の再研削は一般の加工機械と異なり，手作業が多く，熟練を必要とするため作業者の育成には，かなりの期間がかかるが，加工品質を安定化させるには工具の品質保証が不可欠であり，作業者に必要技術および知識を修得させることが大切である．

もちろん，再研削機械の操作だけ修得すれば，作業はできるが，砥石を取り扱うための安全知識や品質確認のための計測技術についてもマスターしなければ品質の安定した工具をラインに供給することは不可能である．さらに，切削理論や材料の被削性などの一般知識や工具材料，砥石，切削油などの知識を修得させることも大切である．

これらの技術，知識を習得させることで，加工に関する種々のトラブル対策もできるすぐれた技能者を育成する必要がある．

これらの教育内容を次の4点に分類する．

i) 会社もしくは部門の方針教育

会社の基本的な経営方針や，今年度の活動方針，品質についての方針を理解させる．

朝礼等で説明する程度では理解しにくいため，各月の重点テーマを絞り込んで，その月のテーマを大見出しで掲示板に掲示し，会社および部門の方針を徹底させる．

ii) 担当作業の技能教育

作業標準書や業務の手順書を用いて，担当する作業の技能や知識を実習にて習得させる．

または，必要に応じて研削機械操作と計測技術についてベテラン作業者の作業状況をビデオテープに収録してビデオを見ながら，説明と作業とを繰り返し教育する．

この技能教育はOJTが基本であるが，図4.47に示す問題点が発生しやすいことを常に考えながら作業をする習慣を見につけるように，注意をすることが大切となる．

例えば，再研削作業者に対しては，自己チェックの時に，研削精度不良の有無を確認させ，焼け，割れ，各部の寸法などについてチェックもれのないように指導する．同じに，有効長さが廃却寸法に達してないか否かのチェックも習慣付けさせることが大切である．

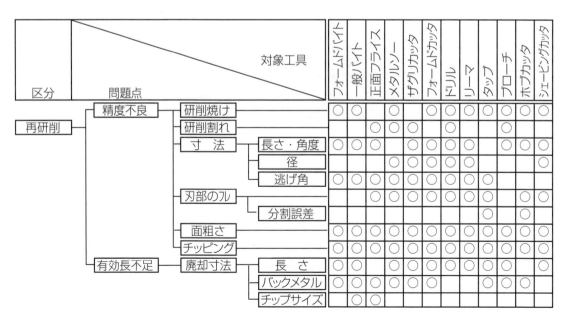

図4.47 工具再研削作業での注意事項

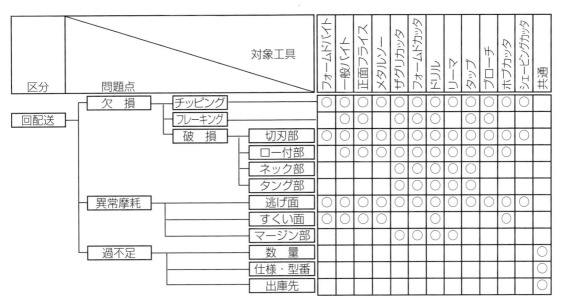

図 4.48 工具集配作業での注意事項

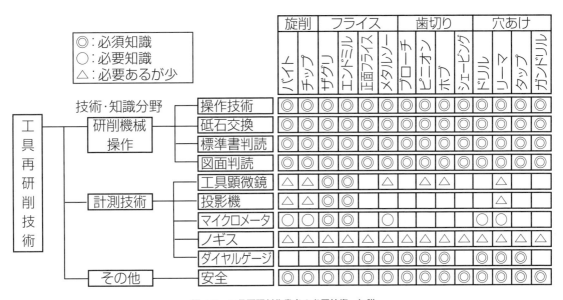

図 4.49 工具再研削作業者の必要技術・知識

また，工具の集配担当者に対しては，表 4.48 の注意点を常に頭に描いて，不具合のない工具を配送する習慣付けをさせることが必要である．
iii)担当作業に関連する知識習得教育

教育テキストを使って必要知識を学習させ，知識レベルの向上を図る．

また，必要に応じて外部講習会へ参加させ，担当業務の国家検定資格にチャレンジさせる．

特に，再研削作業者への教育は，研削砥石に関する知識と，工具材料の基本知識を習得させることが必須であり，この内，工具材料についての社内教育資料を 4.7 項に例として示すので，参考にしていただきたい．

図 4.49 は，一般的に工具再研削作業者の必要な技能と知識を列挙したもので，関連知識として図 4.50 に示す内容について，教育計画をたてて教育する．
iv)安全教育

KYT シートを用いて，危険動作や潜在的な危険個所を感知できる感性を養う．

特に，工具の再研削作業では，研削砥石を扱うため，砥石が破損すると重大な事故になるので，砥石の基礎知識も合わせて教育する．

171

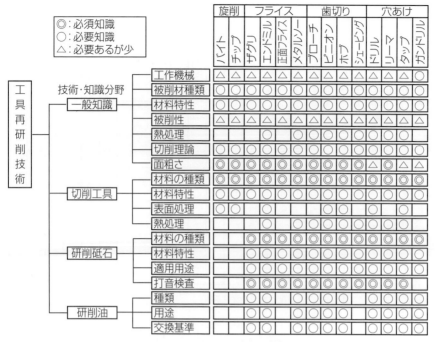

図 4.50　工具再研削作業者の必要知識

4.6　工具管理部門の管理点と管理指標

工具管理部門としての使命は，不具合のない工具を製造部門に効率的に供給することにあり，管理点および管理指標を明確にして日常業務に取り組むことが大切となる．

(1) 管理点

各階層別の管理点の例を次にあげる．

〈課長〉

お客様に売れるよい製品・部品を造るために，品質のよい工具を製造部門に効率的に供給する体制とそれを具現化するための方針と目標の策定．

〈職長〉

品質のよい工具を製造部門に供給し，かつ課の方針と目標を達成するために，各種管理要領，管理標準を整備し作業者の教育と動機付けの遂行．

〈班長〉

各種管理要領，管理標準に従い，作業標準書の作成と，作業者への効率的な作業指示．

〈作業者〉

再研削精度の品質保証のために，自己チェックの励行と，必要により重要な工具は再研削精度をデータシートに記録し，不具合のない工具を製造部門へ配送．

〈技術スタッフ〉

JIS やメーカー標準をもとによい工具を選定し，必要により特殊工具は製品形状に合わせて設計を行なう．

〈発注・在庫管理スタッフ〉

受入検査を励行し，不具合のない工具を必要量だけ準備する．

(2) 管理指標

1) 再研削部門

① 稼働率 $= \dfrac{\text{直接稼動時間（H/月）}}{\text{総就業時間（H/月）}} \times 100$

② 消化率 $= \dfrac{\text{実績工数（H/月）}}{\text{理論工数（H/月）}} \times 100$

or $\dfrac{\text{実績でき高（個/月）}}{\text{理論でき高（個/月）}} \times 100$

③ 出勤率 $= \dfrac{\text{総出勤日数（日/月）}}{\text{（稼動日）} \times \text{（在籍人員）}} \times 100$

④ 原低率 $= \dfrac{\text{改善工数（H/月）}}{\text{理論工数（H/月）}} \times 100$

⑤ 操業度 $= \dfrac{\text{実績残業時間（H/月）}}{\text{（稼動日）} \times 8\text{H} \times \text{（在籍人員）}}$ （H/日・人）

⑥ 再研削工数改善率 $= \dfrac{\text{改善時間}}{\text{標準時間}} \times 100$

⑦仕掛率 = $\dfrac{\text{未配送工具数}}{\text{回収工具数}} \times 100$

⑧改善提案件数(個人別)
⑨月別予算使用実績(費目別)
⑩責任費発生金額

2) 技術スタッフ部門
　①工具費改善金額

　②加工能率改善率 = $\dfrac{\text{改善時間}}{\text{標準時間}} \times 100$

　③再研削工数改善率 = $\dfrac{\text{改善時間}}{\text{標準時間}} \times 100$

　④原単位 = $\dfrac{\text{工具価格} \times \text{set 数}}{\text{寿命} \times \text{再研削数}}$

3) 発注在庫管理部門
　①在庫削減金額
　②発注金額(ライン,業者別)
　③出庫金額(ライン,業者別)

　④実績原単位 = $\dfrac{\text{出庫金額(円/月)}}{\text{生産量(個/月)}}$

　　　　or $\dfrac{\text{出庫金額(円/月)}}{\text{稼動時間(H/月)}}$

　⑤価格改定金額
　⑥検収金額(ライン,業者別)
　⑦納期遅れ件数(業者別)

4.7　工具の基礎教育資料（新人用レジメ）

切削工具の材料について

(1) 工具材料発明年代図

(2) 切削工具材料
　2.1　高速度鋼
　2.2　超硬合金
　2.3　サーメット
　2.4　セラミック
　2.5　ボラゾン

(3) 表面処理

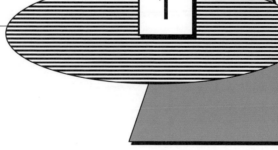

管理部門：
担当者名：

(1) 工具材料の発明年代

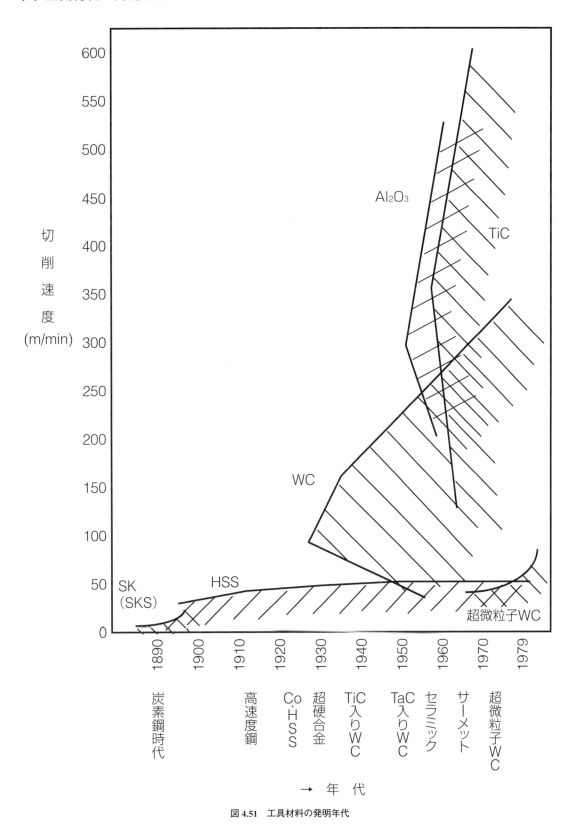

図 4.51　工具材料の発明年代

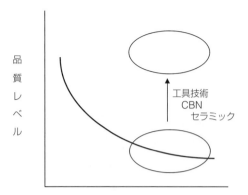

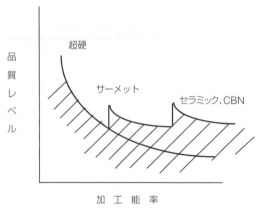

図 4.52 加工能率と加工品質のトレイドオフ

(2) 切削工具の材料

2.1 高速度鋼(High Speed Steel)

2.1.1 歴史

1898年にTaylerらにより高温焼入れ法が開発された．この焼入れ法によりW-Cr鋼を処理したものを高速度鋼と呼び，一説によると1900年のパリの万国博で高速加工の実演をして驚嘆されたとか，1924年に18-4-1で示される今日の高速度鋼の基礎ができた．その後，種々の金属が含有され，現在の高速度鋼の系列がつくられた．

現在使用されている高速度鋼はその成分から，次の6種類に大別されている．

(1) W系
(2) W-Co系
(3) Mo系
(4) Mo-Co系
(5) W-Mo系(V系)
(6) W-Co-Mo系(V-Co系)

表 4.27 に成分規格と物理的性質を示す．

2.1.2 高速度鋼の主成分の影響

(1) C(炭素)

C は一部が地質に溶解し，他は W, Cr, V, Co などの金属と炭化物を形成し，高速度鋼の硬さを高める．また，切れ味を高め，耐久力を増大する．C量は他の特殊元素の含有量や工具の種類によって決めるものであるが，C量が少ないと焼きが入りにくくなり，多いと焼きが入りやすくなるが，脆くなる性質がある．

(2) Cr(クロム)

一部炭化物を形成し，意中部は地質に溶解して鋼に自硬性を与えて，焼入れ性を良好にする．また，焼戻し硬さ，および高温硬さを高める．

(3) W(タングステン)

一部，炭化物を形成し，一部は地質に溶解して高温における軟化性を与え Cr と同様に，焼戻し硬さと高温硬さを高める．

(4) V(バナジウム)

一部，非常に硬い炭化物を形成し，一部は地質に溶解する．そして，結晶粒を微細化し，焼戻し硬さおよび高温硬さを高める．V含有量の多い高速度鋼は，耐摩耗性が高いが研削性が悪い．

(5) Mo(モリブデン)

W とほぼ同様の性質を有する．その性質効果は，Mo1% が 2% の W に相当する．W の一部，または全部を Mo に置き換えた高速度鋼は靱性が高い．

(6) Co(コバルト)

CoはCの鉄への溶解度を高めて，炭化物の地鉄への溶解量を増大する．Coを含有する高速度鋼は高温硬さを増し，切削耐久性が高くなる．しかし脆くなる．

2.1.3 高速度鋼の特性

表 4.28 に特性を示す．

表 4.27 高速度鋼の特性

	耐摩耗性	高温硬度	耐衝撃性	研削性	熱処理性
W 系	B	B	B	A	C
Mo 系	B	C	A	A	D
Co 系	B	A	C	B	D
V 系	A	A	C	D	D

A←B←C←Dの順で優位性を示す．

表 4.28 高速度工具鋼の製品型番

形式	JIS記号	ISO記号	主要成分 C	Cr	Mo	W	V	Co	大同特殊鋼	神戸製鋼所	不二越	日本高周波	日立金属	理研製鋼	用途
W型	SKH2	T1	0.8	4	-	18	1	-	WH2		SKH2	H2	YHX2	RH2	
W-Co型	SKH3	T4	0.8	4	-	18	1	5	WH3		SKH3		YHX3	RH3	バイト
	SKH4	T5	0.8	4	-	18	1	10	WH4		SKH4	SKH4	YHX4	RH4A	クランクバイト
	SHK10	T15	1.5	4	-	12	5	5	VH10			HS53T	HV5	XVC3	
W-Mo型	SKH51	M2	0.9	4	5	6	2	-	MH51	KM1	KH51	SKH51	YKM1	RHM1	ドリル、
	SKH52	M3-1	1	4	5.5	6	2	-	MH52		HM31	H52	YXM2	RHM2	シェービング
	SKH53	M3-2	1.2	4	5	6	3	-	MH53	KHV1	HM3	HV1		RHM3	ブローチ
	SKH54	M4	1.3	4	5	6	4	-		KHV2	HM4	HV2	XVC11	RHM4	
W-Mo-Co型	SKH55	-	0.9	4	5	6	2	-	MH55	KMC3	HM35	M7	YXM4	RHM5	ドリル、
	SKH56	M36	0.9	4	5	6	2	8	MH56	KMC2	HM36	HM36	YXM36/3	RHM6	リーマ
		M34	0.9	4	8	2	2	8		KMC7	HMT9		YXM34		歯切り工具
		M41	0.05	4	4	7	2	5	MH41	KMC8	HM41	HM41	YXM41		エンドミル
	SKH57		1.25	4	3.5	10	3.5	10	HM58/MH8	KHV4	HS93R	MV10/NK4	XVC5	RHM7	
Mo型	SKH58	M7	1.00	4	8.5	2	2	-	MH7	KM3	HM7	HM3	YXM7	RHMC	ドリル

2.2 超硬合金

2.2.1 歴史

超硬とは，粉末焼結超硬合金の略称でWCを主成分とし，Coをバインダとして焼結した工具材料である．1920年代にSchroterにより開発され，1926年にKrupp社からWidiaという商品名で市場に出された．その後，各種改良が行なわれて現在の超硬合金が体系づけられた．

1907年　Haynesによりステライトが開発

1909年　ConnelがWCを溶解して超硬ボールをつくる

1914年　LohmanらによるWCを主成分とした鋳造超硬合金の開発

Lohnanit& FuehsがTiを含む炭化物の鋳造合金であるTizitを開発

1926年　Schroterにより，本来の超硬合金が開発され，独国のKrupp社からWidiaの商品名で販売

組成はWC-Co系の単元炭化物（現在の鋳鉄切削用）であった．

1929年　TiC入り超硬合金がDr. P. Schwarzkopfにより開発

1957年　KiefferらによるTaC入り超硬合金の開発

1958年以降　WC-TiC-TaC-Coの復元炭化物（鋼切削用）の系列化は進む．

2.2.2 超硬合金の製法

超硬合金はその名のとおり，非常に硬い合金で主成分は，W，C，Coであるが，性能の工場を目的として鋼切削用の超硬合金はTi，Taが添加されている．

製法手順を次に示す．

(1) WとCを炉中で蒸シ焼きにして化合させWCをつくる．

(2) WCを細かく砕いて金属Coの微粉末を加えよく混合する（3昼夜以上）．

この時，鋼切削用はTiCとTaCを入れて同時に混合する．

(3) 型に入れ圧力を加えて押し固める．

(4) 焼結炉に入れて，1400℃前後で加熱するとコバルトが結合剤となり超硬合金ができあがる．

(5) 焼結後，ダイヤモンド砥石にて研削し，任意の精度に仕上げる．

2.2.3 超硬合金の特性

(1) 硬度

一般にロックウエルAスケール（HRA）で表示する．HRA=HRC×1/2+52

工具鋼の最も硬いものより，さらに硬い．

超硬合金は硬いWの粒子と比較的柔らかい結合材のCoからなっているため，硬度計で圧力をかけるとWCの粒子が運動し，硬度計の読みはWCの粒子Sのものを示しているのではなく，むしろ結合剤の量と炭化タングステンの粒子の大きさを表しているといえる．

(2) 高温硬度

切削熱により，すべての工具は，その工具のもつ切削能力を失う限界切削速度がある．

超硬は高速度鋼より限界速度が高かく，高速で切削することができる．

硬度が低下せず安定切削ができる温度は

高速度鋼　　　600℃

超硬合金　　　800℃が一般的である．

(3) 比重

超硬合金の比重は高く，10～15程度で鋼の1.3～2倍に相当する．

(4) 熱膨張係数

鋼の約半分で，ろう付けする時この熱膨張係数の差により歪みが生じ，亀裂が入るときがあるので注意を要する．

(5) 抗圧力(圧縮強さ)

超硬の抗圧力は現在用いられている工業用材料の中で最も大きく，冷間鍛造型などにも用いられている．

(6) 抗折力

靱性を表す尺度として抗折力を用いる．抗折力はCo含有量によって決定されると共に，WC粒子によっても左右される．図4.53に超硬合金のCo含有量と物性の一例を示す．

2.2.4　切りくずと材種選定

超硬には，次の2種類ある．
　a) 単元炭化物(WC+Co)　……………鋳鉄加工用
　b) 複合炭化物(WC+TiC+TaC…+Co)…鋼加工用

1) 材種の性質

単元炭化物の超硬は，結合度が高く，高温硬度も高い．従って，摩擦に強く，耐スキトリ摩耗性が高い．複合炭化物は，TiC，TaCを加えることにより，耐クレータ性が増す．

2) 切りくずと材種

鋳鉄や黄銅などを削ると短い切りくずか細かい切りくずがでる．これらの金属は引っ張り強度が弱いため，切削による応力のため，切りくずが短くなったり，粉末状になったりする．このような切りくずのため，工具が被削物とこすりあう部分が摩耗する．すなわち，フランク摩耗が生じる．この摩耗に強いのが単元炭化物である．

鋼は引張り強度があるため，切りくずは短くならず，母材から離れまいとする作用が強いため，切刃部は強い接触圧を受ける．この圧力と切削によるせん断熱により，超硬のCoがとられ，WCが切りくずと接触しWC自信が砕かれて脱落し，凹みができる．

この現象をクレータ摩耗といい，TiC，TaCを添加した複合炭化物がこの摩耗に効果がある．

2.2.5　作業内容と材種選定

切削条件は超硬材種選定上重要な要素で，切り込みや送りが大きい場合や断続切削の場合は，チップに大きな応力が生じるので，靱性の高い材料を用い

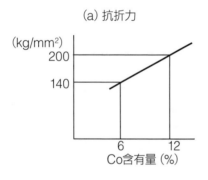

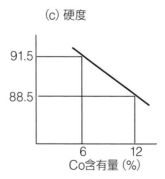
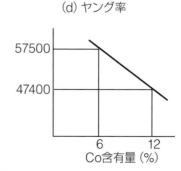

図4.53　Co含有量と物性

る必要がある．連続切削の場合は，圧縮荷重がかかるだけだが，断続切削はそれに衝撃力が加わり，種々のトラブルの原因となる．

また，黒皮切削の場合は表面の硬度が高く，かつ凹凸であるため圧縮荷重が変化し，必要以上の衝撃が加わるため靭性の高い材料を用いる必要がある．

図4.54にWCとCoの含有量と特性の傾向を示す．

2.2.6　切れ刃のトラブルと材種選定

(1) 切削熱によるトラブル

切削中の発生熱により，切刃部に大きな熱勾配ができ，部分的に熱膨張をおこすため，クラックが生じる．冷却が不十分(量，かけ方)の時にも，この熱クラックが生じる時がある．材種は粒子の大きいものやCo含有量の多いものがよい．

(2) 刃先のチッピング

切削中にチッピングが発生したら，高靭性材にする必要がある．

ただし，材種だけではチッピングを防止できないときは，刃先のプリホーニングをする．

図4.55に，チップの刃先に切削抵抗が作用したときの応力分布状態を示すが，チップのすくい面は引っ張り応力，逃げ面側には，圧縮応力が作用する．

折れなどの応力は刃先ほど，その値が大きく，さらに刃先先端は引っ張りと圧縮が近接しているため複雑な状態となっていて，チッピングを起こしやすい．

(a)はプリホーニングのない状態を示し，刃先の複雑な応力分布状態部分をカットし(b)の形状にすることにより，刃先のチッピングを防止することが可能である．

(3) 逃げ面摩耗が大きいとき

硬い材料を用いる．ただし，微少チッピングが発生して，そのまま加工を続けると二次摩耗に進展するので，摩耗過大の原因が，微少チッピングか摩耗かを間違わないことが大切である．

切削の初期に刃先をよく観察することで，判断をすることが可能である．

一般に，チッピングによる二次摩耗の場合は，純粋な摩耗(スキトリ摩耗)と比べて摩耗の状態が不規則となっている場合が多いので，この摩耗形態からでもある程度，判断をすることが可能である．

(注) スキトリ摩耗

工具がワークと接触することによる機械的な擦り摩耗

(4) クレータ摩耗が多いとき

硬い材料にすると，ある程度防止することができる．この硬い材料は，Coの含有量が少なく，切削熱によるCoの浸食作用が少ないためで，TiCやTaCの多い材料を用いても効果がある．

(5) 欠損

ろう付応力やその他の不具合を無視して工具材種だけで考えると，軟らかく靭性のある材種にするとよい．チッピングによる二次破損の場合は，チッピングを抑える必要がある．

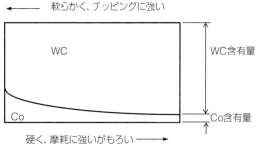

WC：85～96%
Co：15～4%

図4.54　WC含有量による特性傾向

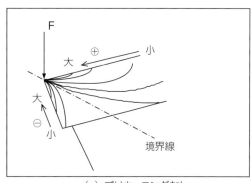

(a) プリホーニングなし

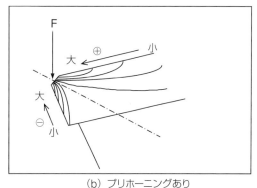

(b) プリホーニングあり

図4.55　チップの刃先の応力分布

表 4.29 Coと各種炭化物の特性

	比重	硬度 (HRA)	抗折力 (kg/mm²)	融点 (℃)
Co	8.90	60〜63	71〜82	1,495
WC	15.5	91〜94	30〜45	2,900
TiC	4.93	92〜93	28〜40	3,250
TaC	14.48	87〜88	−	3,800

2.3 サーメット (Cermet)

1930年頃オーストリアのメタルベルクプランシーで切削工具材として初めて市場に出されたが,脆くて実用的でなかった. 工具としては, 1959年に米国のフォード社で開発され, セラミックと超硬の中間的材料として注目された. 国内では, 1960年に公表された.

(参考)
Cermet のネーミング
セラミック (Ceramics) と超硬 (metal) の中間的性質があることから, Cer と met を組合わせて, Cermet とした.

2.3.1 サーメットの構造

サーメットは, TiCを主体とし, それを取り囲んだバインダ相とから成り立っている.

バインダは, NiやNi-Co合金, Ni-Mo-Cr合金等が使われているが, 高靱性サーメットとして, Ni-Co-Mo系が多用されるようになると共に, TiNを主体としたナイトライド系が多くなっている.

2.3.2 Moの効果

Mo は TiC に対する Ni の濡れ性を改善して, 粒成長を抑制すると共に, 主原料である TiC のもつ遊離炭素と反応して, それを除去する働きをする.

2.3.3 TaC添加の効果

高温特性を改良する TaC を添加するが, TiC 結晶に TaC を固溶させて, その改善をはかる.

2.3.4 サーメットの特性

(1) 抗折力が 90〜160 kg/mm² で, 超硬と比べて脆い.
(2) 高温硬度は, 約1100℃で超硬の800℃より高く, 高速切削が可能である.
(3) 熱伝導率は, 0.06〜0.07で超硬のP種にほぼ近いが, 局部的な熱歪みによるクラックが発生しやすい.
(4) 切りくずとの反応 (親和性) は少なく, 高精度の仕上げ面を得ることが可能である.

2.4 セラミック (Ceramics)

セラミックは, $\alpha-Al_2O_3$を主成分としているので融点が高く, 高温硬さと熱的安定性にすぐれ, 切りくずとの反応が少ないなど, 切削性能がよい. 反面, 抗折力が低いので欠損の危険性が大きい.

この欠損性を改良するために, $\alpha-Al_2O_3$に, チタンやジルコニウムなどの金属を含有させたメタルセラミックや, Si_3N_4系のセラミックが開発されて, 従来の仕上げ領域から荒切削まで使用されるようになった.

2.4.1 セラミックの特性

(1) 高速切削が可能である.
超硬と比べて, 常温および高温における硬度が高い (約1600℃) ので, 超硬の2〜4倍の切削速度で加工できる.
(2) 高硬度材料の切削が可能
焼入れ鋼やチルド鋳鉄の加工も可能である.
(3) 加工精度がよい
被削材との親和性が少ないので, 構成刃先が生じにくい. 従って, 仕上げ面粗さがよい.
(4) クラックが生じやすい
熱伝導率が低いため, 再研削時にクラックが生じやすく, ろう付け工具の製作がむずかしい.
(5) 欠損しやすい
抗折力が低い (50〜90kg/mm²) ため, 切削中の欠損トラブルが発生しやすいので, 刃先のプリホーニングでカバーする必要がある.

2.5 ボラゾン (Cubic Boron Nitride)

ボラゾンとは, 米国のGE社の商品名でCBNの略称で呼ばれる立方晶窒化ホウ素のことである. 現在はGE社の他に各社で製造をしており, デビアース社のアンバーボロンナイトライド, ロシアのエリボールも同類材種である.

2.5.1 ボラゾンの特性

(1) 高硬度材料の加工が可能
主成分であるBNの硬度はダイヤにつぐもので, ヌープ硬度で約4700kg/mm²であり, HRC60の焼入れ鋼を高速で加工することができる.

表 4.30 超硬合金材種の化学成分と物理的性質

ISO区分 主な加工材質	用途系列	色別	化学成分（%） WC	TiC+TaC 概略	Co	比重 g/mm³	硬度 Hv30 kg/mm²	抗折力 kg/mm²	抗圧力 kg/mm²	熱膨脹係数 X10⁻⁶/K 10/℃	弾性係数 kg/mm²	比熱 cal/cm ℃ sec
P 鋼、鋳鋼 長い切りくずの可鍛鋳鉄	P01	青	51	43	6	8.5	1,750	90	420	7.5	46,000	0.04
	P10		63	28	9	10.7	1,600	130	460	6.5	53,000	0.07
	P20		76	14	10	11.9	1,500	150	480	6	54,000	0.08
	P30		82	8	10	13.1	1,450	175	500	5.5	56,000	0.14
	P40		75	12	13	12.7	1,400	195	490	5.5	56,000	0.14
M 鋼、鋳鉄 マンガン鋼 鋳鋼	M10	黄	84	10	6	13.1	1,700	135	500	5.5	58,000	0.12
	M20		82	10	8	13.4	1,550	160	500	5.5	57,000	0.15
	M30		81	10	9	14.4	1,450	180	480	—	—	—
	M40		79	6	15	13.6	1,300	210	440	—	54,000	—
K 鋳鉄 非鉄金属 合成樹脂	K01	赤	92	4	4	15.0	1,800	120	—	—	—	—
	K10		92	2	6	14.8	1,650	150	570	5	63,000	0.19
	K20		92	2	6	14.8	1,550	170	500	5	62,000	0.19
	K30		89	2	9	14.4	1,400	190	470	—	58,000	0.17

(2) 耐熱合金の加工ができる

Ni ベースの耐熱合金など，他の工具材では加工がむずかしい高抗張力材の加工も可能である．

(3) 研削比が高い

CBN 砥石としての用途が多く，研削比は 500〜5000 で，アルミナ砥石と比べて 100 倍以上の性能がある．さらに，切れ味がよいので，研削時間の短縮も可能である．

（注）研削比＝切りくず／砥石摩耗量

(4) 一般硬度材の加工はむずかしい

HRC40 以下の材料を加工する場合，CBN の効果は発揮しにくい．

(5) コストが高い

他の工具材と比べてコストが高く，ダイヤモンドに匹敵する．

(3) 表面処理

工具の切削性能を向上する目的で，表面処理を行なうのが多くなっている．これは工具材は硬度と靱性の両方の優性を維持することができず，相反する特性であるため，母材は高靱性材で，表面の数ミクロンを高硬度材として工具材の欠点をカバーすることが，狙いである．

(3)-1 窒化処理

ドリルやリーマなどの高速度鋼の工具に処理する表面処理法で，一般的には 1000□× 3000L ほどの炉が多く，炉さえ作れればかなり大きな工具も処理できる．

(1) 処理法

550℃前後の NH_3 ガスおよび浸炭性ガスを用いて，CN 基を含む塩浴中で工具の表面に窒化層を生成させる．

(2) 特徴

工具表面の 5〜10μm が硬化（約 HRC57）し，耐摩耗性の向上が図れる．

また，処理表面がタコツボ状となり，オイルポケットとなり，潤滑性を維持し，サビにくく，酸化摩耗の抑制もする．

(3)-2 PVD法によるサーメットコーティング

ホブカッタなどの高速度鋼に処理するもので，別名イオンプレーティングと呼ばれる．

イオンの飛び方に方向性があり，炉を大きくすると処理ムラが発生するので，一般的には φ120×160L 程の炉を用いるため，大きな工具は処理することができない．

処理に用いられるサーメットは TiC（処理色は銀色）と TiN（処理色は金色）がある．

(1) 処理法

炉内の TiC を電子ビームにより蒸発させて，中間電極の放電によりイオン化させて被覆させる方法で 500℃前後で処理を行なう．

(2) 特徴

低温処理のため，高速度鋼の工具にサーメットコートができるため，次の特徴がある．

イ) 靱性が高い

ロ) 耐摩耗性が高い

(3)-3 CVD法によるサーメットコーティング

主に超硬のスローアウェイチップに用いられており，処理温度が高いため，高速度鋼の工具に処理すると母材が軟化してしまう．

(ⅰ)処理法

1000℃前後の炉中で，ガス状四塩化チタン(TiCl4)と水素メタンガスを用いて工具の表面に付着させる．(母材内部にも微量の浸透がある)

(ⅱ)特徴

母材が超硬で，表面がサーメットであるため，次の特徴がある．

　イ)靱性が高い
　ロ)熱に強い
　ハ)耐摩耗性が高い

(3)-4 その他

CVD法による処理として，サーメットコーティングの他に，セラミックコーティングやナイトライドコーティングが多く用いられるようになり，サーメットコーティングと併用して多層とし，切削性能を向上させている．

(参考)

PVD：Physical Vapor Deposition：物理蒸着法
CVD：Chemical Vapor Deposition：化学蒸着法

◇第5章◆

技術資料

5.1 経済的な切削条件の算出例

切削条件を決める場合，社内標準を用いるか，もしくはメーカーの推奨条件を参考にするケースが多いが，もちろんこの決め方に間違いはないが，はたして決めた切削条件で加工してつくった製品の原価が，ミニマムであるかというと疑問である．

各種標準はマクロとして捕らえて，平均的な数値を設定せざるを得ないが，加工は同じ設備や被削材であっても，それぞれの工程で加工状態が異なり，結果として原価が高くなっている場合もある．

従って，加工費，工具費，工具交換費などのトータルでコストミニマムとなる切削条件を求める必要がある．

以下に，経済的切削条件の算出例としてドリル加工について述べる．

トータルの費用構成は，加工費，工具費，工具交換費，工具再研削費の費用とし，その合計を(5-1)式に示す．各構成費用の算出式を，式(5-2)から式(5-6)に示し，各式に用いる工具寿命算出式を式(5-7)から式(5-9)に示す．

この工具寿命を求める場合，式(5-7)のテーラーの寿命方程式で算出するが，工具メーカーなどで掲示している式ではなく，社内の実績寿命方程式を用いることが大切である．表5-1に示すように，従来の切削条件と条件を上げた時の工具寿命を把握し，その数値から寿命方程式を算出したものが，表の右下にある式である．

経済的切削条件を求める場合は，このように社内の実力である実績寿命方程式を使うことで，正確性が増すことになる．

(1)コストの構成

$$Co = \sum_{i=1}^{4} Ci \quad \cdots\cdots\cdots\cdots\cdots\cdots\cdots\cdots\cdots\cdots 5.1$$

1)加工費

$$C1 = \alpha \cdot t0 \quad \cdots\cdots\cdots\cdots\cdots\cdots\cdots\cdots (5.2)$$
$$t = \sigma \cdot t0 \quad \cdots\cdots\cdots\cdots\cdots\cdots\cdots\cdots (5.3)$$

　　　α：チャージ(円/min)
　　　$t0$：サイクルタイム(min/個)
　　　t：切削時間(min/個)
　　　σ：非切削時間比率

2)工具費

$$C2 = K/N \cdot e \quad \cdots\cdots\cdots\cdots\cdots\cdots\cdots (5.4)$$

　　　K：工具価格(円)
　　　N：工具寿命(個/reg)
　　　e：再研削数

3)工具交換費

$$C3 = T1 \cdot \alpha/N \quad \cdots\cdots\cdots\cdots\cdots\cdots (5.5)$$

　　　$T1$：工具交換時間(min/回)

4)工具再研削費

$$C4 = T2 \cdot \beta/N \quad \cdots\cdots\cdots\cdots\cdots\cdots (5.6)$$

　　　$T2$：再研削時間(min/回)
　　　β：再研削部門のチャージ(円/min)

5)工具寿命

(1)テーラの寿命方程式(実績式)

$$V \cdot L^{0.41152} = 208.0412 \quad \cdots\cdots\cdots\cdots (5.7)$$

〈参考：方程式算出データ〉

V	40	60	80	100	120
L	12.64	8.43	6.32	5.06	4.21

(2)寿命(SD-451A)

$$N = L/L1 = 1000 \times (208.0412/V)^{2.43}/L1$$
$$= 4.29674 \times E+8/(V^{2.43} \cdot L1) \quad \cdots\cdots (5.8)$$

(3)加工時間

$$t = L1/F = \pi \cdot D \cdot L1/1000V \cdot f \quad \cdots\cdots\cdots (5.9)$$

表 5.1 社内実蹟寿命方程式

テスト結果	ドリル加工				
品番	FC250 HB170 加工箇所		設備名 HMC	M10 ネジ 下穴	テスト日 テスト者 ○○. △△
材質・硬度					
		従　来		テスト水準①	結　果
工具仕様	寸法 材質	φ8.5×90×130 WC		寸法 φ8.5×90×130 材質 WC	加工能率 A：実切削時間 B：早送り他
切削条件	V f F N L1	42.7 0.19 300 460 102	(m/min) (mm/rev) (mm/min) (個/reg) (mm/個)	V 80.0 (m/min) f 0.2 (mm/rev) F 600 (mm/min) N 100 (個/reg) L1 100 (mm/個)	A：0.34 B：0.23 Σ0.57 0.17 0.23 Σ0.4 △50% △30% +97%
加工数（個） 加工長	L	46.9	(m/reg)	L 10.2 (m/reg)	加工費 従来 49.42 円 　　　 テスト 34.68 　　　 差 -14.74 　　　 　 -29.8% 工具費 従来 1.67 円 　　　 テスト 7.70 　　　 差 6.03 　　　 　 360.0%
延加工長					
工具損傷状況	VB	0.3	(mm)	VB 0.3 (mm)	寿命方程式 $VL^{0.412}=208$
問題点	1. VBが少ないのに低寿命 　切削中にキリキリ音発生（切削トルク過大） 2. ジグに干渉するため工具の突き出しが 　長い（280mm） 3. 加工深さ（24mm）に対して工具の溝長が 　長い（90mm）			（対策）1. ドリルの溝長を短くする 　　　　　90→45mm 　　　2. バックテーパを大きくして 　　　　　摩擦トルクを低減する 　　　　　0.1/100→0.2/100 　　　3. 切削液の潤滑性向上	

L1：穴あけ深さ(mm)
D：ドリル径(mm)
F：送り(mm/min)
f：送り(mm/rev)
V：速度(m/min)
L：算出寿命(m)

式(5-2)から式(5-6)をまとめると，式(5-10)を得る．

6)式の展開

$$Co = \sum_{i=1}^{4} Ci$$
$$= \alpha \cdot t/\sigma + K/N \cdot e + T1 \cdot \alpha/N + T2 \cdot \beta/N$$
$$= \alpha \cdot t/\sigma + (K/e + T1 \cdot \alpha + T2 \cdot \beta)/N$$
$$= \alpha \cdot \pi \cdot D \cdot L1/(1000V \cdot f \cdot \sigma)$$
$$+ (K/e + T1 \cdot \alpha + T2 \cdot \beta) \cdot V^{2.43} \cdot L1/4.29674$$
$$\times E+8 \quad \cdots\cdots\cdots\cdots\cdots\cdots\cdots 5.10$$

ここで，**表5-1**の工程のチャージ他の前提条件として，下記の数値を与えると，式(5-11)を得る．

- 工作チャージ　　　α=86.7円/min
- 再研削チャージ　　β=85円/min
- 工具交換工数　　　T1=3分/回
- 工具再研削工数　　T2=5分/回
- ドリル径　　　　　D=8.5　f≡0.2mm/rev
- 再研削回数　　　　e=10回

- ドリル価格　　　　K=7,700円
- 加工長　　　　　　L1=102mm
- 実切削時間比率　　σ=0.6

7)計算

$$Co = \sum_{i=1}^{4} Ci$$
$$= 86.7\pi \times 8.5 \times 102 / (1000 \times 0.2 \times V \times 0.6)$$
$$+ (7,700 / 10 + 3 \times 86.7 + 5 \times 85) V$$
$$\times 102 / 4.29674 \times E+8$$
$$= 1967.9171 / V + 0.000345425 \times V \cdots 5.11$$

式(5-11)はトータルコストが変数V(切削速度)で表したもので，このトータルコストがミニマムとなる切削速度は微分して，dC0/dV≡0とすることで，もとめることができる．

d C0/dV=−1967.9171/V²+0.000839383×V^{1.43}

d C0/dV≡0

∴−1967.9171+0.000839383×V^{3.43}=0

V^{3.43}=1967.9171/0.000839383

∴ V=72.0 m/min　　
　　f=0.2 mm/rev　　ミニマムコストとなる切削条件

この例では，切削送りは予条件として，f=0.2mm/revとしたが，これはドリル径がφ8.5であることから，これ以上あげると欠損する危険性が考えら

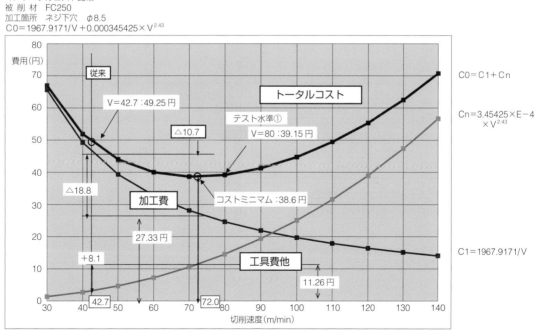

図5.1　ミニマムトータルコスト

れると判断して決めたものである．

この工程の従来の切削条件は

V=42.7m/min

f=0.19mm/rev

であり，**表 5-1** に示したテスト水準①の V=80mm/rev では，コストミニマムの条件ではなく，V=72mm/min とすることで，

実切削時間△ 44%（ 0.34 → 0.19 分 / 個）△ 0.15 分で，トータル加工時間も

0.52 分 / 個が 0.42 分 / 個となり，26% 低減

加工費△ 40%（46.1 → 27.3 円 / 個）△ 18.8 円

工具費他 +360%（ 3.2 → 11.3 円 / 個）+8.1 円

となり，トータルコストでは，従来 49.25 円 / 個が，38.6 円 / 個となり△ 10.7 円 / 個の 22% の低減となる．

図 5.1 は，加工費と工具費その他に分けて図示したもので，従来の切削速度 V=42.7m/min と算出したミニマムコストである V=72m/min の関係を図示したものである．

このように経済的な切削条件を求めて加工工程に反映することで，製造原価を低減することが必要であり，そのためにも自社の工具寿命方程式をつくり上げることが大切である．

5.2　ガンドリルの破損防止対策の理論的考え方

ガンドリルについては，2.5.3.4 章の(1)項でその使い方のノウハウを述べたが，ガンドリルはコストが高く，また欠損が発生しやすい工具の一つである．この項では，ガンドリルの欠損発生を少なくするための一つの考え方についての理論的考察を述べる．

以下の考察は，解析の過程で著者の偏見が多分に含まれて，ミスマッチの面があるとは思うが，フレーキング発生の概念を理解し，ガンドリルの破損を防いでいただきたい．

(1) ガンドリルの欠損の種類

ガンドリルの欠損は**図 5.2** に示すように刃部に集中しており，ロー付け部やパイプの欠損は二次的破壊が多い．さらに，欠損の度合いは，**図 5.3** でガンドリルがワークと接触して，外切れ刃と外周マージンの交点がワークに入ってからオイルクリアランスまでの不安定切削領域で発生するフレーキングが 60% 以上占めており，このフレーキングを防止することで欠損の大半をなくすことができる．

(2) フレーキングの発生について

ガンドリルの外切れ刃と外周マージン部の交点近傍に発生する貝殻状の剥離，すなわちフレーキングは不安定領域による過負荷が原因であるが，その発生メカニズムを解析する．

ガンドリルの刃先に作用する力は次の二つに大別できる．

1) 通常切削時の切削抵抗

2) 不安定領域直後の急激な力

これらの力による刃先の応力分布状態について以下に述べる．

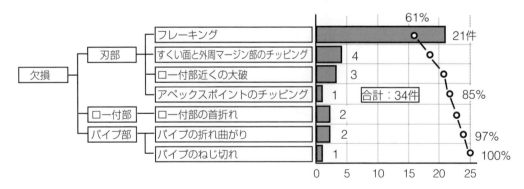

被削材　　：S50C、HB260
ガンドリル：φ8.6×510×φ19.05、K10/ベベル型：1/4D−40−20°
切削条件　：V=85mm/min、f=0.025mm/rev
加工長　　：180mm
切削油　　：2種11号、圧力：50kg/cm²

図 5.2　ガンドリルの欠損の種類と頻度

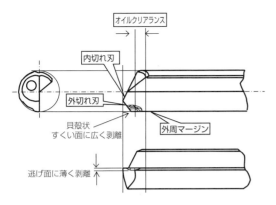

図 5.3 フレーキング

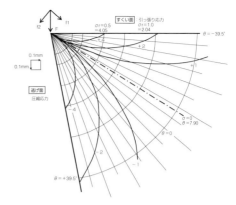

図 5.5 集中荷重が作用する時の応力分布（単位：kg/mm²）

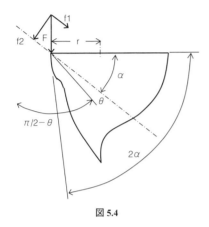

図 5.4

(2)-1 切削抵抗による刃先近傍の応力状態

$$\sigma_r = \frac{-f1 \cdot \cos\theta}{r(\alpha + 1/2 \cdot \sin 2\alpha)} - \frac{f2 \cdot \sin\theta}{r(\alpha - 1/2 \cdot \sin 2\alpha)}$$

$$= \frac{F \cdot \sin\alpha \cos\theta}{r(\alpha + 1/2 \cdot \sin 2\alpha)} - \frac{F \cdot \cos\alpha \sin\theta}{r(\alpha - 1/2 \cdot \sin 2\alpha)} \quad \cdots 5.12$$

ここで図 5.4 の刃先からの検出距離 r がかぎりなく小さければ、$2\alpha=90°$、$r=D/2$ なれば、$2\alpha=45°$ となり、計算例として以下の前提条件を付与する。

$2\alpha=79°$（逃げ角 11°）

$\theta = -\alpha \sim +\alpha$

$r = 0 \sim$

この条件下での刃先部の応力は、(5.13) 式で示される。

$$\sigma_r = \frac{F}{r} \times (0.538\cos\theta + 3.86\sin\theta) \quad \cdots 5.13$$

σ_r が、0 となるのは、f1 が作用する線上にたいして、$\theta = -\tan^{-1}(0.538/3.86) = -7.9°$ の線上である。

この (5.13) 式の r と θ に任意の値を与えると、σ_r の分布状態は図 5.5 を得る。

さらに計算例として次の条件を付与する。

$D=\varphi 8.6$
外切刃角（O.C.A）=42°
内切刃角（I.C.A）=20°
アペックスポイントディスタンス（A.P.D）=D/4
切削送り f=0.02mm/rev

$$= Ks \times f \times D/4 \times \left(\frac{1}{\cos\theta 1} + \frac{1}{\cos\theta 2}\right) \fallingdotseq 0.104 Ks \quad \cdots 5.14$$

ここで、被削材を抗張力 70～80kg/mm² の炭素鋼の被切削抵抗 Ks を、700kg/mm²/0.02mm/rev とし、切削抵抗 F が切削陵線上の一点に集中的に作用すると仮定すると、F=72.8kg となり、切れ刃近傍の応力は図 5.5 に示すように、すくい面側で引張り応力、逃げ面側に圧縮応力が作用し、荷重作用点すなわち刃先に近いほどその値は大きくなる。

ガンドリルの材質である粉末焼結超硬合金は、圧縮に強く、引張りに弱いという性質があり、図 5.5 の応力線状に沿ってすくい面側の剥離現象（フレーキング）が発生しやすくなる。

しかし、実際には切削抵抗は分布荷重であるため、単位長さ当たりの値で議論すべきであり、その値は上記の例で、数分の一程度と考えられる。

また、通常の切削による切削抵抗だけでの刃先部のフレーキングは、Ks が比較的少ない低炭素鋼などのワークでの加工では、発生する率が少ないといえる。

(2)-2 不安定領域直後の急激な力による応力分布状態

ガンドリル加工は、加工開始点（アペックスポイントがワークに接する点）からオイルクリアランスまでの間は、加工径は図 5.6 に示すように、ガンドリ

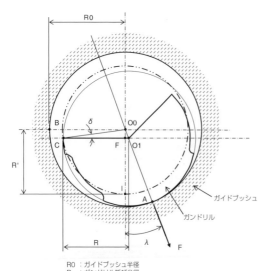

R0 : ガイドブッシュ半径
R : ガンドリル呼び半径
R' : C点の軌跡半径
λ : 切削抵抗合力の作用角
ε : ガイドパットアングル
F : 切削抵抗
CF : ドリル最大さしわたし径

図5.6 ガンドリルの刃先の軌跡

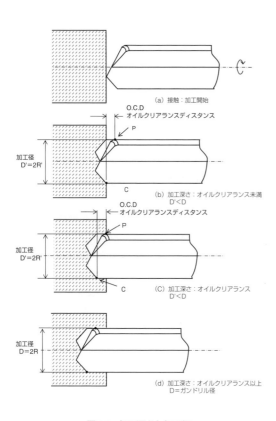

(a) 接触：加工開始
(b) 加工深さ：オイルクリアランス未満 D'<D
(C) 加工深さ：オイルクリアランス D'<D
(d) 加工深さ：オイルクリアランス以上 D=ガンドリル径

図5.7 加工深さと加工径

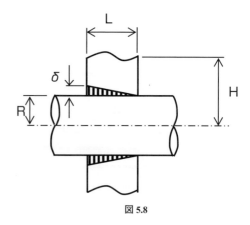

図5.8

ルの称呼径（D=2R）より小さい D'=2R' となる．加工径 2R' は図5.6 にて，ガンドリルの刃先 C 点の軌跡を求めると式(5.16)で示される．

$$R' = O_0E + (R - O_1E) \quad \cdots\cdots 5.15$$
$$O_0O_1 = (R_0 - R)$$
$$C/2 \equiv (R_0 - R)$$
$$R'^2 = (C/2)^2 \cos^2\lambda + \{R - (C/2)\sin\lambda\}^2$$
$$= (C/2)^2\cos^2\lambda + R^2 - RC\sin\lambda + (C/2)^2\sin^2\lambda$$
$$= (C/2)^2(\cos^2\lambda + \sin^2\lambda) + R^2 - RC\sin\lambda$$
$$= (C/2)^2 + R^2 - RC\sin\lambda$$
$$R' = \sqrt{(C/2)^2 + R^2 - RC\sin\lambda} \quad \cdots\cdots 5.16$$

R0 : ガイドブッシュ半径
R : ガンドリル呼び半径
R' : C 点の軌跡半径
λ : 切削抵抗合力の作用角
C : ガイドブッシュとガンドリルとのクリアランス

このガンドリル径 D より，加工径 D'=2R' が小さいため，オイルクリアランスを越えて切削が継続されると，無理やりガンドリルが入る形となり，この瞬間に急激な力が刃部に作用する．

つまり，図5.7 でガンドリルがワークに接触して切削が開始し，切削が継続して外切れ刃と外周マージンの交点 C と対象側の P 点までのオイルクリアランスまでは，加工径は D'=2R' で，ガンドリルの呼び径 D より小さく，さらに切削が継続され P 点が無理やりワークに入るとワークを押し広げ，それ以降の加工径は，ガンドリルの呼び径 D となる．

この時の急激な力は，締付力(F1)となり，締めしろ(R−R')を塑性変形と考えると，その概略値は式(5.17)で示される．

$$F1 = HB \times B \times L \quad \cdots\cdots 5.17$$
HB : ワークのブリネル硬度

188

B ：ガンドリルの外周マージン幅
L ：ガンドリルのバニッシング長さ
　　（オイルクリアランス）

一方，締めしろ$(R-R')$を弾性変形と考えると，締付力 F1 は式(5.18)で与えられる．

$$F1 = \frac{E \times \delta \times L}{H^2} \times (H^2 - R^2) \quad \cdots\cdots\cdots\cdots 5.18$$

$$\sigma = (R-R')$$

実際の締付力は，式(5.17)と式(5.18)の中間の値となると考えられるが，これらがいかに作用してフレーキングに発展するかを以下に解析する．

オイルクリアランスを越えて切削が進行すると，次の瞬間，ガンドリルは切削抵抗線上に**図 5.9**の矢印の方向に押される．

この結果，**図 5.9**の刃先Ⓐ部に急激な過大力が作用することになる．

この過大力が式(5.17)と式(5.18)の値であると考えられるが，実際はガンドリルは，λ方向に押され**図 5.10**に示すようにマージン a, b は，a′, b′に移行し，**図 5.11**の断面 aba′b′ は，O.C.D（オイルクリアランスディスタンス）にわたって塑性変形し，**図 5.12**の断面 aa′cd は切りくずとなる．

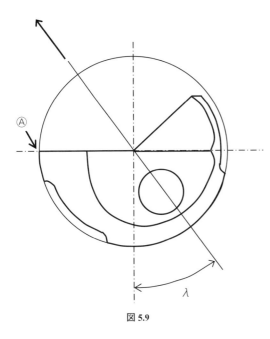

図 5.9

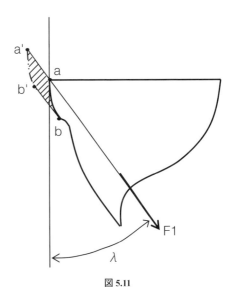

図 5.11

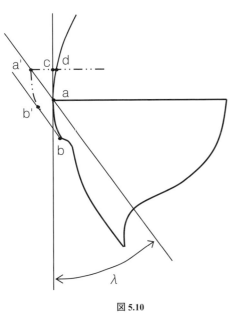

図 5.10

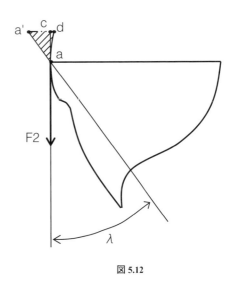

図 5.12

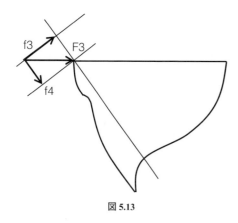

図 5.13

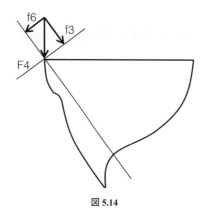

図 5.14

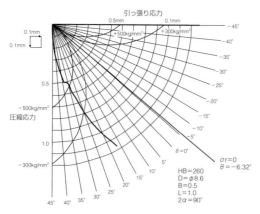

図 5.15 衝撃力による応力分布

$(F2): \sigma_r 2 = \dfrac{-f1 \cdot \cos\theta}{r(\alpha + 1/2 \cdot \sin 2\alpha)} - \dfrac{-f2 \cdot \sin\theta}{r(\alpha - 1/2 \cdot \sin 2\alpha)}$

$(F3): \sigma_r 3 = \dfrac{-f4 \cdot \cos\theta}{r(\alpha + 1/2 \cdot \sin 2\alpha)} - \dfrac{-f3 \cdot \sin\theta}{r(\alpha - 1/2 \cdot \sin 2\alpha)}$

$(F4): \sigma_r 4 = \dfrac{-f5 \cdot \cos\theta}{r(\alpha + 1/2 \cdot \sin 2\alpha)} - \dfrac{-f6 \cdot \sin\theta}{r(\alpha - 1/2 \cdot \sin 2\alpha)}$

$\sigma_r = \sigma_r 2 + \sigma_r 3 + \sigma_r 4$

$= \dfrac{-(f1+f4+f5)\cdot\cos\theta}{r(\alpha+1/2\cdot\sin 2\alpha)}$

$- \dfrac{(f2+f3+f6)\cdot\sin\theta}{r(\alpha-1/2\cdot\sin 2\alpha)}$ ……………… 5.19

$f1 = F2 \cdot \sin\alpha$
$f2 = F2 \cdot \cos\alpha$
$f3 = F3 \cdot \sin\alpha = F1 \cdot \sin 2\alpha$
$f4 = F3 \cdot \cos\alpha = F1 \cdot \sin\alpha \cdot \cos\alpha$
$f5 = F4 \cdot \sin\alpha = F1 \sin\alpha \cdot \cos\alpha$
$f6 = F4 \cdot \cos\alpha = F1 \cos^2\alpha$

$\therefore \sigma_r = \dfrac{\cos\theta \cdot \sin\alpha}{r(\alpha+1/2\cdot\sin 2\alpha)} \times (F2 + 2F1\cos\alpha)$

$- \dfrac{\sin\alpha}{r(\alpha-1/2\cdot\sin 2\alpha)} \times (F2\cdot\cos\alpha + F1)$ … 5.20

ここで $F1 = HB \cdot B \cdot L$（塑性変形と仮定）

$F2 = L \cdot \{(R-R')^2 \cdot \cos\lambda + R/4 \times (\pi\cdot\varepsilon/180 - \sin\varepsilon)\}$

ただし, $\varepsilon = 2\cdot\sin^{-1}\dfrac{(R-R')}{R}\cdot\cos\lambda$

$\lambda = \cos^{-1}\left\{\dfrac{9/4 - \cos(60-\beta) - 4\sin^2(\beta-2)}{9/2 - 3\cos(60-\beta)}\right\}$

であるが, $F1 \gg F2$ から, 近似的に $F2=0$ とすると, その応力値は, 式(5.21)で得る.

$\sigma r = \dfrac{2\cos\theta\cdot\sin\alpha\cdot\cos\alpha}{r(\alpha+1/2\cdot\sin 2\alpha)} \times HB\cdot B\cdot L$

$- \dfrac{\sin\theta}{r(\alpha-1/2\cdot\sin 2\alpha)} \times HB\cdot B\cdot L$ ………… 5.21

式(5.21)による計算結果を, 図 5.15 に示すが, 応力分布状態は, 図 5.5 と同形態となるが, 実切削上の荷重は, マージン部（約 0.5mm 幅）に作用するため, 応力状態は若干変化するものと考えられるが, 応力の分布状態は同じ傾向にあり, すくい面側に

この結果, 刃部には F1 と F2 が作用する.

図 5.12 の F2 は(2)-1 項で説明した F と同じ応力分布を示し, その値は式(5.13)より, F=F2 として得ることができる. さらに, 図 5.11 の F1 の影響について考えるために, 図 5.13 ～ 5.14 に示すように, f3 ～ f6 に分解すると, 分力が全て式(5.13)に帰着できる. 従って, F1 による応力状態は式(5.19)で得る.

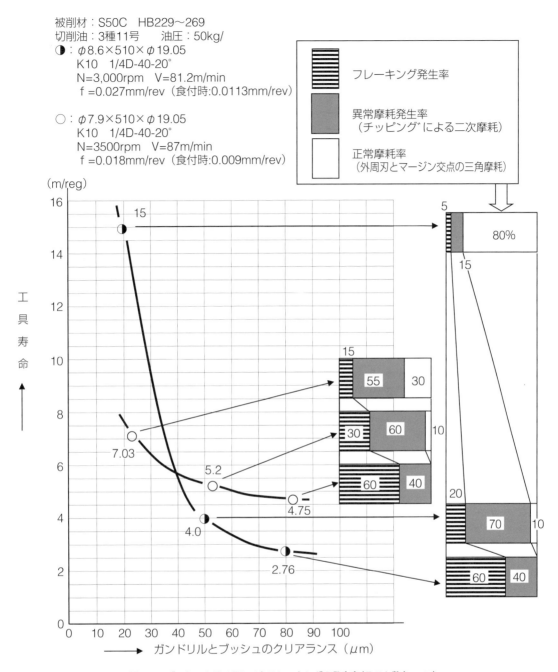

図 5.16 ブッシュクリアランスとフレーキングの発生率(テスト数各 N=20)

引っ張り応力,逃げ面側に圧縮応力が作用し,結果としてすくい面にフレーキングが発生する原因となる.

つまり,式 5.18)の δ =R-R'つまり,R'を決定するガイドブッシュとガンドリルのクリアランスがフレーキング発生の大きな要因であるといえる.

図 5.16 にガイドブッシュクリアランスとガンドリルの寿命について,実際の生産ラインでの結果を示すが,クリアランスが $20\mu m$ と $80\mu m$ では,$\varphi 8.6$ で 80% 寿命が低下しており,$\varphi 7.9$ では 30% 寿命が短い.

この $\varphi 8.6$ と $\varphi 7.9$ の寿命の相違は,$\varphi 7.9$ が食い付き面が傾斜していることと,加工深さが深く $\varphi 8.6$ と比べて条件的に良くない状態で加工しているためで,参考程度に見ていただきたい.しかし,いずれの径もクリアランスが増えると,急激にフレーキン

191

グの発生率が増加している．

従って，このクリアランスを，いかに少なく管理するかが大切となる．

つまり，ガイドブッシュを日常点検することで，ガンドリルの大半は防ぐことが可能といえる．

この日常点検の方法として，著者は限界プラグゲージを機械サイドに設置して，作業者に一日に一回はチェックすることを推奨する．

しかし，式(5.21)の被削材硬度が高いと，防止することが難しくなり，ガンドリルの形状に工夫する必要がある．

(2)-3 フレーキング対策

ガンドリルとガイドブッシュとのクリアランスが原因で発生するフレーキングは，日常のブッシュクリアランスをいかに管理するかが重要となるが，ガンドリルの形状を変えることで，ある程度フレーキングの発生を少なくすることも可能であるので，以下にその方策について述べる．

1) ベアリングアングルを大きくする

図 **5.17** の最大さしわたし径 CF は，ガイドパットアングルによって決まるが，ガンドリルの刃先 C 点の軌跡できまる加工径 $D'=2R'$ が，この $CF=2R\cos(\varepsilon/2)$ より小さければ，不安定切削領域での急激な衝撃は緩和される可能性がある．

したがって，フレーキングの発生率が多くなったら，ガイドパットアングルを大きくすることが，ひとつの手段である．

しかし，ボディクリアランス CH は，$CH'=D(1-\cos\varepsilon)$ より大きくする必要があるので，注意を要する．

2) すくい面の形状を変えて補強する

図 **5.18** にて 直線 ae は通常のガンドリルのすくい面であるが，このすくい面を $\theta°$ 負角とし，直線 af を考えると，一定応力線 abc に対して，abcd とすることである程度の補強を図ることができる．

つまり，ガンドリルの材質である粉末焼結超硬合金の(粒子間強度)×(一定応力値の作用する面積)という係数を尺度とすることで，対欠損性の大小を判断することも可能である．

図 **5.19** にその改良型ガンドリルの形状を示すが，

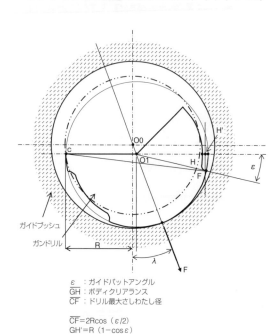

ε : ガイドパットアングル
$\overline{GH}$: ボディクリアランス
$\overline{CF}$: ドリル最大さしわたし径

$\overline{CF}=2R\cos(\varepsilon/2)$
$GH'=R(1-\cos\varepsilon)$

図 5.17 ガイドパットアングルとボディクリアランスの関係

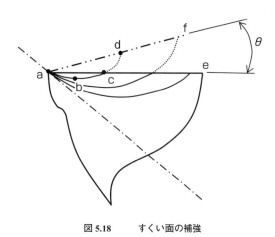

図 5.18 　　すくい面の補強

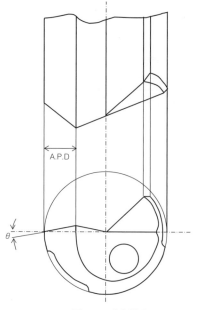

図 5.19 　改良型ガンドリル

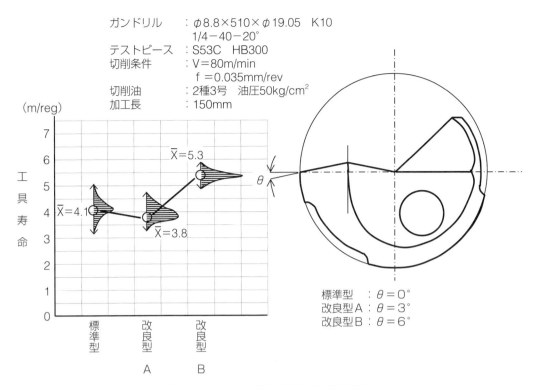

図 5.20 フレーキング発生までのガンドリル寿命

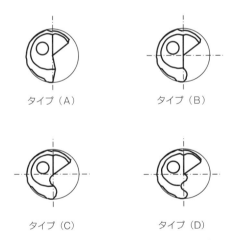

図 5.21 各種改良型ガンドリルのすくい面形状

このガンドリルで生産ライン内で加工した結果を**図 5.20**に示すが，標準型と比べて，$\theta=3°$では逆に寿命が低下しているが，これはワークの硬度などによるバラツキ程度と考えられるが，$\theta=6°$とすることでフレーキング発生までの寿命を向上させることができた例である．ガンドリルの欠損の大半を占めるフレーキングに強い改良型の応用例としての形状を，**図 5.21**に示す．

この形状は，著者が1974年に，実用新案(u01314309, u01410902)を取得した技術である．

(2)-4 補足

1974年に，著者がガンドリルのフレーキングがなぜ発生するか，そしてこのフレーキングの発生防止について，ガンドリルの刃先の応力分布状態を解析して説明したが，バイトについての応力分布状態の理論解析は，当時の阪大の田中教授や，koenigsberger氏ら，多くの学識者により研究されているが，ガンドリルについては，概略計算であるが，著者が初めておこない，工具メーカーへ大きな刺激を与えたものと感じている．

そして，著者の考えた改良型ガンドリルの形状を応用して各工具メーカーが次々と新しいガンドリルを発売して，今日のガンドリルの高能率加工を実現した一つの布石を投じた技術である．

〈この項での参考文献〉

(1) 能上進：機械と工具（1968年5月）P97
(2) 田中義信：精密機械39巻10号（1973年10月）P83
(3) F.Koenigsberger：Annals of the CIRP Vol.21/1972
(4) S.Timoshenko：Theory of the Elasticity P97

5.3 切削条件の標準化例

工具メーカーでは，各種被削材に合わせて切削条件の推奨値をカタログに掲載しているが，その値は範囲で示しているので，中間値を使うべきか，上限値，下限値のどれを使うべきか，迷う場合が多い．

ある程度の参考として見ればよいが，できれば自社独自の標準切削条件を作成して，活用することを，推奨したい．

また，工具メーカー以外にも専門機関でデータベースを提供しており，その中でも，米国のMACHINABILITY DATA CENTERのMACHINING DATA HANDBOOKが使いやすく，これを標準切削条件として活用してもよい．

この標準切削条件の一例を，**表 5.2** に示すが，作成するにあたり**表 5.2**のように，表としてまとめるのも良いが，グラフにして式を作成することを勧める．数式化することで，各種プログラムに取り込むことができ，例えばワーク硬度と使用する工具材料やワーク剛性の有無等を与えることで，標準切削条件を自動で算出することが可能である．

つぎに，この標準切削条件の一例をまとめて示すので，参考にしていただきたい．

表 5.2：鋼材，鋳鉄の切削条件表
図 5.22：鋼材旋削の切削速度
図 5.23：鋼材旋削の送り
図 5.24：鋼材ミーリングの切削速度
図 5.25：鋼材ミーリングの送り
図 5.26：鋼材中グリの切削速度
図 5.27：鋼材中グリの送り
図 5.28 ～ **5.31**：鋼材ドリルの切削速度
図 5.32 ～ **5.35**：鋼材ドリルの送り
図 5.36：鋳鉄材旋削の切削速度
図 5.37：鋳鉄材旋削の送り
図 5.38：鋳鉄材ミーリングの切削速度
図 5.39：鋳鉄材ミーリングの送り
図 5.40：鋳鉄材中グリの切削速度
図 5.41：鋳鉄材中グリの送り
図 5.42 ～ **5.45**：鋳鉄材ドリルの切削速度
図 5.46 ～ **5.49**：鋳鉄材ドリルの切削速度
表 5.3 ～ **5.4**，**5.6** ～ **5.7**：グラフデータ
表 5.5：被削材による切削条件低減率

この切削条件表については，自社の加工技術レベルに合わせて，それぞれ独自の標準書を作成していただきたい．

また，これらの標準類は，技術革新に合わせて年々改定することも必要であるので，業界の新技術開発状況を積極的に入手することが大切となる．

5.4 工具寿命方程式の例

自社の加工技術レベルに合わせた標準切削条件を設定したら，その切削条件で加工した場合，工具寿命がどれくらいになるのかを確認する必要がある．

切削条件を決めて，その条件で実際の加工設備で加工確認するのが一番正確であるが，その前におおよその工具寿命を把握して，工具費や作業者の工具交換頻度を試算する場合がある．

このような時に参考となるのが，工具寿命方程式である．

表 2.2 に示したように，本来ならば自社の実績寿命方程式を作成しておけば，誤差の少ない工具寿命を試算することができるが，この自社の工具寿命方程式を未把握の場合は，工具メーカーが提供している式を参考として使うことになる．

工具メーカーから提供された工具寿命方程式について，旋削の例を，**表 5.8** ～ **表 5.11** に示す．

この式は，パラメータとして切削速度だけを取り込んだ式であるが，実際には切削送りの量や，被削材の硬度，使用する設備やワークの剛性の有無あるいは，連続・断続加工の差なども影響するが，概略値としての工具寿命を把握することができる．

この切削速度以外の要因の工具寿命への影響については，2.4.2.7項で述べたが，次の簡易式にて寿命を予測する方法もある．

$$VT^n = C \cdot w \cdot x \cdot y \cdot z \quad \cdots\cdots\cdots\cdots\cdots\cdots 5.22$$

w：硬度係数
x：送り係数
y：剛性係数　加工系（ワーク，設備etc）の剛性
　　あり y=1　なし y=0.9
z：連続・断続切削係数　連続加工 z=1　断続加工 z=0.9

硬度係数wと，送り係数xは，**表 5.12** と **表 5.13** に，一例を示す．

なお，**表 5.8** ～ **表 5.11** に記載した工具寿命方程式は，工具メーカーから提供していただいた式であるが，式を算出する基準である切削送りや，切込量，寿命判定の工具逃げ面摩耗量などが，メーカーにより若干異なるため，式からの算出値の比較は，意味を持たないので注意願います．

表 5.2　標準切削条件

工法	材料	区分	設備・ワーク剛性	WC+コート V	WC+コート f	サーメット V	サーメット f	セラミック V	セラミック f	CBN V	CBN f	注記
旋削	鋼	粗	大	280	0.35							
			中	240	0.35							
			小	160	0.27							
		仕	大	280	0.23	320	0.23					
			中	200	0.23	240	0.23					
			小	145	0.23	160	0.23					
	鋳鉄	粗	大	245	0.45			350	0.4			
			中	210	0.45							
			小	175	0.27							
		仕	大	245	0.23					450	0.2	PVDコーティング
			中	175	0.23					360	0.2	
			小	126	0.18					270	0.16	
ミーリング	鋼	粗	大	280	0.23							
			中	200	0.23							
			小	160	0.23							
		仕	大	200	0.18	280	0.18					PVDコーティング
			中	145	0.18	200	0.18					
			小	145	0.14	200	0.14					
	鋳鉄	粗	大	225	0.18			*540	0.18			*印 Si₃N₄
			中	180	0.18			360	0.18			
			小	180	0.14							
		仕	大	225	0.18					1350	0.18	PVDコーティング
			中	180	0.18					720	0.18	
			小	180	0.14							
中ぐり	鋼	粗	大	280	0.27							
			中	240	0.27							
			小	120	0.18							
		仕	大	200	0.23	320	0.23					PVDコーティング
			中	160	0.14	240	0.14					
			小	145	0.14	160	0.14					
	鋳鉄	粗	大	245	0.18			*420	0.18			*印 Si₃N₄
			中	210	0.18							
			小	105	0.18							
		仕	大	245	0.18					800	0.14	PVDコーティング
			中	210	0.18					540	0.14	
			小	105	0.14							

工法											
ドリル	<剛性：大>			WCドリル							
			小径HSSドリル	径φ6～10		φ10.1～15		φ15.1～20		φ20.1～	
		L/D	V / f	V	f	V	f	V	f	V	f
	鋼	3以下	23 / 0.16	120	0.27	100	0.32	80	0.36	64	0.36
		3.1～5	20 / 0.16	108	0.27	90	0.27	72	0.32	58	0.32
		5.1～8	18 / 0.14	96	0.23	80	0.23	64	0.27	51	0.27
		8.1～10	14 / 0.11	72	0.18	60	0.18	48	0.23	38	0.23
	鋳鉄	3以下	23 / 0.16	95	0.18	76	0.2	57	0.24	48	0.28
		3.1～5	20 / 0.16	86	0.16	68	0.18	51	0.22	43	0.25
		5.1～8	18 / 0.16	76	0.14	61	0.16	46	0.19	38	0.22
		8.1～10	14 / 0.14	57	0.11	46	0.12	34	0.14	29	0.17
	<剛性：中>										
			小径HSSドリル	径φ6～10		φ10.1～15		φ15.1～20		φ20.1～	
		L/D	V / f	V	f	V	f	V	f	V	f
	鋼	3以下	20 / 0.16	96	0.24	80	0.28	64	0.32	51	0.32
		3.1～5	18 / 0.16	86	0.24	72	0.24	58	0.28	46	0.28
		5.1～8	18 / 0.14	77	0.20	64	0.20	51	0.24	41	0.24
		8.1～10	12 / 0.11	58	0.16	48	0.16	38	0.20	31	0.20
	鋳鉄	3以下	18 / 0.16	81	0.16	65	0.18	48	0.22	40	0.25
		3.1～5	16 / 0.16	73	0.14	58	0.16	44	0.20	36	0.23
		5.1～8	14 / 0.16	65	0.12	52	0.14	39	0.17	32	0.20
		8.1～10	11 / 0.14	48	0.10	39	0.11	29	0.13	24	0.15
	<剛性：小>										
			小径HSSドリル	径φ6～10		φ10.1～15		φ15.1～20		φ20.1～	
		L/D	V / f	V	f	V	f	V	f	V	f
	鋼	3以下	15 / 0.16	78	0.22	65	0.25	52	0.29	42	0.29
		3.1～5	13 / 0.16	70	0.22	59	0.22	47	0.25	37	0.25
		5.1～8	12 / 0.14	62	0.18	52	0.18	42	0.22	33	0.22
		8.1～10	9 / 0.11	47	0.14	39	0.14	31	0.18	25	0.18
	鋳鉄	3以下	15 / 0.16	71	0.14	57	0.16	43	0.19	36	0.22
		3.1～5	13 / 0.16	64	0.13	51	0.14	38	0.18	32	0.20
		5.1～8	12 / 0.16	57	0.11	46	0.13	34	0.15	29	0.18
		8.1～10	9 / 0.14	43	0.09	34	0.10	26	0.11	21	0.14

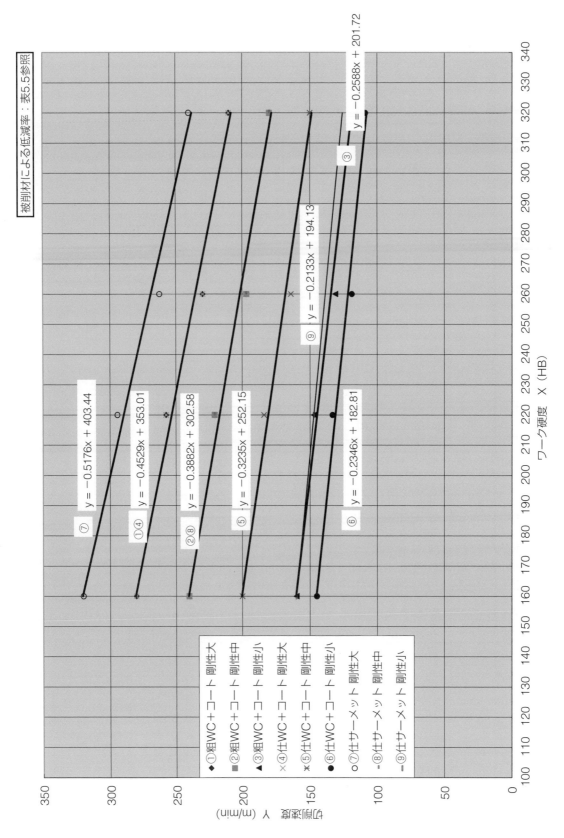

図 5.22 鋼材旋削切削速度

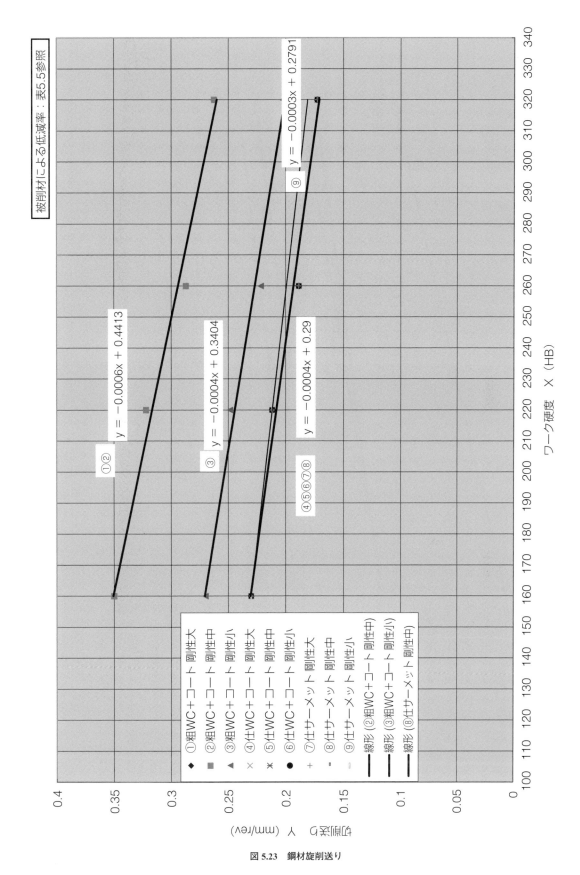

図 5.23　鋼材旋削送り

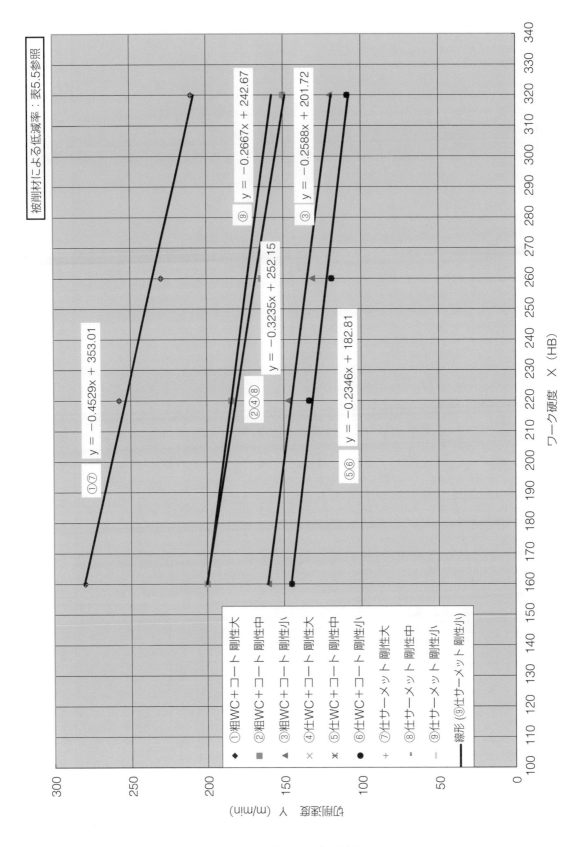

図 5.24　鋼材ミーリング切削速度

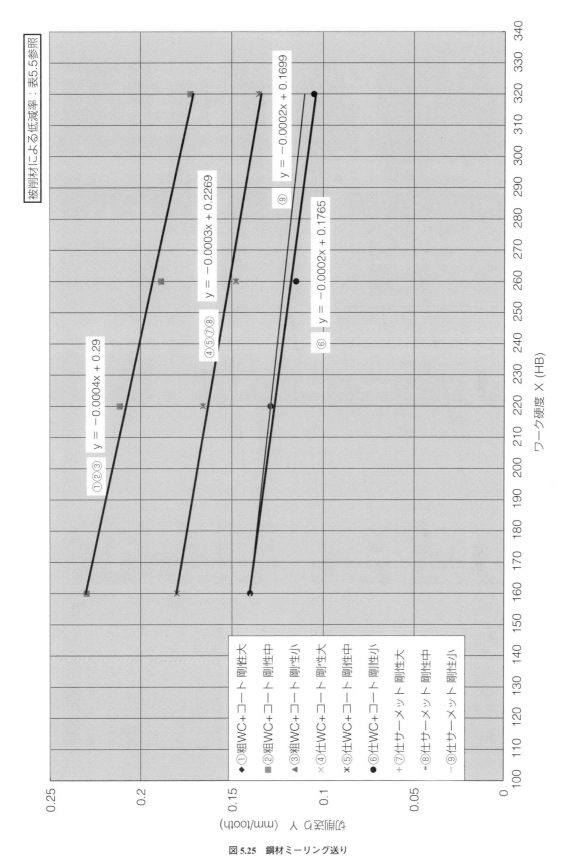

図 5.25　鋼材ミーリング送り

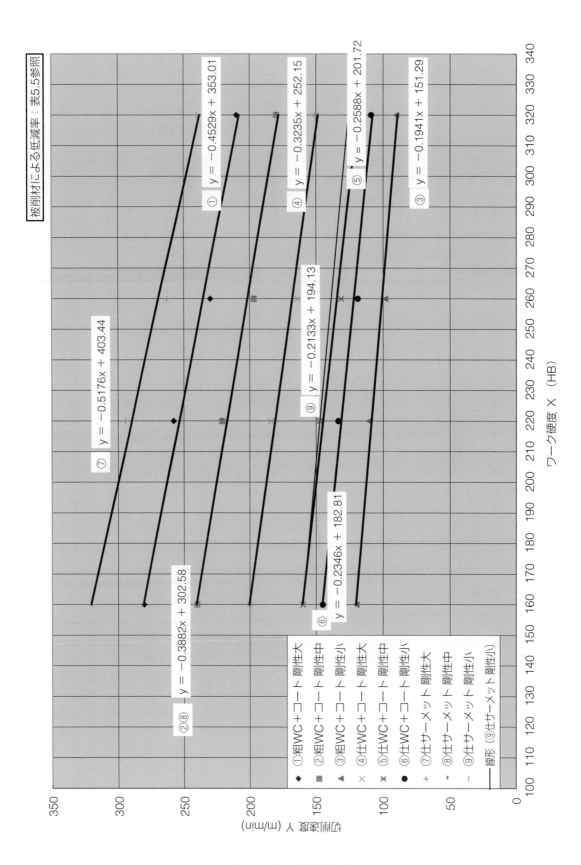

図 5.26　鋼材中グリ切削速度

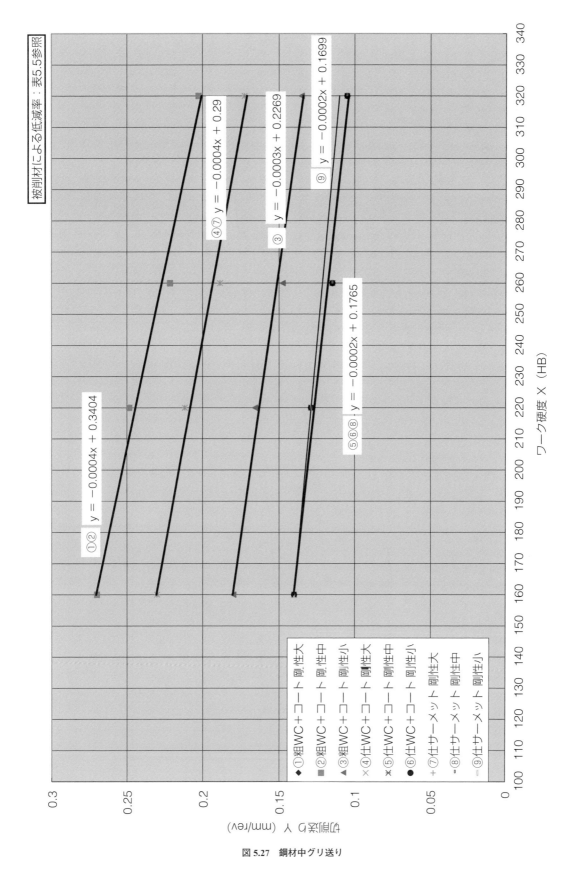

図 5.27 鋼材中グリ送り

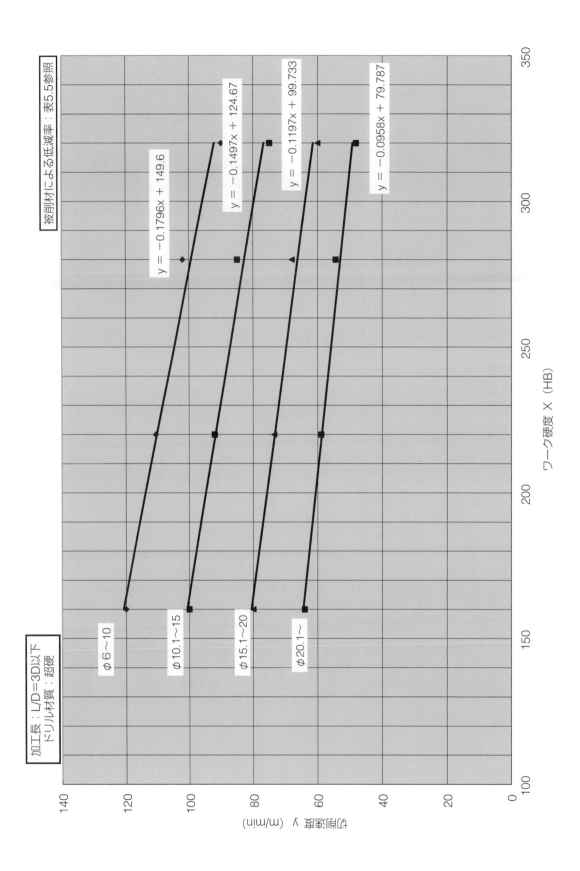

図 5.28　鋼材ドリリングの切削条件①（切削速度）

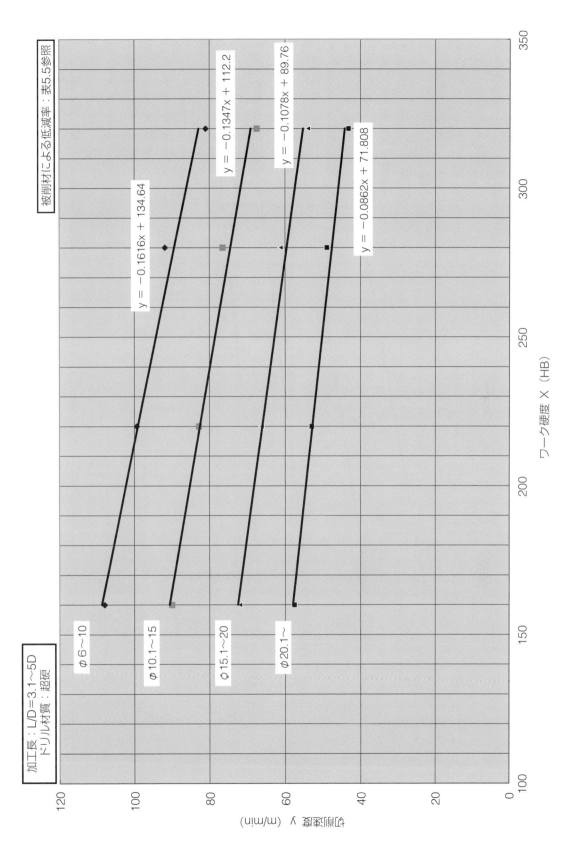

図 5.29 鋼材ドリリングの切削条件②(切削速度)

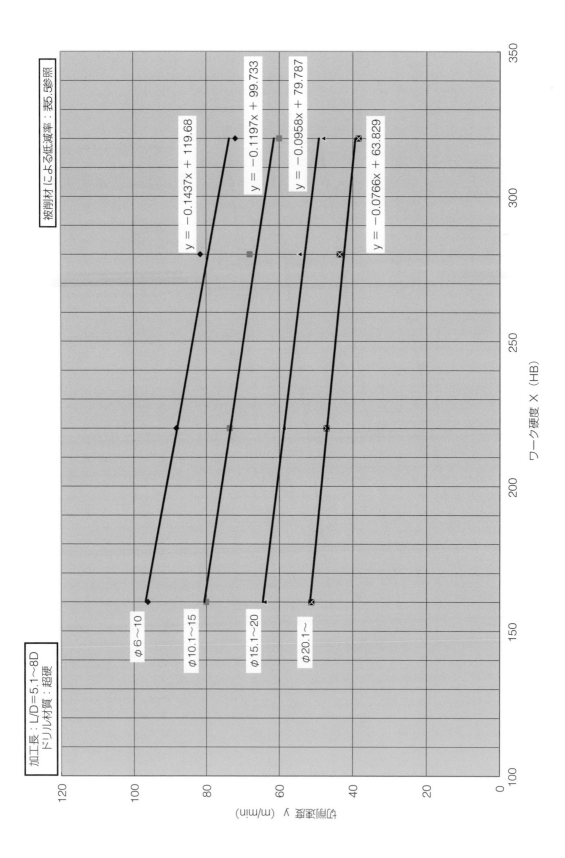

図 5.30　鋼材ドリリングの切削条件③（切削速度）

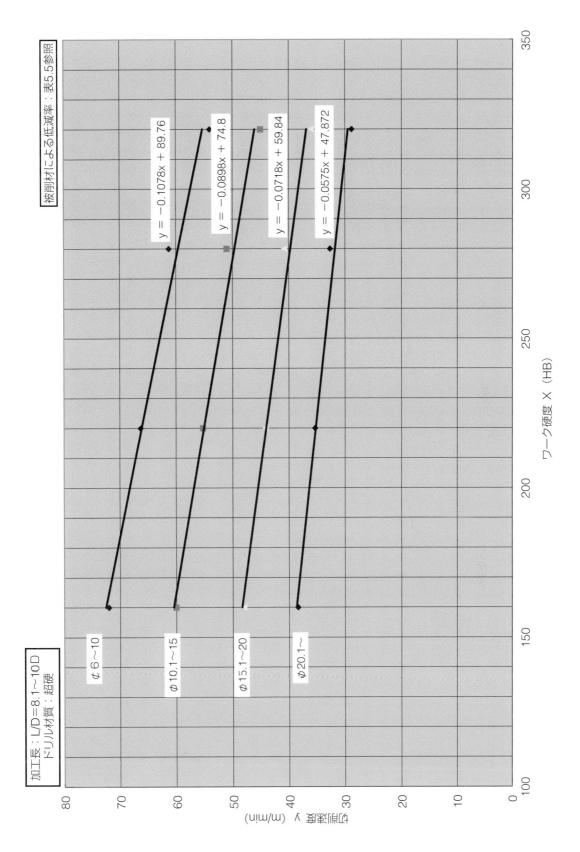

図5.31 鋼材ドリリングの切削条件(切削速度)

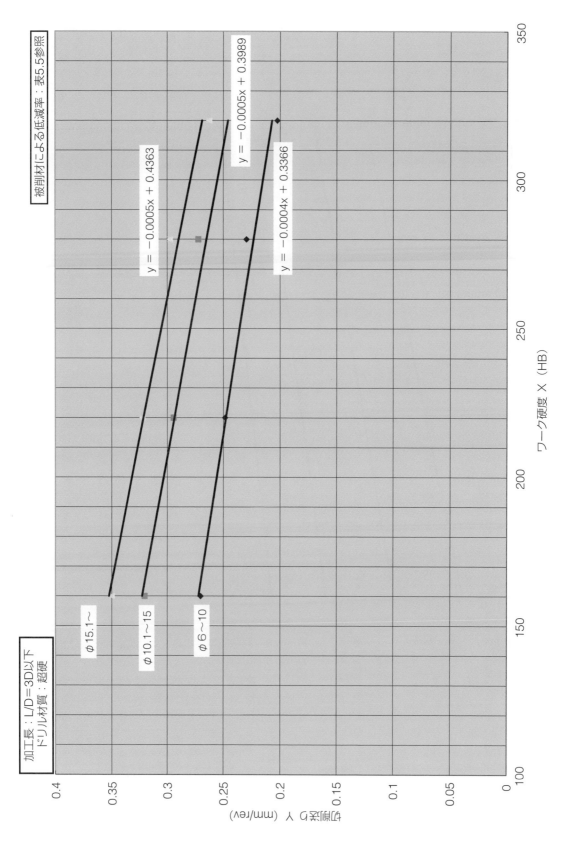

図 5.32　鋼材ドリリングの送り

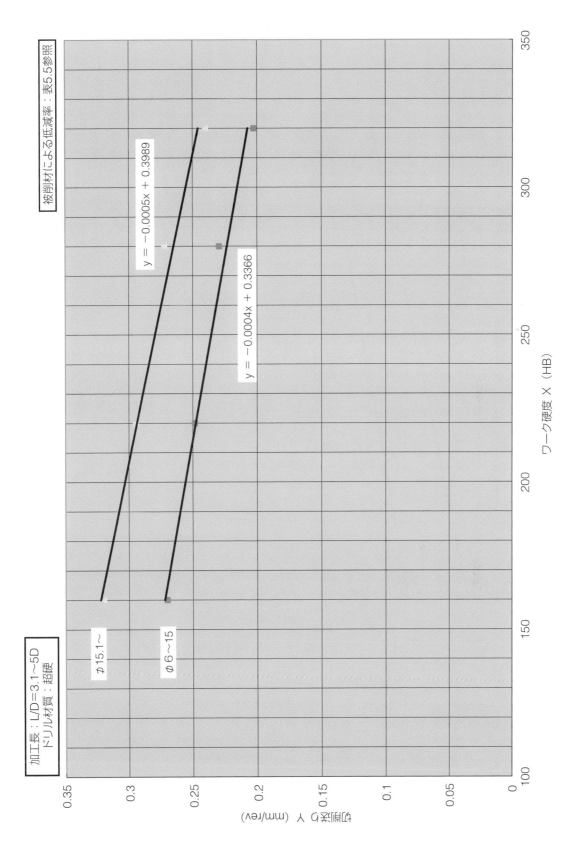

図 5.33　鋼材ドリリングの送り

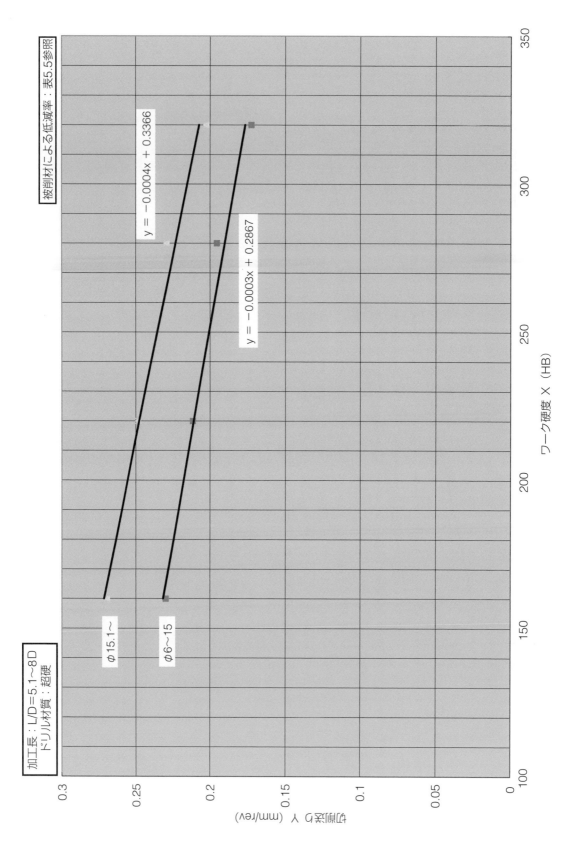

図 5.34　鋼材ドリリングの送り

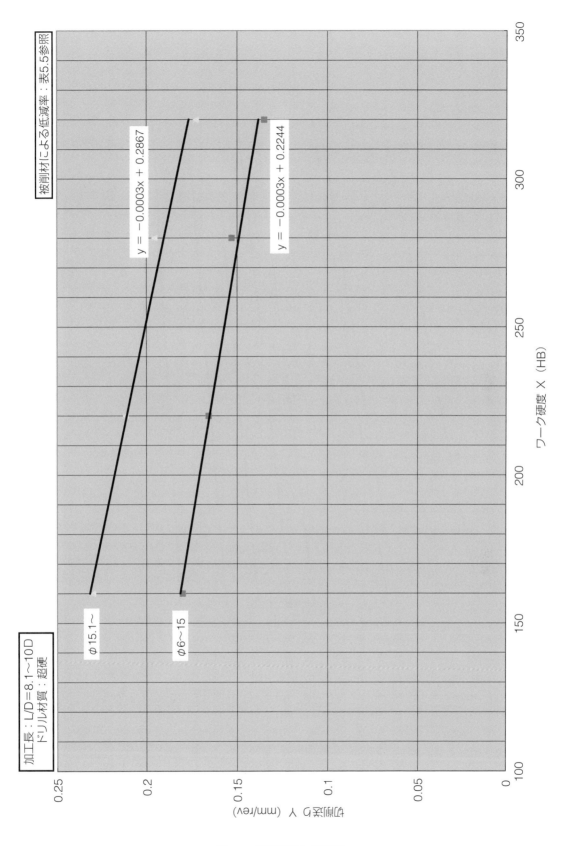

図 5.35 鋼材ドリリングの送り

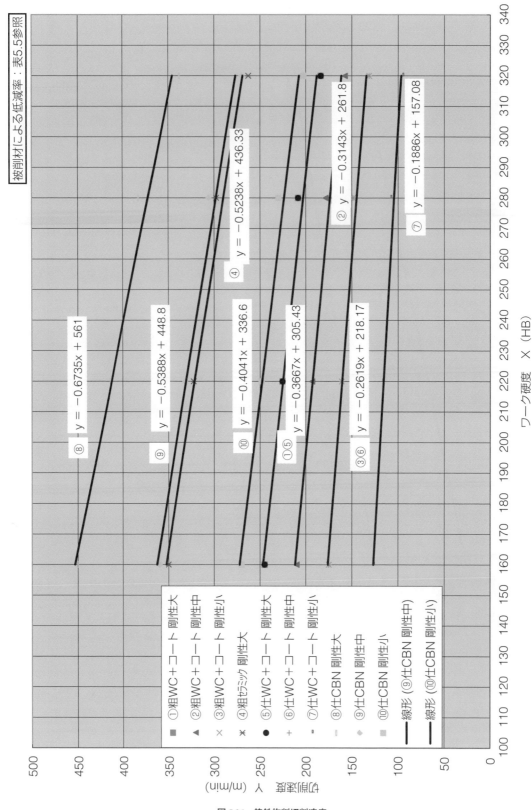

図 5.36　鋳鉄旋削切削速度

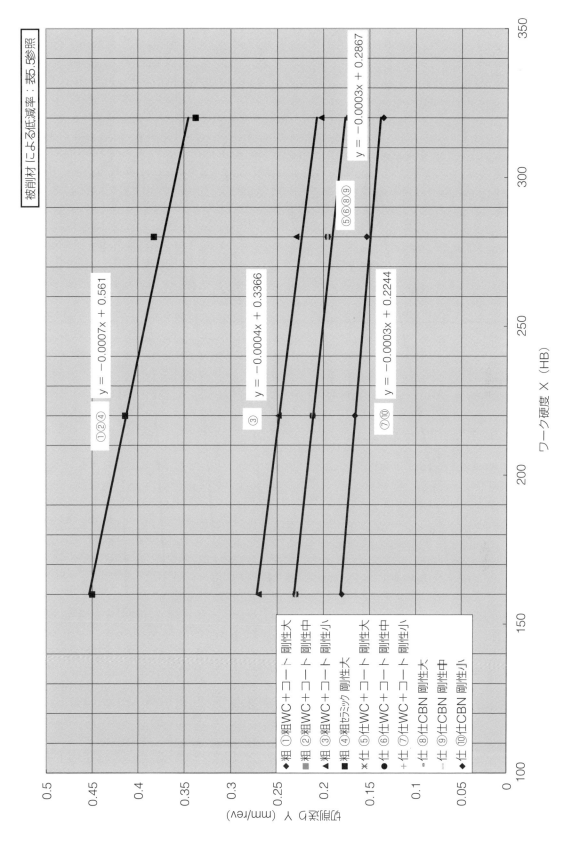

図 5.37　鋳鉄材旋削送り

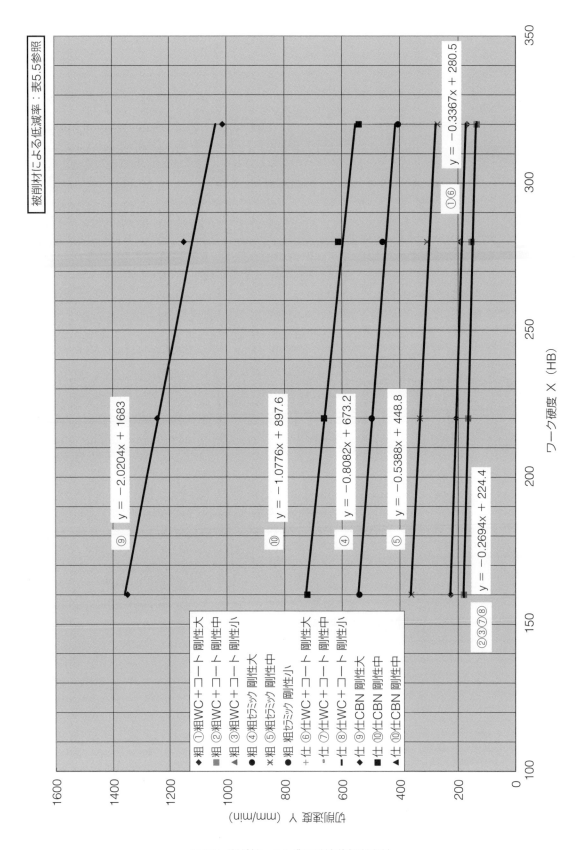

図 5.38 鋳鉄材ミーリングの切削条件（切削速度）

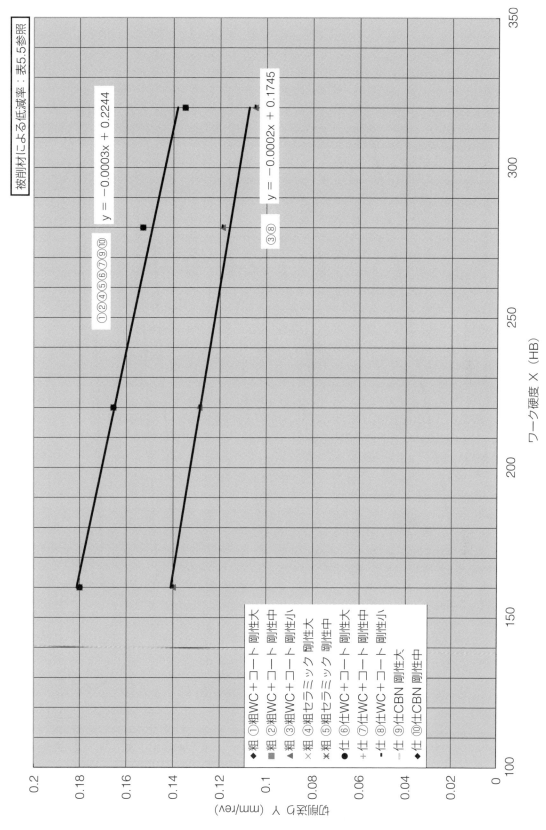

図 5.39 鋳鉄材ミーリングの送り

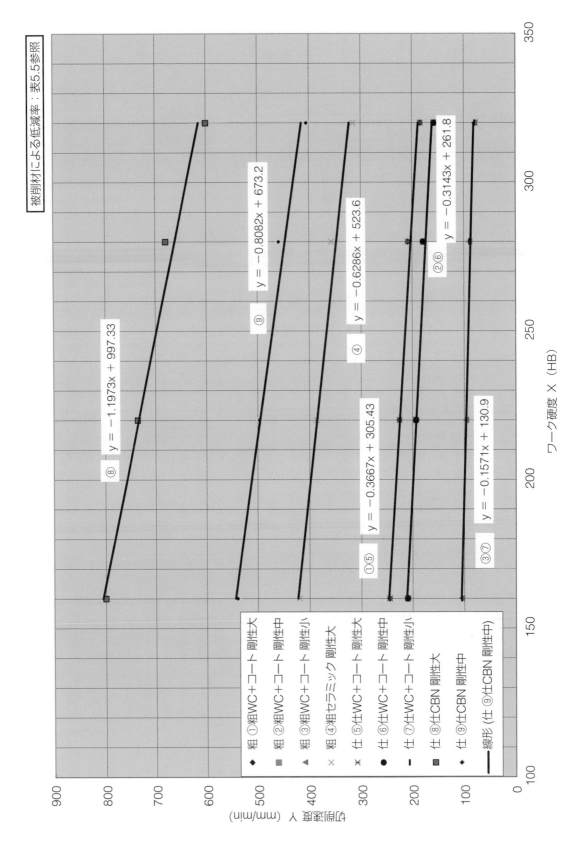

図 5.40　鋳鉄材中ぐりの切削速度

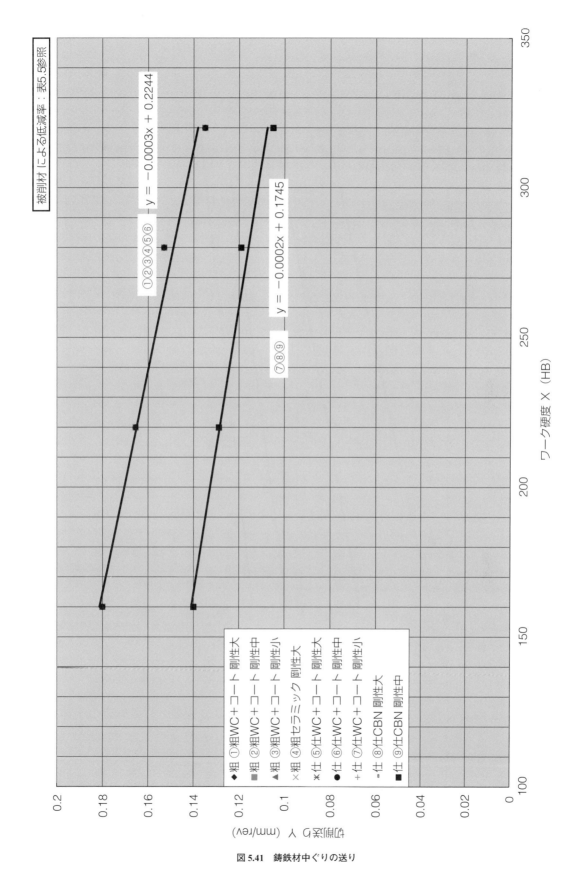

図 5.41　鋳鉄材中ぐりの送り

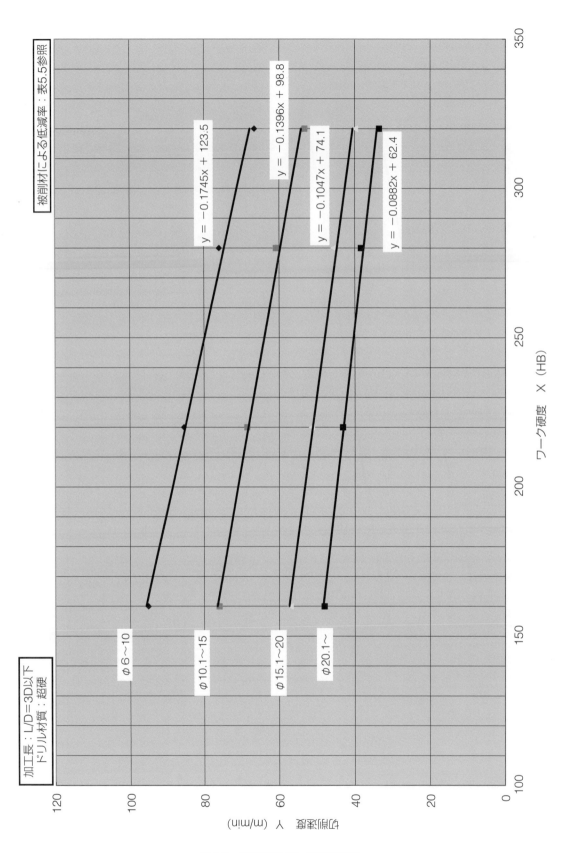

図 5.42　鋳鉄材ドリリングの切削速度

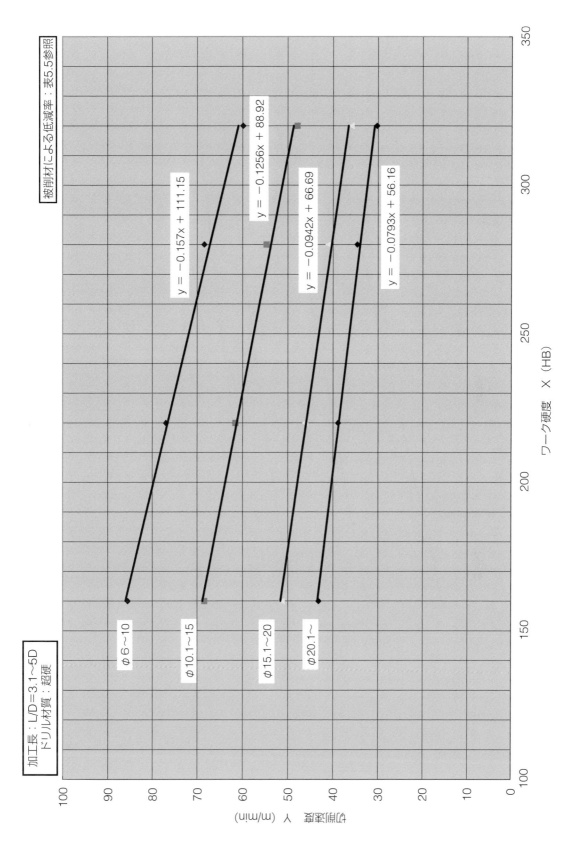

図 5.43　鋳鉄材ドリリングの切削速度

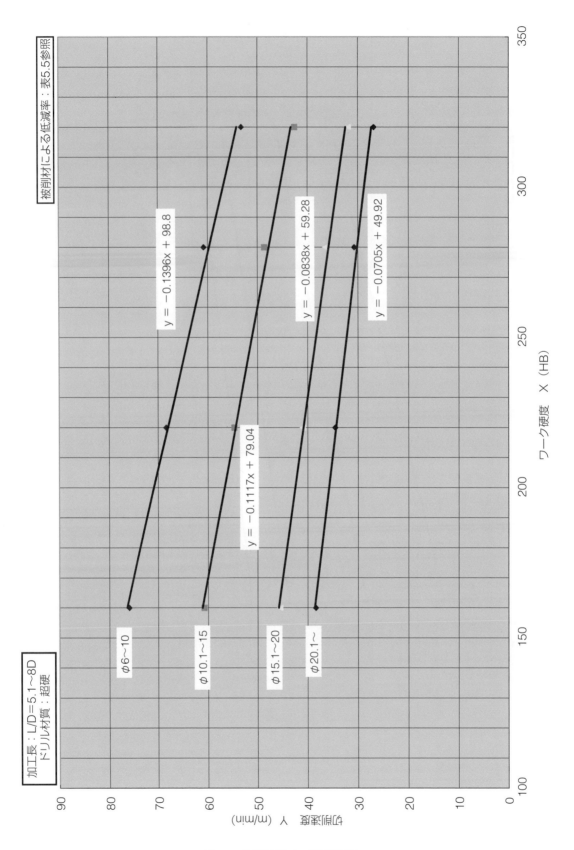

図 5.44 鋳鉄材ドリリングの切削速度

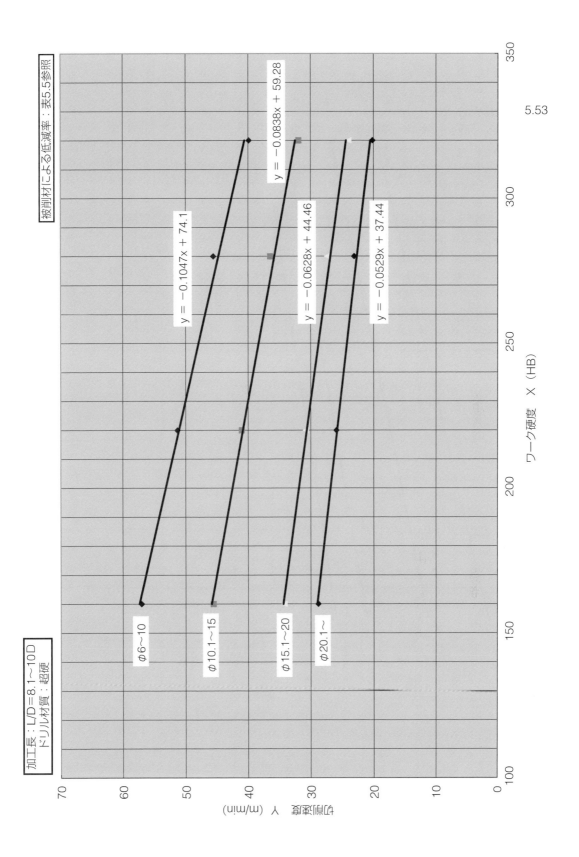

図 5.45　鋳鉄材ドリリングの切削速度

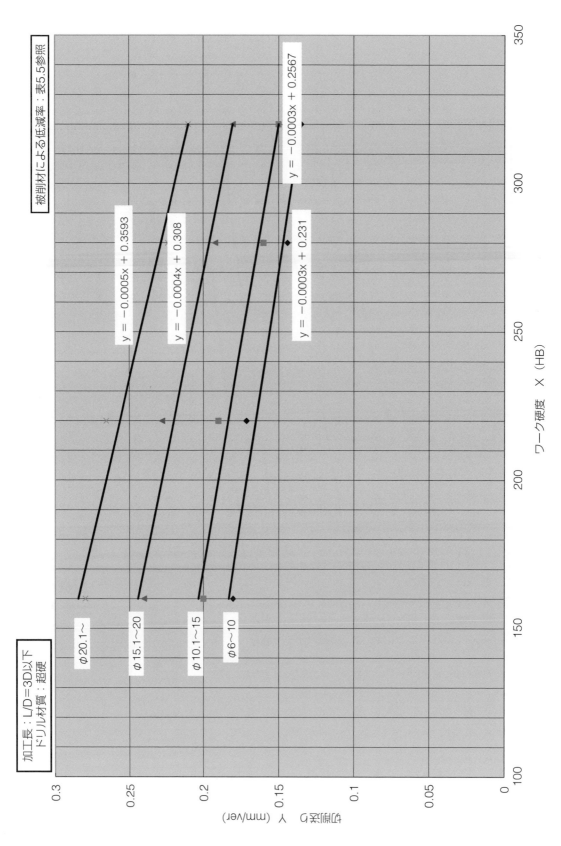

図 5.46　鋳鉄材ドリリングの送り

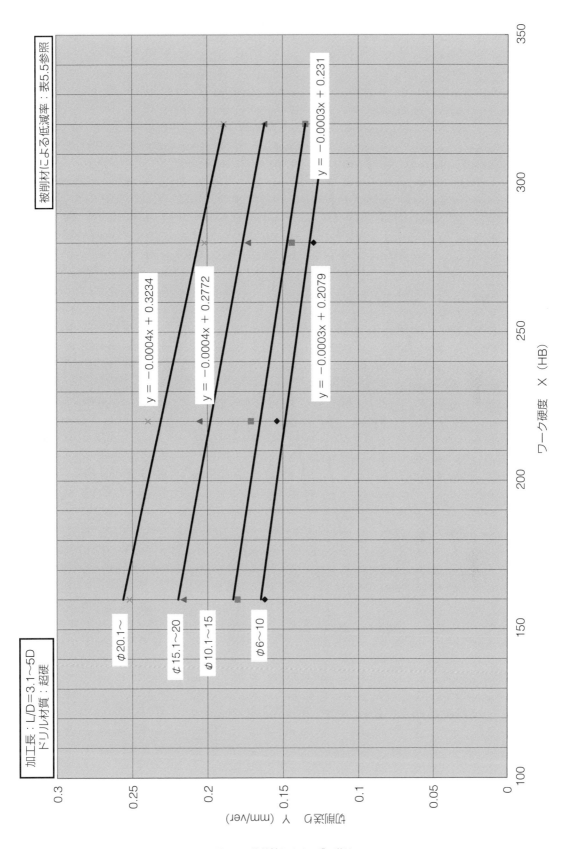

図 5.47　鋳鉄材ドリリングの送り

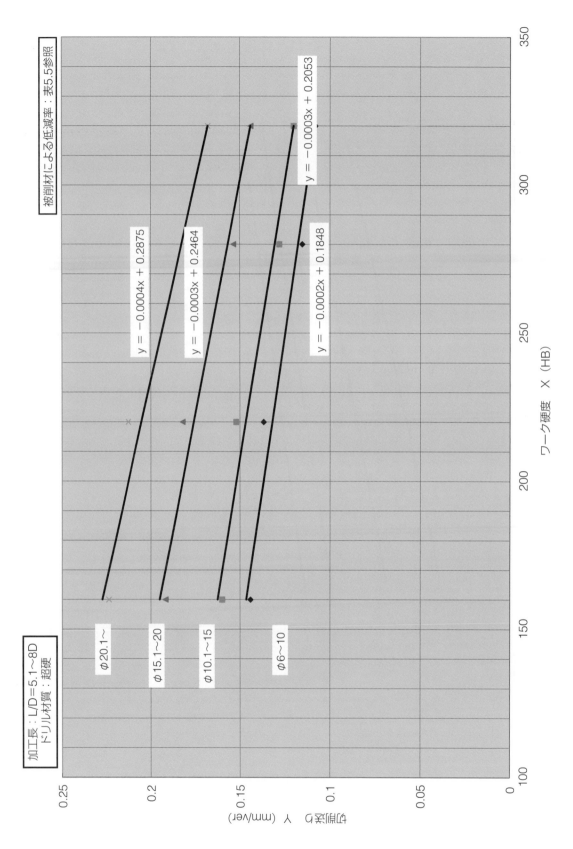

図 5.48　鋳鉄材ドリリングの送り

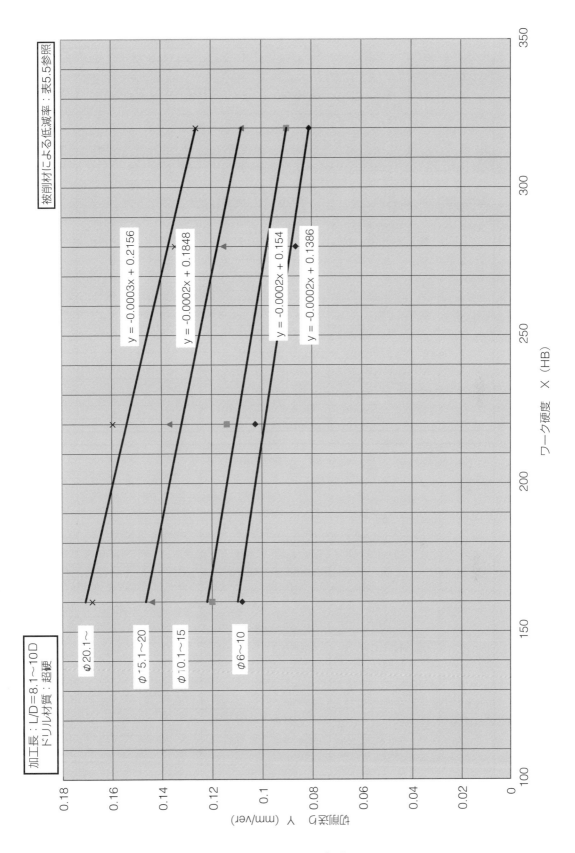

図 5.49　鋳鉄材ドリリングの送り

表 5.3 グラフデータ(1)

工法	区分	工具材質	設備・ワーク剛性	V m/min HB 160	220	260	320
鋼材 旋削	粗	①粗 WC+ コート	剛性大	280	258	230	210
		②粗 WC+ コート	剛性中	240	221	197	180
		③粗 WC+ コート	剛性小	160	147	131	120
	仕	④仕 WC+ コート	剛性大	280	258	230	210
		⑤仕 WC+ コート	剛性中	200	184	164	150
		⑥仕 WC+ コート	剛性小	145	133	119	109
		⑦仕サーメット	剛性大	320	294	262	240
		⑧仕サーメット	剛性中	240	221	197	180
		⑨仕サーメット	剛性小	160	147		
ミーリング	粗	①粗 WC+ コート	剛性大	280	258	230	210
		②粗 WC+ コート	剛性中	200	184	164	150
		③粗 WC+ コート	剛性小	160	147	131	120
	仕	④仕 WC+ コート	剛性大	200	184	164	150
		⑤仕 WC+ コート	剛性中	145	133	119	109
		⑥仕 WC+ コート	剛性小	145	133	119	109
		⑦仕サーメット	剛性大	280	258	230	210
		⑧仕サーメット	剛性中	200	184	164	150
		⑨仕サーメット	剛性小	200	184		
中ぐり	粗	①粗 WC+ コート	剛性大	280	258	230	210
		②粗 WC+ コート	剛性中	240	221	197	180
		③粗 WC+ コート	剛性小	120	110	98	90
	仕	④仕 WC+ コート	剛性大	200	184	164	150
		⑤仕 WC+ コート	剛性中	160	147	131	120
		⑥仕 WC+ コート	剛性小	145	133	119	109
		⑦仕サーメット	剛性大	320	294	262	240
		⑧仕サーメット	剛性中	240	221	197	180
		⑨仕サーメット	剛性小	160	147		

工法	区分	工具材質	設備・ワーク剛性	f mm/rev HB 160	220	260	320
旋削	粗	①粗 WC+ コート	剛性大	0.35	0.32	0.29	0.26
		②粗 WC+ コート	剛性中	0.35	0.32	0.29	0.26
		③粗 WC+ コート	剛性小	0.27	0.25	0.22	0.20
	仕	④仕 WC+ コート	剛性大	0.23	0.21	0.19	0.17
		⑤仕 WC+ コート	剛性中	0.23	0.21	0.19	0.17
		⑥仕 WC+ コート	剛性小	0.23	0.21	0.19	0.17
		⑦仕サーメット	剛性大	0.23	0.21	0.19	0.17
		⑧仕サーメット	剛性中	0.23	0.21	0.19	0.17
		⑨仕サーメット	剛性小	0.23	0.21		
ミーリング	粗	①粗 WC+ コート	剛性大	0.23	0.21	0.19	0.17
		②粗 WC+ コート	剛性中	0.23	0.21	0.19	0.17
		③粗 WC+ コート	剛性小	0.23	0.21	0.19	0.17
	仕	④仕 WC+ コート	剛性大	0.18	0.17	0.15	0.14
		⑤仕 WC+ コート	剛性中	0.18	0.17	0.15	0.14
		⑥仕 WC+ コート	剛性小	0.14	0.13	0.11	0.11
		⑦仕サーメット	剛性大	0.18	0.17	0.15	0.14
		⑧仕サーメット	剛性中	0.18	0.17	0.15	0.14
		⑨仕サーメット	剛性小	0.14	0.13		
中ぐり	粗	①粗 WC+ コート	剛性大	0.27	0.25	0.22	0.20
		②粗 WC+ コート	剛性中	0.27	0.25	0.22	0.20
		③粗 WC+ コート	剛性小	0.18	0.17	0.15	0.14
	仕	④仕 WC+ コート	剛性大	0.23	0.21	0.19	0.17
		⑤仕 WC+ コート	剛性中	0.14	0.13	0.11	0.11
		⑥仕 WC+ コート	剛性小	0.14	0.13	0.11	0.11
		⑦仕サーメット	剛性大	0.23	0.21	0.19	0.17
		⑧仕サーメット	剛性中	0.14	0.13	0.11	0.11
		⑨仕サーメット	剛性小	0.14	0.13		

表 5.4 グラフデータ(2)

鋼材
ドリル
材質：WC

L/D	加工径	ワーク硬度 HB 160	220	280	320
		V m/min			
3以下	φ6～10	120	110	102	90
	φ10.1～15	100	92	85	75
	φ15.1～20	80	74	68	60
	φ20.1～	64	59	54	48
3.1～5	φ6～10	108	99	92	81
	φ10.1～15	90	83	77	68
	φ15.1～20	72	66	61	54
	φ20.1～	58	53	49	43
5.1～8	φ6～10	96	88	82	72
	φ10.1～15	80	74	68	60
	φ15.1～20	64	59	54	48
	φ20.1～	51	47	44	38
8.1～10	φ6～10	72	66	61	54
	φ10.1～15	60	55	51	45
	φ15.1～20	48	44	41	36
	φ20.1～	38	35	33	29

L/D	加工径	ワーク硬度 HB 160	220	280	320
		f mm/rev			
3以下	φ6～10	0.27	0.25	0.23	0.20
	φ10.1～15	0.32	0.29	0.27	0.24
	φ15.1～20	0.35	0.32	0.30	0.26
	φ20.1～	0.35	0.32	0.30	0.26
3.1～5	φ6～10	0.27	0.25	0.23	0.20
	φ10.1～15	0.27	0.25	0.23	0.20
	φ15.1～20	0.32	0.29	0.27	0.24
	φ20.1～	0.32	0.29	0.27	0.24
5.1～8	φ6～10	0.23	0.21	0.20	0.17
	φ10.1～15	0.23	0.21	0.20	0.17
	φ15.1～20	0.27	0.25	0.23	0.20
	φ20.1～	0.27	0.25	0.23	0.20
8.1～10	φ6～10	0.18	0.17	0.15	0.14
	φ10.1～15	0.18	0.17	0.15	0.14
	φ15.1～20	0.23	0.21	0.20	0.17
	φ20.1～	0.23	0.21	0.20	0.17

表 5.5 被削材による切削条件低減率

グループ	被削材種	被削材例	低減率
A	機械構造用鋼 機械構造用鋼 一般構造用鋼 快削鋼 クロモリブデン鋼	S22C~S58C S10C~S15C SS34, SS400, SS500 SUM2122, 32 SCM420, 435, 440	1
B	ニッケルクロモリブデン鋼 クロム鋼 窒化鋼	SCr430, SNC236 SCr415, SNCM420 SACM645, SCr430, SCM430	0.85
C	軸受鋼 合金工具鋼 ステンレス鋼	SUJ2 SKD11, 12, 61, 62 SUS303, 304, 321, 416, 430, 434	0.5

(2) 鋳鉄

グループ	被削材種	被削材例	低減率
D	ねずみ鋳鉄	FC150, 200, 250	1
E	ねずみ鋳鉄 白心、黒心可鍛鋳鉄	FC300 FCMW330、FCMB360	0.7
F	球状黒鉛鋳鉄 バーミキュラー鋳鉄	FCD450, 600 FCV410	0.6

表 5.6　グラフデータ(3)

被削材：鋳鉄

工法	区分	工具材質	剛性	160	220	280	320
				HB			
				V　m/min			
旋削	粗	①粗 WC+ コート	剛性大	245	225	208	184
		②粗 WC+ コート	剛性中	210	193	179	158
		③粗 WC+ コート	剛性小	175	161	149	131
		④粗セラミック	剛性大	350	322	298	263
		粗セラミック	剛性中	−	−	−	−
		粗セラミック	剛性小	−	−	−	−
	仕	⑤仕 WC+ コート	剛性大	245	225	208	184
		⑥仕 WC+ コート	剛性中	175	161	149	131
		⑦仕 WC+ コート	剛性小	126	116	107	94.5
		⑧仕 CBN	剛性大	450	414	383	338
		⑨仕 CBN	剛性中	360	331	306	270
		⑩仕 CBN	剛性小	270	248	230	203
	区分		剛性	160	220	280	320
				f　mm/rev			
	粗	①粗 WC+ コート	剛性大	0.45	0.41	0.38	0.34
		②粗 WC+ コート	剛性中	0.45	0.41	0.38	0.34
		③粗 WC+ コート	剛性小	0.27	0.25	0.23	0.20
		④粗セラミック	剛性大	0.45	0.41	0.38	0.34
		粗セラミック	剛性中	−	−	−	−
		粗セラミック	剛性小	−	−	−	−
	仕	⑤仕 WC+ コート	剛性大	0.23	0.21	0.20	0.17
		⑥仕 WC+ コート	剛性中	0.23	0.21	0.20	0.17
		⑦仕 WC+ コート	剛性小	0.18	0.17	0.15	0.14
		⑧仕 CBN	剛性大	0.23	0.21	0.20	0.17
		⑨仕 CBN	剛性中	0.23	0.21	0.20	0.17
		⑩仕 CBN	剛性小	0.18	0.17	0.15	0.14

工法	区分	工具材質	剛性	160	220	280	320
				HB			
				V　m/min			
ミーリング	粗	①粗 WC+ コート	剛性大	225	207	191	169
		②粗 WC+ コート	剛性中	180	166	153	135
		③粗 WC+ コート	剛性小	180	166	153	135
		④粗セラミック	剛性大	540	497	459	405
		⑤粗セラミック	剛性中	360	331	306	270
		粗セラミック	剛性小				
	仕	⑥仕 WC+ コート	剛性大	225	207	191	169
		⑦仕 WC+ コート	剛性中	180	166	153	135
		⑧仕 WC+ コート	剛性小	180	166	153	135
		⑨仕 CBN	剛性大	1350	1242	1148	1013
		⑩仕 CBN	剛性中	720	662	612	540
	区分		剛性	160	220	280	320
				HB			
				f　mm/rev			
	粗	①粗 WC+ コート	剛性大	0.18	0.17	0.15	0.14
		②粗 WC+ コート	剛性中	0.18	0.17	0.15	0.14
		③粗 WC+ コート	剛性小	0.14	0.13	0.12	0.11
		④粗セラミック	剛性大	0.18	0.17	0.15	0.14
		⑤粗セラミック	剛性中	0.18	0.17	0.15	0.14
		粗セラミック	剛性小				
	仕	⑥仕 WC+ コート	剛性大	0.18	0.17	0.15	0.14
		⑦仕 WC+ コート	剛性中	0.18	0.17	0.15	0.14
		⑧仕 WC+ コート	剛性小	0.14	0.13	0.12	0.11
		⑨仕 CBN	剛性大	0.18	0.17	0.15	0.14
		⑩仕 CBN	剛性中	0.18	0.17	0.15	0.14
		仕 CBN	剛性小				

工法	区分	工具材質	剛性	160	220	280	320
				HB			
				V m/min			
中ぐり	粗	①粗WC+コート	剛性大	245	225	208	184
		②粗WC+コート	剛性中	210	193	179	158
		③粗WC+コート	剛性小	105	96.6	89.3	78.8
		④粗セラミック	剛性大	420	386	357	315
		粗セラミック	剛性中	−	−	−	−
		粗セラミック	剛性小	−	−	−	−
	仕	⑤仕WC+コート	剛性大	245	225	208	184
		⑥仕WC+コート	剛性中	210	193	179	158
		⑦仕WC+コート	剛性小	105	96.6	89.3	78.8
		⑧仕CBN	剛性大	800	736	680	600
		⑨仕CBN	剛性中	540	497	459	405
		仕CBN	剛性小	−	−	−	−

区分			剛性	160	220	280	320
				HB			
				f mm/rev			
粗		①粗WC+コート	剛性大	0.18	0.17	0.15	0.14
		②粗WC+コート	剛性中	0.18	0.17	0.15	0.14
		③粗WC+コート	剛性小	0.18	0.17	0.15	0.14
		④粗セラミック	剛性大	0.18	0.17	0.15	0.14
		粗セラミック	剛性中	−	−	−	−
		粗セラミック	剛性小	−	−	−	−
仕		⑤仕WC+コート	剛性大	0.18	0.17	0.15	0.14
		⑥仕WC+コート	剛性中	0.18	0.17	0.15	0.14
		⑦仕WC+コート	剛性小	0.14	0.13	0.12	0.11
		⑧仕CBN	剛性大	0.14	0.13	0.12	0.11
		⑨仕CBN	剛性中	0.14	0.13	0.12	0.11
		仕CBN	剛性小	−	−	−	−

表 5.7 グラフデータ(4)

鋳鉄材
ドリル
材質：WC

L/D	加工径	ワーク硬度HB 160	220	280	320	L/D	加工径	ワーク硬度HB 160	220	280	320
		V m/min						f mm/rev			
3以下	φ6〜10	95	86	76	67	3以下	φ6〜10	0.18	0.17	0.14	0.14
	φ10.1〜15	76	68	61	53		φ10.1〜15	0.20	0.19	0.16	0.15
	φ15.1〜20	57	51	46	40		φ15.1〜20	0.24	0.23	0.19	0.18
	φ20.1〜	48	43	38	34		φ20.1〜	0.28	0.27	0.22	0.21
3.1〜5	φ6〜10	86	77	68	60	3.1〜5	φ6〜10	0.162	0.15	0.13	0.12
	φ10.1〜15	68	62	55	48		φ10.1〜15	0.18	0.17	0.14	0.14
	φ15.1〜20	51	46	41	36		φ15.1〜20	0.216	0.21	0.17	0.16
	φ20.1〜	43	39	35	30		φ20.1〜	0.252	0.24	0.20	0.19
5.1〜8	φ6〜10	76	68	61	53	5.1〜8	φ6〜10	0.144	0.14	0.12	0.11
	φ10.1〜15	61	55	49	43		φ10.1〜15	0.16	0.15	0.13	0.12
	φ15.1〜20	46	41	36	32		φ15.1〜20	0.192	0.18	0.15	0.14
	φ20.1〜	38	35	31	27		φ20.1〜	0.224	0.21	0.18	0.17
8.1〜10	φ6〜10	57	51	46	40	8.1〜10	φ6〜10	0.108	0.10	0.09	0.08
	φ10.1〜15	46	41	36	32		φ10.1〜15	0.12	0.11	0.10	0.09
	φ15.1〜20	34	31	27	24		φ15.1〜20	0.144	0.14	0.12	0.11
	φ20.1〜	29	26	23	20		φ20.1〜	0.168	0.16	0.13	0.13

表 5.8 工具寿命方程式(1)

被削材	サンドビック 材種	サンドビック 方程式	住友電工 材種	住友電工 方程式	三菱マテリアル 材種	三菱マテリアル 方程式	東芝タンガロイ 材種	東芝タンガロイ 方程式	NTK, 京セラ、ダイジェット他 材種	NTK, 京セラ、ダイジェット他 方程式
S35C	GC415	$VT^{0.199}=497.5$								
	GC435	$VT^{0.208}=421$								
	GC3015	$VT^{0.2}=567.6$								
	GC4025	$VT^{0.209}=507.7$								
	CT515	$VT^{0.203}=832.8$								
	CT525	$VT^{0.189}=633.4$								
	CT525N	$VT^{0.203}=788.4$								
S43C	GC3015	$VT^{0.111}=497.9$	AC1000	$VT^{0.361}=757$						
	GC415	$VT^{0.111}=471.4$	AC2000	$VT^{0.33}=614$						
	GC4025	$VT^{0.108}=411.9$	AC3000	$VT^{0.278}=540.6$						
	GC435	$VT^{0.111}=309.8$								
	CT515	$VT^{0.189}=800.8$	T1200A	$VT^{0.494}=1687$						
	CT525	$VT^{0.193}=630.9$								
	CT525N	$VT^{0.189}=756.1$								
S45C	GC3015	$VT^{0.109}=490.2$	AC1000	$VT^{0.36}=741$	UE6005	$VT^{0.413}=1000$			T15	$VT^{0.308}=693.2$
	GC415	$VT^{0.111}=467.1$	AC2000	$VT^{0.297}=521$	UC6010	$VT^{0.363}=890$			T4N	$VT^{0.23}=339.3$
	GC4025	$VT^{0.074}=350.8$	AC3000	$VT^{0.244}=361$	UE6020	$VT^{0.33}=760$			C50	$VT^{0.256}=439.9$
	GC435	$VT^{0.113}=311$			NX2525	$VT^{0.337}=660$			N20	$VT^{0.23}=368.3$
			T1200A	$VT^{0.5}=1697$	AP25N	$VT^{0.364}=830$			N40	$VT^{0.255}=458.8$
S48C	GC3015	$VT^{0.107}=491.1$	AC1000	$VT^{0.329}=650$			T803	$VT^{0.192}=363.8$		
	GC415	$VT^{0.111}=472.1$	AC2000	$VT^{0.275}=480$			T812	$VT^{0.328}=527.9$		
	GC4025	$VT^{0.074}=354.8$	AC3000	$VT^{0.225}=343$			T813	$VT^{0.405}=513.1$		
	GC435	$VT^{0.116}=316.4$	T1200A	$VT^{0.507}=1710$			T821	$VT^{0.182}=333.8$		
							T822	$VT^{0.261}=485.9$		
							T823	$VT^{0.362}=769.2$		

表 5.9 工具寿命方程式(2)

被削材	サンドビック 材種	サンドビック 方程式	住友電工 材種	住友電工 方程式	三菱マテリアル 材種	三菱マテリアル 方程式	東芝タンガロイ 材種	東芝タンガロイ 方程式	NTK, 京セラ, ダイジェット他 材種	NTK, 京セラ, ダイジェット他 方程式
S48C							T825X	$VT^{0.353} = 510.5$		
							N302	$VT^{0.304} = 480.6$		
							LX21	$VT^{1.013} = 3611.8$		
S50C	GC3015	$VT^{0.239} = 561.5$	T1200A	$VT^{0.502} = 1629$					T15	$VT^{0.316} = 588.7$
	GC415	$VT^{0.239} = 521.8$							T4N	$VT^{0.228} = 303.5$
	GC4025	$VT^{0.252} = 489.5$							C50	$VT^{0.261} = 376.9$
	GC435	$VT^{0.242} = 362.5$							N20	$VT^{0.24} = 329.6$
									N40	$VT^{0.263} = 397.4$
S55C	GC415	$VT^{0.208} = 491.2$								
	GC425	$VT^{0.212} = 423$								
	GC435	$VT^{0.181} = 294.1$								
	GC3015	$VT^{0.195} = 500.8$								
	GC4015	$VT^{0.203} = 459.2$								
	CT515	$VT^{0.193} = 632.5$								
	CT525	$VT^{0.214} = 535.2$								
	CT525N	$VT^{0.206} = 620.8$								
SCM415	GC415	$VT^{0.25} = 534$	AC1000	$VT^{0.532} = 1766$			T812	$VT^{0.38} = 1093.2$		
	GC4025	$VT^{0.237} = 440.9$	AC2000	$VT^{0.407} = 915$			T822	$VT^{0.38} = 839.9$		
	GC215	$VT^{0.23} = 409.8$	AC3000	$VT^{0.364} = 706$						
	GC425	$VT^{0.243} = 405.2$	T1200A	$VT^{0.301} = 918$						
SCM415H	GC415	$VT^{0.247} = 529.9$	AC1000	$VT^{0.69} = 2763$			T825X	$VT^{0.342} = 1061.7$	T15	$VT^{0.327} = 660.9$
	GC4025	$VT^{0.244} = 445.3$	AC2000	$VT^{0.35} = 701$			T812	$VT^{0.335} = 914.9$	T4N	$VT^{0.236} = 321$
	GC215	$VT^{0.248} = 430.6$	AC3000	$VT^{0.319} = 584$			T822	$VT^{0.358} = 755.9$	C50	$VT^{0.267} = 408.4$
	GC425	$VT^{0.248} = 403.6$	T1200A	$VT^{0.313} = 952$					N20	$VT^{0.239} = 342$

表 5.10 工具寿命方程式(3)

被削材	サンドビック 材種	サンドビック 方程式	住友電工 材種	住友電工 方程式	三菱マテリアル 材種	三菱マテリアル 方程式	東芝タンガロイ 材種	東芝タンガロイ 方程式	NTK、京セラ、ダイジェット他 材種	NTK、京セラ、ダイジェット他 方程式
SCM415H			T12A	$VT^{0.556} = 966.8$					N40	$VT^{0.267} = 428.2$
			T110A	$VT^{0.314} = 972.6$						
			T130A	$VT^{0.276} = 373.1$						
SCM428	GC415	$VT^{0.247} = 529.9$								
	GC4025	$VT^{0.246} = 451.4$								
	GC215	$VT^{0.23} = 409.8$								
	GC425	$VT^{0.235} = 387.4$								
SCM420	GC415	$VT^{0.24} = 521.7$								
	GC4025	$VT^{0.237} = 440.9$								
	GC215	$VT^{0.233} = 415.3$								
	GC425	$VT^{0.243} = 405.2$								
SCM420H	GC425	$VT^{0.231} = 381.8$								
	GC415	$VT^{0.273} = 565.1$								
	GC435	$VT^{0.277} = 335.3$								
	GC4025	$VT^{0.24} = 440$								
SCM435	GC415	$VT^{0.253} = 360.7$	AC1000	$VT^{0.399} = 733$					CA110	$VT^{0.341} = 737.5$
	GC4025	$VT^{0.254} = 316.1$	AC2000	$VT^{0.329} = 488$					CA225	$VT^{0.341} = 582.3$
			AC3000	$VT^{0.305} = 398$					CA335	$VT^{0.266} = 435.1$
SCM440H	GC415	$VT^{0.24} = 440$	AC1000	$VT^{0.41} = 737$						
	GC425	$VT^{0.237} = 385$								
	GC4025	$VT^{0.251} = 335.7$								
SCM445	GC415	$VT^{0.218} = 304.6$	AC2000	$VT^{0.332} = 443$						
	GC425	$VT^{0.257} = 277.3$	AC3000	$VT^{0.305} = 367$						
	GC435	$VT^{0.276} = 210.8$								

表 5.11 工具寿命方程式（4）

被削材	サンドビック		住友電工		三菱マテリアル		東芝タンガロイ		NTK、京セラ、ダイジェット他	
	材種	方程式	材種	方程式	材種	方程式	材種	方程式	材種	方程式
SMn443H	GC415	$VT^{0.25} = 389.7$	AC1000	$VT^{0.282} = 383$						
	GC425	$VT^{0.244} = 290.2$	AC2000	$VT^{0.267} = 318$						
	GC435	$VT^{0.28} = 213.2$	AC3000	$VT^{0.252} = 280$						
	GC4025	$VT^{0.249} = 336.1$								
SNCM439	GC415	$VT^{0.249} = 514.7$	AC2000	$VT^{0.153} = 270$						
	GC4025	$VT^{0.25} = 448.9$	AC3000	$VT^{0.178} = 241$						
SNCM447									JC110V	$VT^{0.199} = 453.8$
									JC215V	$VT^{0.168} = 375.7$
									JC325V	$VT^{0.183} = 325.2$
SNCM220H	GC415	$VT^{0.304} = 407.5$	AC2000	$VT^{0.196} = 307$						
	GC4025	$VT^{0.294} = 354.5$								
SCr420	GC415	$VT^{0.246} = 512$	AC1000	$VT^{0.268} = 525$						
	GC4025	$VT^{0.253} = 456.1$	AC2000	$VT^{0.237} = 428$						
	GC215	$VT^{0.25} = 403.2$	AC3000	$VT^{0.195} = 309$						
	CT515	$VT^{0.193} = 632.5$								
	CT525	$VT^{0.2} = 446.5$								
	CT525N	$VT^{0.193} = 539.5$								
SCr420 HRC60									HC2	$VT^{0.734} = 321.2$
									HC3	$VT^{0.791} = 417.8$
									B20	$VT^{0.46} = 858.5$
SC46	GC415	$VT^{0.288} = 402.4$	AC2000	$VT^{0.233} = 424$						
	GC4025	$VT^{0.29} = 361.7$								
	GC425	$VT^{0.267} = 322.3$								

表 5.12 硬度係数：w

	被削材硬度（HB）											
	180	220	225	230	250	260	270	290	300	330	350	360
S48C	1.05	1	0.95									
SCM420HK							1.1		1	0.92	0.87	
SCSiMn2H		1			0.77							
SMnB435H				1.12		1		0.91				
SNCM420H									1.09	1		0.93

表 5.13 送り係数：x

	切削送り（mm/rev）				
	0.2	0.3	0.4	0.5	0.6
S48C	1	0.88	0.79	0.71	0.65
SCM420HK	1	0.89	0.81	0.75	0.70
SCSiMn2H	1	0.67	0.60	0.54	0.49
SMnB435H	1	0.90	0.85	0.75	0.70
SNCM420H	1	0.89	0.82	0.75	0.70

5.5 パーソナル技術年表

表 5.14 ～ 表 5.18 まで，著者が企業に勤務していた時，その年代に導入した技術や，独自に開発した技術についてまとめた表であるが，このように技術者として，あるいは実務者として，その時代に生きてきた証として，なにをしたのかを概略でもよいから，まとめておくことが，技術自分史として貴重なものとなるので，読者におかれても，記録することを勧めたい．

この例のように，その年代の業界の新技術の開発状況や販売状況にあわせて，ラインに導入してどんな効果を出したかを記録すると共に，独自に開発した技術の記録も忘れてはならない．是非，立派なパーソナル技術年表を作成していただきたい．

表 5.14 切削工具に関する新技術の情報とラインへの導入状況(1)

	S47年(1972年)	S48年(1973年)	S49年(1974年)	S50年(1975年)	S51年(1976年)	S52年(1977年)	S53年
業界の開発および販売状況	耐熱性工具材料の開発 →	正面フライスのスローアウェイ化の拡大 →	コーティングチップの開発 →	省資源活動のPR(廃却工具の再生活用) →	耐熱性コーティングチップの拡大 →	ミーリング用TiN材 I-NiX処理の開発 →	CBN砥材の開発 →
開発の目的	1) 高能率切削 2) 工具寿命向上によるランニングコストの低減	1) 再研削作業の廃止 2) 加工性能の安定化 3) 適用材種の多様化による工具寿命向上	1) 寿命向上によるランニングコストの低減	1) 資源の有効活用 2) 使用済みムダの排除	1) 高能率切削 2) 工具寿命向上	1) 断続加工のチッピングの防止 2) HSS工具の寿命向上	
上記技術の具体例	1) 強靭性サーメット材 2) 強靭性セラミック材	1) サンドビック社のT-MAX 2) イゲタロイのSEC-MILL 他	1) 超硬チップへのサーメットコーティング(サンドビックのガンマーコート他) 2) HSS工具にNi-P処理	1) 使用済みチップの再生 2) HSS工具の再生	1) 多層コーティングチップの開発(サンドビックのセラミックコート他)	1) チタンナイトライドチップの開発(NTKのNF他)	
導入状況および改善、開発状況	1) Cn/Rのズリ端穴中グリ工程へサーメットグリップの導入 2) F/Wの旋削工程へセラミックチップの導入	1) 軸物ミーリング工程にスローアウェイカッタ導入 2) 鋼切削用スローアウェイカッタにサーメットチップを導入	1) 鋼材の荒削切削工程にサーメットチップ導入 2) HSS工具のドリル工程にNi-P処理実施 新型ガンドリルを開発	1) ピンミラー用チップの再生 2) フローチの再生 CPG、CRG湿入され砥石の実用化	1) 鋳鉄材の荒旋削工程にセラミックチップ導入	1) 鋼材のミーリング工程にチタンナイトライドチップ導入 2) エンドミルにI-NIX処理を実施	
新技術導入による効果	1) Cn/Rズリ端穴中グリ工程の寿命向上 TiC/WC＝3〜3.5倍 2) F/Wの旋削用工程の加工能率向上 Al₂O₃/WC＝1.7〜2倍	1) Cm/S、Bl/SのML工程のTA化とサーメット導入による工具寿命向上 TiC/WC＝2〜3倍	1) キャラシャンク加工にコーティングチップ導入による工具寿命向上 TiCコート/WC＝2倍 2) Cr/S端面ドリルにNi-P処理寿命向上 Ni-P/無処理＝1.9〜5.6倍 3) Cr/S他ガンドリルの寿命向上 1.5〜2倍	1) TAチップの再生利益 3470千円/期 2) フローチの再生利益 3000千円/期 3) CPG、CRG工程の研削焼け 研削削材の撲滅	1) 小型FWの旋削工程へ多層コートチップ導入による工具寿命向上 コートチップ/WC＝1.5〜3倍	1) Cn/R他鋼材のMLでチタンナイトライドを使用しての工具寿命向上 TiN/TiC＝1.5〜2.3倍 2) キー溝加工用エンドミルのI-NiX処理による工具寿命向上 I-NiX/TiC＝2倍	

233

表 5.15 切削工具に関する新技術の情報とラインへの導入状況(2)

	S 53年 (1978年)	S 54年 (1979年)	S 55年 (1980年)	S 56年 (1981年)	S 57年 (1982年)	S 58年 (1983年)	S 59年
業界の開発および販売状況	HSS材へのサーメットコーティング(PVD)の開発／コーティング工具の系列拡大／CBN切材拡大	Al₂O₃コートチップの安定化／WCドリルの系列化	ミーリング用コーティングチップの開発／鋼材加工用WCドリルの開発	セラミックチップのミーリングへの適用	SiAlONの超高速切削への適用	特殊ガンドリルによる穴あけ加工の高速化／仕上げミーリング、仕上中ぐりFC材にCBNチップ適用	科学技術／無機材研パラレルメモリアル(長期)
開発の目的	1) 耐摩性向上による高能率切削 2) 耐摩耗性の向上による摩耗量の低減 3) CBNによる高能率研削	1) コーティング層の耐溶着性の向上 2) WCろう付部の強度アップ(欠損防止) 3) 大径ドリルのTA化	1) コーティング層の耐溶着性の向上 2) 鋼材のドリル加工能率の向上	1) Al₂O₃チップによる加工能率の向上 2) 穴あけ作業の加工能率向上	1) 旋削工程の加工能率向上 2) ミーリング工程の能率向上 仕上：CBN 荒：SiAlON	1) 高剛性ガンドリルによる加工能率向上	
上記技術の具体例	1) HSSホブのサーメットコート (住友電工のゴールドエース他) 2) カムプロフィル研削のCBN砥石化	1) 三菱金属 U77, U88 ダイジェット ラミネードドリル サンドビック UドリルⅡ他	1) サンドビック GC310, 320 2) ダイジェット 細井式ドリル／三菱金属 ニューポイントドリル	1) NTK HC2	1) ケナメタル Kyon2000 2) 日本タングステン NiCON 3) 京セラ SN60(Al2O3) 4) NTK HX3	1) 三菱マテリアル：サミッターガンドリル／東京タンガロイ：SFガンドリル	
導入状況および改善、開発状況	1) 歯切りホブカッタにサーメットコート導入 2) CRLバイトへのサーメットコート化 3) カムプロフィル研削のCBN砥石化	1) F/W旋削用にコーティングチップ導入 (主にAl2O3) 2) マシニングセンタにミネードドリル／855アダプターダイプ径に スタブ型UドリルⅡ導入	1) 小型C/B OP面MLにGC320採用 2) 歯車径加工に細井式ドリル導入 FC材仕上用MLカッター開発	1) 中型H/F/WMLにセラミックチップ導入 2) 小型C/B穴あけ工程に細井式ドリル導入 省資源型サーフェースブローチ導入	1) F/W旋削工程にシリコニアスにCN60を採用 大型C/B ML工程にKyON2000導入 モジュール式CBN砥石の開発(CPG CRG)	1) 中型C/B MLとボーリングにCBN, Si3N4導入 中型C/B メインギャラリブッシュレスガンドリル導入(タンジェット) 2) 中型C/S油穴加工工程にサミッカーGDを導入 デタッチャブルタップの考案	
新技術導入による効果	1) ホブのコード化による摩耗量の低減 コード／無処理=1/2〜1/6 2) サーフェースブローチの寿命化によるサーフェースコードの超硬化 硬化による寿命向上 WC/HSS=2〜8倍	1) F/W旋削工程の工具寿命向上 コード／Al2O3=1.5〜3.7 2) マシニングセンタ加工の加工能率向上 WCドリル／HSSドリル=3〜4倍 3) アダプターインジェクタ内径 加工能率向上 Uドリル／スパードドリル=1.3倍	1) ギヤ内径加工能率向上 細井ドリル／Uドリル=1.4倍	1) H/F/Wミーリング工程の加工能率向上 Al2O3／WC=1.4倍 2) 小型C/B穴あけ工程加工能率向上 細井／従来=3.2〜3.8 3) 省資源ブローチコスト低減 新型／従来=△10%	1) F/W加工能率向上 SN60／U77=2.3倍 V=500 f=0.35 2) 大型C/B前後両側面加工能率向上 Kyon／従来=1.7倍	1) 中型C/B前後面削ML加工能率向上 CBN／WC=2.5倍 2) 中型C/Bメインギャラリビストンクーリング工程加工能率向上 GD／HSSドリル=1.7〜2.5倍 3) 中型Sr/S油穴加工能率向上 サミッカー／ノーマル=1.4倍	

表 5.16 切削工具に関する新技術の情報とラインへの導入状況(3)

	S 59年 (1984年)	S 60年 (1985年)	S 61年 (1986年)	S 62年 (1987年)	S 63年 (1988年)	H 1年 (1989年)	H 2年
業界の開発および販売状況	高剛性ドリルの開発 セラミックの品質改良 1. イットリア, ジルコニア入り 2. Si3N4のHIP製法 (長期) 科学技術庁 Diaコート 無機材研 バルブ以下モデル CBNコート	Si3N4+Al2O3+Y2O3 サイアロンチップ M/C用鋳鉄材のハイレーキカッタ	多機能バイトの開発 コーティングチップの増加	ダイヤモンドコーティング実用化 非鉄金属への適用 (三菱金属) Al2O3+SiC ウイスカーセラミックの実用化		Si3N4系チップの改良 サーメットの対欠損性向上	SG砥石実用化 (SEEDED GRAIN)
開発の目的	1) セラミックチップの耐欠損性向上 2) 鋼の穴あけ加工の高能率化	1) セラミックによる高能率化 (旋削, ミーリング) 2) 切削抵抗の低減	1) バイトの種類減少 ATC時間の短縮 2) ミーリング用コーティングチップによる寿命向上	1) 耐摩耗性の向上 2) 仕上げ面精度の向上	1) 耐欠損性の向上	1) 鋳鉄の高能率加工 耐欠損性向上	
上記技術の具体例	1) NTK：HC6 2) 住友イゲタロイ：マルチドリル サンドビック：デルタドリル	1) NTK SP4, EC1 2) 三菱金属 スーパーダイヤミル	1) NTK GTバイト 2) 京セラ カットグリップ 3) 三菱金属 F515材	1) 住友電工 スミダイヤ DC46 三菱金属	1) サンドビック CC670 ヘルテル MC5 ダイジェット CA200	1) NTK SP3 2) NTK C50 日立ツール CH550	
導入状況および改善, 開発状況	1) 小型 C/B ミーリングにボーリング工程にCBN, Si3N4 導入 中型 C/H バルブガイド穴CBNリーマ実用化	1) 中型 C/B 前後面 (荒) ML工程に SP4, EC1採用	1) 小型 C/B FMS前後面にスーパーダイヤミル採用	1) Hsg フェールポンプ中グリ工程にDiaコートカッタ 2) 小型 Cm/S 外径旋削カットグリップ採用 3) 小型 C/B ミーリング工程 F515 チップ採用	1) F/W 旋削工程にウイスカーチップ採用 オーストリアデロリット製砥石実用化	1) ギヤのキーグローチ工程に磁気ノズル導入 2) Cn/R両側面ミーリング CH550採用	
新技術導入による効果	1) 小型 C/B 前後面 (土) ML加工能率向上 CBN/WC＝4.2倍 2) 小型 C/B ライナー穴 仕上げ中グリ加工能率向上 Si3N4/WC＝2.6倍	1) 中型 C/B 前後面 (荒) ML工程加工能率向上 SP4, EC1/WC コート＝1.7倍	1) 小型 C/B 前後面 (荒) ML工程加工能率向上 SPダイヤミル/モジュール＝1.4倍	1) 小型 H/F/W ブロック取付面 ML 加工能率向上 (土) F515/K10＝1.3倍 F515/K10＝1.5倍	1) 小型 Cr/SCPG.CRG 砥石のコストダウン △20百万円/年	1) 小型 Cn/R両側面 ML工程工具寿命向上 CH550/コート＝1.3倍 中大型 F/W外径 (荒) 工具寿命向上 SP4/SP4＝2倍	

表 5.17　切削工具に関する新技術の情報とラインへの導入状況(4)

	H2年 (1990年)	H3年 (1991年)	H4年 (1992年)	H5年 (1993年)	H6年 (1994年)	H7年 (1995年)	H8年
業界の開発および販売状況	バイトホルダーに制振鋼板を応用 / SG砥石実用化(SEEDED GRAIN) / 電着リーマ / サーメット、セラミックにPVDコート化	FC用高剛性ドリルの開発 / CBNチップのサイズダウン化 / 切りくず吸引ミーリングカッタ	ピンミラーチップのコーティング改良 / 高能率加工用エンドミルの開発	円弧対応 / 高圧ジェットクーラント / 微細ショット粒による刃先処理	FC用CBNミーリング材の改良 / 多機能工具の拡大	コーティングチップ材種の統合化 / 超硬ホブ	SG砥粒の改良 靭性向上
開発の目的	1) 切削中の振動を吸収し加工の安定化 2) Rダレの防止 3) 長寿命化、品質の向上 4) 耐摩耗性向上	1) 長寿命化と切りくず排出性の向上 2) 作業環境の改善	1) 住電イゲタロイ K123Y3 三菱マテリアル F620	1) 気化熱で冷却して工具寿命向上 2) 耐摩耗性を上げ工具寿命向上	1) 耐欠損性の向上	1) 統合化による管理工数の低減 2) 高速切削化	
上記技術の具体例	1) 東京ダイヤ 2) クレノートン：SG砥石ノリツ：CX砥石 3) コマツ製電着リーマ 4) イゲタロイ：T12Z,T110Zタンガロイ：LX11	1) イゲタロイ：G型マルチ 2) イゲタロイ：ワンリースチップ 3) 三菱マテリアル：Q ingカッタ	1) 6D95Cr/Sインターナルミラー 工具寿命向上 K123Y3/P30コート = 2倍	1) ラドンガン 2) WPC処理	1) 住電イゲタロイ：IZ201 2) イスカル：ヘリグリップ他	1) 住電イゲタロイ AC2000 東芝タンガロイ T5010 2) 超硬ぶつ切りホブ	
導入状況および改善、開発状況	1) シェービングカッタ再研削 SG砥石採用 2) 歯車内径旋削工程にLX11を採用	1) 中型C/B前後面他の穴あけ工程にG型マルチドリルを採用				1) 中型F/W内径、端面荒加工にT5010採用 シュー工程にAC2000を採用 新型電着リーマ(セオリーマ)ライン導入	
新技術導入による効果	1) SVカッタ再研削底寿命向上 5SG/32A = 6倍	1) G型マルチドリル採用による効果 ①工具寿命　　2倍 ②加工能率　　2倍 ③工具費低減 2百万円/年		1) ホブカッタ、フォームドカッタ 再研削コート化 △0.7百万円/年 2) 輸入工具の単価低減 △1.7百万円/年 3) コート専門メーカーへコーティング 拡大 △1.2百万円/年 4) チップ種類の統一C→W型化 △0.8百万円/年	新型電着リーマ開発(セオリーマ)	1) 中型F/W内径、端面T5010で 工具寿命向上 2倍 2) シュー旋削工程T5010 加工能率向上 1.5倍 工具寿命向上 2倍 3) 中型C/Hバリレアガイド穴コート化 セオリーマ 他 工具寿命向上 セオリーマ/WCリーマ = 12.5倍	
	配送点管理システム構築			工具自動販売機システム構築		作業管理状況構築	

表 5.18　切削工具に関する新技術の情報とラインへの導入状況(5)

	H8年(1996年)	H9年(1997年)	H10年(1998年)	H11年(1999年)	H12年(2000年)	H13年(2001年)	H14年
業界の開発および販売状況	SG砥石の改良 靱性向上／金属間被膜処理／多機能工具の開発	冷風装置開発／MQL装置開発	MQL装置改良／超硬ドリルの機能向上	裏面取り機能付ドリルの開発／超靱性サーメットの開発	高靱性砥粒の開発／低侵入微結晶セラミック砥石の開発		
開発の目的	1) 高靱性化研削能力向上 2) 潤滑性の向上による工具寿命向上 3) 工具種類の統合化	1) 研削のドライ加工化 2) ISO14000対応としての切削油廃止、ミストと加工 3) 高硬度・耐欠損性の向上	1) 水溶性、油性の共用化 2) 鋼の穴あけ加工の切削性能向上	1) 工具の複合化 2) フライス加工の欠損防止	1) 研削の高能率化 2) ドレスインターバルの延長		
上記技術の具体例	1) ノルトン: TG砥石 2) ボーリング処理 3) トルネード, タイフーン ツール (ファメタル, OSG)	1) 前川製作所: マイコムCAG 2) フジBC: ブルーべ 3) クールテック: ラドンガン 4) クロダ: エコブースター 5) 日立ツール: GM20	1) クールテック: ツールミスト 2) 東芝タンガロイ: 穴モンリース	1) 三菱マテリアル: NPドリル+面取 2) 三菱マテリアル: NX4545	1) クレノートン: 80A砥粒 2) ノリタケ: LOWCX砥石		
導入状況および改善、開発状況	1) V型Cr/SCPG工程にTG砥石採用／音診器による非破壊検査器開発／荒仕上複合カッタ	1) Cm/S KML, MLD工程ブルーべ導入／自動調整式ボーリングバーの開発		トライアングルカッタ補助マン(ドリル, バイト)	レコード溝砥石	防振カッタ	
新技術導入による効果	1) TG砥石採用により ①加工能率 1.3倍 ②ドレス量 半減 工具倉庫システム構築	1) MQL装置導入による切削油の廃止					

◇第6章◆

演習問題

演習問題(1)

演習(1-1)切削条件向上方策

```
被削材　S45C　　　　　　　硬度　　　HB180
加工径　φ10　　　　　　　加工長　　30mm　　加工形状 貫通
ドリル寸法　φ10 × 60 × 120　材質　　　SKH51
切削条件　回転数　S = 635min⁻¹　切削送り　f = 0.15mm/rev
切削時間を30％短縮したい場合の一般的改善方策は
その時，工具への影響(寿命等)はあるか，あるとしたら，その対策は
```

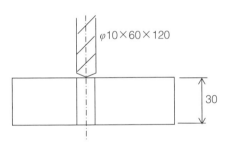

239

演習(1-2)理論面粗さの算出

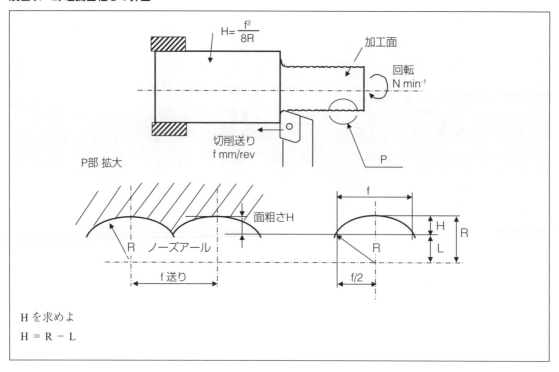

Hを求めよ
H = R − L

演習(1-2)理論面粗さの算出-2

1) 内径 φ70 の穴を次の条件で加工する時の理論面粗さを求めよ.
   V = 120m/min
   F = 80mm/min
   チップのノーズ r = 0.4mm

2) 穴径 φ120 の仕上げ中グリ工程にて，面粗さ 12μm を確保したい．送り(F)はいくらがよいか．ただし，実際の面粗さは理論面粗さの2倍となると仮定する．
   V = 80m/min
   チップのノーズ r = 0.4mm

演習問題(2)工具寿命方程式の算出

演習(2-1)

切削速度 V = 150m/min で加工したとき工具寿命が 25 分で V = 250m/min では 10 分の寿命であった
  1. このときの工具寿命方程式を求めよ
  2. この方程式の範囲で切削速度を V = 350m/min にしたときの寿命はいくらか

工具寿命 T min

切削速度　V　m/min

演習(2-2)

1. 与条件

被削材 S45C	加工データ	データ1	データ2
外径切削	切削速度 Vm/min	120	200
外径 Dmm　100	切削送り fmm/rev	0.2	0.2
切削長 Lmm　150	切込 dmm	3	3
	寿命 N 個/edge	136	48

2. 問題

寿命方程式を求めよ

(縦軸: 工具寿命 T, 横軸: 切削速度 V, 両対数グラフ 10〜1000)

演習(2-3)

加工箇所	外径
加工径	65mm
切削長	80mm
切削送り	0.25mm/rev

V (m/min)	寿命（個）
80	150
90	125
94	120
151	85
151	90
151	90
159	80
159	75
163	75
180	65
180	70
180	65
200	60
245	50
255	47

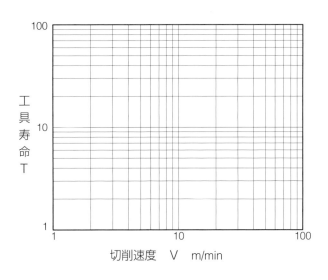

演習(2-4)

(1) 与条件

被削材 S45C	加工データ	データ1	データ2
穴あけ	切削速度 Vm/min	25	10
ドリル径 Dmm　10	切削送り fmm/rev	0.15	0.15
加工長 lmm　30	寿命 N 穴/reg	160	300
	寿命長 Lm/reg　1×N/1000	4.8	9.0

(2) 問題

　　寿命方程式を求めよ

縦軸：工具寿命 L（1〜100）
横軸：切削速度 V（1〜100）

演習(2-5)工具寿命予測

中グリ工程で加工したところ，切削速度 V が 100m/min の時，60 個の寿命であった．
これを加工能率向上のため，150m/min で加工するように，変更した．
この時，工具寿命はいくらになるか．
ただし，過去のデータから，130m/min で加工した場合，30 個の寿命であったことが判った．
尚，条件と形状は次による．

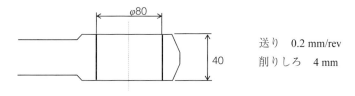

送り　0.2 mm/rev
削りしろ　4 mm

演習問題(2-6)

ある工程の寿命が　$VT^{0.5} = 1500$ に近いことが判った．
工具寿命を 100 個以上もたせるには，回転数をいくらにしたらよいか．

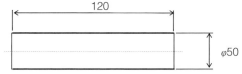

加工箇所：外径

送り　60mm/min

削りしろ 5mm

5. 演習（1/2）

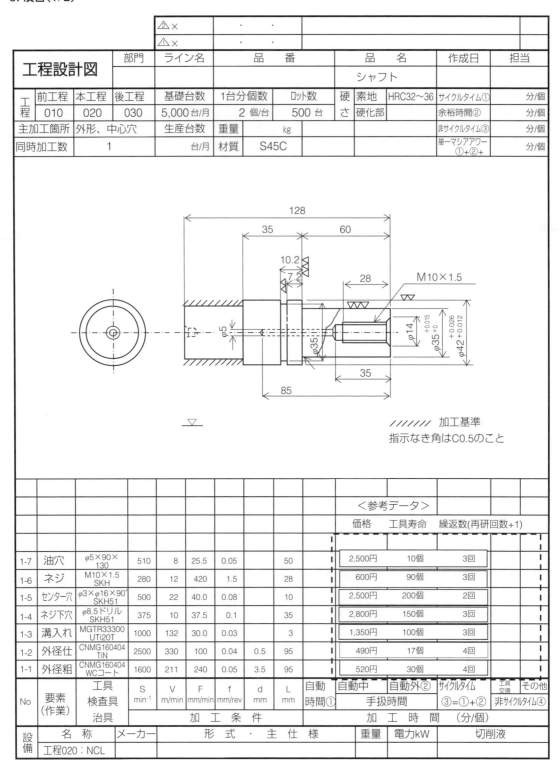

指示なき角はC0.5のこと

No	要素 (作業)	工具 検査具 治具	S min⁻¹	V m/min	F mm/min	f mm/rev	d mm	L mm	自動 時間①	自動中	自動外② 手扱時間	サイクルタイム ③=①+②	工具 交換	その他 非サイクルタイム④
1-7	油穴	φ5×90×130	510	8	25.5	0.05		50		2,500円	10個	3回		
1-6	ネジ	M10×1.5 SKH	280	12	420	1.5		28		600円	90個	3回		
1-5	センター穴	φ3×φ16×90° SKH51	500	22	40.0	0.08		10		2,500円	200個	2回		
1-4	ネジ下穴	φ8.5ドリル SKH51	375	10	37.5	0.1		35		2,800円	150個	3回		
1-3	溝入れ	MGTR33300 UTi20T	1000	132	30.0	0.03		3		1,350円	100個	3回		
1-2	外径仕	CNMG160404 TiN	2500	330	100	0.04	0.5	95		490円	17個	4回		
1-1	外径粗	CNMG160404 WCコート	1600	211	240	0.05	3.5	95		520円	30個	4回		

加工条件　　　　　加工時間（分/個）

設備	名称	メーカー	形式・主仕様	重量	電力kW	切削液
	工程020：NCL					

5. 演習(2/2)

工程設計図		部門	ライン名	品　番	品　名	作成日	担当
					シャフト		

工程	前工程	本工程	後工程	基礎台数	1台分個数	ロット数	硬さ	素地	HRC32〜36	サイクルタイム①		分/個
	020	030	040	5,000 台/月	2 個/台	500 台		硬化部		余裕時間②		分/個
主加工箇所		外形穴		生産台数		重量		kg		非サイクルタイム③		分/個
同時加工数		1			台/月	材質	S45C			単マシアワー ①+②+		分/個

断面A-A

P部詳細

////// 加工基準
指示なき角は C0.5 のこと

											〈参考データ〉			
											価格	工具寿命	繰返数(再研回数+1)	
2-6	ザグリ	φ6エンドミル SKH51	800	15	80	0.1		3			5,200円	60個	1回	
2-5	外周穴	φ2.5ドリル SKH51	1000	8	30	0.03		10			800円	10個	1回	
2-4	外周穴	φ4ドリル SKH51	1000	13	50	0.05		6×4			1,200円	10個	2回	
2-3	リーマ	φ8.5ドリル SKH51	740	20	59.2	0.08	0.3	42			4,800円	60個	3回	
2-2	リーマ下穴	φ8.2ドリル SKH51	1000	20	100	0.1		42			2,200円	50個	3回	
2-1	キー溝	φ6.5エンドミル SKH51	580	12	17.4	0.03	3	30			6,900円	100個	3回	
No	要素作業	工具 検査具 治具	S min⁻¹	V m/min	F mm/min	f mm/rev	d mm	L mm	自動時間①	自動中 手扱時間	自動外②	サイクルタイム ③=①+② 非サイクルタイム④	工具交換	その他
				加工条件						加工時間（分/個）				
設備	名称		メーカー		形式・主仕様				重量	電力kW		切削液		
	工程No2：VMC													

部品工程工具表

品番		課長	係長	担当
品名				
設備	工程			
被削材	硬度			

工程			使用工具								切削条件						寿命
NO	加工箇所	品名	図番	仕様	勝手刃数	コード① 数/SET	メーカー	材質	②工具価額	③=①*② セット価額	④工具寿命	⑤研削数	⑥=③/④*⑤ 原単位	工具交換数 ⑦=工数①/④	S min⁻¹	V m/min	F mm/min	f1 mm/rev	f2 mm/刃	d mm	切削長	切削時間 min	寿命時間 min

合計 0.00

備考

演習(1-1)解答例

与条件ドリル $\phi 10 \times 60$ 溝長 $\times 120$ 全長

　　回転数：$S = 635 \text{min}^{-1}$

　　送　り：$f = 0.15 \text{mm/rev}$

　　加工長：$L = 30 \text{mm}$

　　切削速度 $V = \pi \times D \times S/1000 = 3.14 \times 10 \times 635/1000 ≒ 19.9 \text{m/min}$

　　送り $F = S \times f = 635 \times 0.15 = 95.25 \text{mm/min}$

　　切削時間 $t = L/F = 30/95.25 ≒ 0.315$ 分/穴

〈改善目標〉

　切削時間を30%短縮

　$t' = (1-0.3) \times t = 0.7 \times 0.315 ≒ 0.22$ 分/穴

〈改善案〉

　改善の基本 $V \times f$ の向上

(1) 切削速度 V 一定で，送り f を向上

　$F' = L/t' = 30/0.22 ≒ 136.36 \text{mm/min}$

　$f = F'/S = 136.36/635 ≒ 0.22 \text{mm/rev}$

　　解答：送り $f = 0.15 \rightarrow 0.22 \text{mm/rev}$

〔課題〕

送りをアップさせることでスラストが増加する→破損しないか？

〈検討〉

　スラスト：T

　$T = 0.771 \times HB \times f^{0.8} \times D^{0.8} + 0.0022 \times HB \times D^2$

　$T(f0.15) = 0.771 \times 180 \times 0.15^{0.8} \times 10^{0.8} + 0.0022 \times 180 \times 10^2 = 231.6 \text{kg}$

　$T(f0.22) = 0.771 \times 180 \times 0.22^{0.8} \times 10^{0.8} + 0.0022 \times 180 \times 10^2 = 300.4 \text{kg}$

　トルク比

　　$T(f0.15) > 300.4/231.6 ≒ 1.2971 T(0.22)$ （約30%トルクが増加する）

〔対策〕

　ドリルの強度を約30%増加させる必要がある

座屈荷重

$\pi \times E \times I/L^2$

　$\pi \times E \times I/L'^2 > \pi \times E \times I/L^2 \times 1.297$

　$L'^2 < L^2/1.297$

　$L'^2 < 0.771 \times L^2$

　$\therefore L' = 0.878 \times L$

つまりドリルの突出し長さを12.2%以上短くする必要がある．

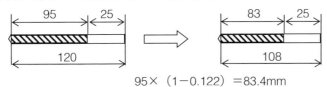

$95 \times (1-0.122) = 83.4 \text{mm}$

(2) 送り f 一定で，切削速度 V を向上

F' = L/t' = 30/0.22 = 136.35mm/min

S = F'/f = 136.36/0.15 = 909rpm

∴ V = π × D × S/1000 = 3.14 × 10 × 909/1000 ≒ 28.5m/min

解答：切削速度 V = 19.9 → 28.5m/min

〔課題〕

切削速度をアップさせることで，ドリル寿命が低下

〈検討〉

　寿命方程式 VL^0.63 = 55 にて，寿命比較

　V = 19.9

　　19.9 × L^0.63 = 55

　L = (55/19.9)^1/0.63 = 2.7638^1.5873 = 5.02m

　　5.02 × 1000/30 ≒ 167 穴

　V = 28.5

　　28.5 × L^0.63 = 55

　L = (55/28.59)^1/0.63 = 1.9298^1.5873 = 2.84m

　　2.84 × 1000/30 ≒ 95 穴（43% の寿命ダウン）

〔対策〕

　ドリル材料の耐摩耗性向上

　1. SKH51 → SKH55 → WC

　2. コーティング（TiN, TiAlN）

　注意）WC 化の場合

　　1. ミーリングチャックを使用

　　2. スラスト受けをセット

(3) 切削速度 V と送り f を共に向上

	V	S	f	V × f	
現状	19.9	635	0.15	2.985	
目標	19.9	635	0.22	4.378	── 対策 (1)
	21	669	0.21	4.378	
	22	701	0.20	4.378	── 対策 (3)
	23	732	0.19	4.378	
	24	764	0.18	4.378	
	25	796	0.18	4.378	
	28.5	908	0.15	4.378	── 対策 (2)

〈検討〉

一般的切削条件

V = 2~3 × D → V = 20~30m/min

f = 0.02 × D → f = 0.2mm/rev

V ≡ 22f = 0.2

VL^0.63 = 55　22 × L0.63 = 55　L = (55/22)^1/0.63 = 4.28m

4.28 × 1000/30 = 143 穴（約15%寿命ダウン）

総まとめ

対策

1. 材質 SKH51 → SKH55 → WC
2. コート化 TiN, TiAlN
3. 形状変更
   ①スタブ化　　　③心厚増 1.2mm → 2.0mm
   ②オイルホール化　④溝幅比 1.2 → 1.3

演習(1-2)解答

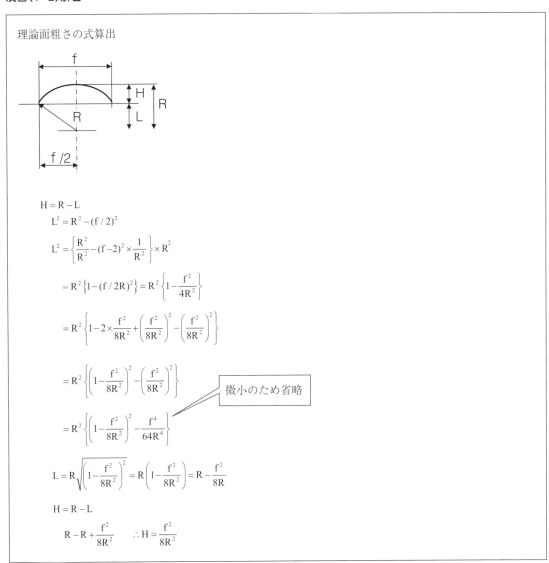

理論面粗さの式算出

$H = R - L$

$L^2 = R^2 - (f/2)^2$

$L^2 = \left\{ \dfrac{R^2}{R^2} - (f-2)^2 \times \dfrac{1}{R^2} \right\} \times R^2$

$\quad = R^2 \left\{ 1 - (f/2R)^2 \right\} = R^2 \left\{ 1 - \dfrac{f^2}{4R^2} \right\}$

$\quad = R^2 \left\{ 1 - 2 \times \dfrac{f^2}{8R^2} + \left(\dfrac{f^2}{8R^2}\right)^2 - \left(\dfrac{f^2}{8R^2}\right)^2 \right\}$

$\quad = R^2 \left\{ \left(1 - \dfrac{f^2}{8R^2}\right)^2 - \left(\dfrac{f^2}{8R^2}\right)^2 \right\}$

（微小のため省略）

$\quad = R^2 \left\{ \left(1 - \dfrac{f^2}{8R^2}\right)^2 - \dfrac{f^4}{64R^4} \right\}$

$L = R\sqrt{\left(1 - \dfrac{f^2}{8R^2}\right)^2} = R\left(1 - \dfrac{f^2}{8R^2}\right) = R - \dfrac{f^2}{8R}$

$H = R - L$

$R - R + \dfrac{f^2}{8R^2} \quad \therefore H = \dfrac{f^2}{8R^2}$

演習(1-2)-2 解答例

1) 理論面粗さ：Hth

$Hth = f^2/8r$
$= f^2/(8 \times 0.4) = f^2/3.2$

$f = F/S = 80/S$

$S = 1000 \times V/(\pi \times D) = 1000 \times 120/(3.14 \times 70) = 546 min^{-1}$

∴ $f = 80/546 = 0.1465 mm/rev$

∴ $Hth = 0.1465^2/3.2 = 0.0067 mm \rightarrow 7\mu$

解答：7S

2) 実際の面粗さ：$H = 2 \times Hth \leq 0.012$

∴ $Hth = 0.012/2 = 0.006$

$Hth = f^2/8r = f^2/(8 \times 0.4) = 0.006$

∴ $f^2 = 0.006 \times 3.2 = 0.0192$

$f = 0.0192^{0.5} = 0.13856 mm/rev$

$S = 1000 \times V/(\pi \times D) = 1000 \times 80/(3.14 \times 120) ≒ 212 min^{-1}$

∴ $F = f \times S = 0.13856 \times 212 = 29.37 mm/min$

解答：F = 29.4mm/min

演習(2-1)

工具寿命方程式

$VT^n = C$

$150 \times 25^n = C$ $150 \times 25^n = 250 \times 10^n$

$250 \times 10^n = C$ $(25/10)^n = 250/150$

                   $2.5^n = 1.67$

$n \times lpg 2.5 = log 1.67$

$n = log 1.67/log 2.5 = 0.222716/0.39794 ≒ 0.56$

$150 \times 25^{0.56} = C$

∴ $C = 150 \times 6.07 = 910.5$

解答：$VT^{0.56} = 910.5$

V = 350 の時の寿命は

$350 \times T^{0.56} = 910.5$

$T^{0.56} = 910.5/350$ $T = (910.5/350)^{1/0.56}$

$T = 2.601^{1.7857}$

$T = 5.5 min$

解答：5.5 分

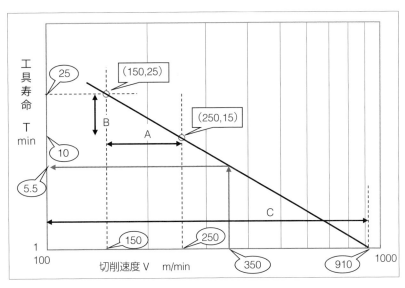

n = A/B
n =（log250 − log150）/（log25 − log10）
n =（2.39794 − 2.17609）/（1.39794 − 1）= 0.22185/0.39794 = 0.557 ≒ 0.56
∴ VT^0.56 = 910

演習（2-2）

S = 1000 × V/π × D
　　S1 = 1000 × 120/（3.14 × 100）= 382min⁻¹
　　S2 = 1000 × 200/（3.14 × 100）= 637min⁻¹
F = S × f
　　F1 = 382 × 0.2 = 76.4mm/min
　　F2 = 637 × 0.2 = 127.4
t = L/F
　　t1 = 150/76.4 = 1.963min
　　t2 = 150/127.4 = 1.177
T = t × N
　　T1 = 1.963 × 136 ≒ 267min
　　T2 = 1.177 × 48 = 56.5

VT^n = C
　120 × 267^n = C
　200 × 56.5^n = C
　120 × 267^n = 200 × 56.5^n
　（267/56.5）^n = 200/120
　4.72566^n = 1.66667
　n = log1.66667/log1.72566 = 0.22185/0.67446 ≒ 0.33
　C = 120 × 267^0.33 ≒ 758

V	120	200	予条件
f	0.2	0.2	〃
d	3	3	〃
N	136	48	〃
S	382	637	計算
F	76.4	127.4	〃
L	150	150	〃
t	1.963	1.177	〃
T	267	56.5	〃

　　解答：VT^0.33 = 758

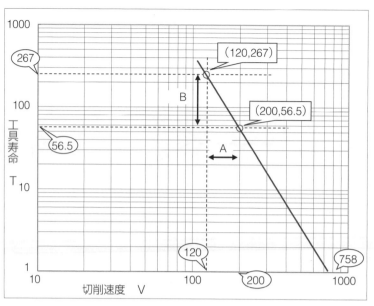

グラフからの算出

n = A/B

n = (log200-log120) / (log267-log56.5)

n = (2.30103-2.07918) / (2.42651-1.75205) = 0.22185/0.67446 = 0.329 ≒ 0.33

∴ VT^0.33 = 758

演習(2-3)

加工箇所	外径	加工径 D = 65mm	切削長 L = 80mm	切削送り f = 0.25mm/rev		
V 速度 (m/min)	N 寿命（個）	S = 1000 V / πD	F = f × S	t = L / F	T = t × N	
80	150	392	98	0.82	122	
90	125	441	110	0.73	91	
94	120	461	115	0.69	83	
151	85	740	185	0.43	37	
151	90	740	185	0.43	39	
151	90	740	185	0.43	39	
159	80	779	195	0.41	33	
159	75	779	195	0.41	31	
163	75	799	200	0.40	30	
180	65	882	220	0.36	24	
180	70	882	220	0.36	25	
180	65	882	220	0.36	24	
200	60	980	245	0.33	20	← 二つのデータを選ぶ
245	50	1200	300	0.27	13	
255	47	1249	312	0.26	12	

$VT^n = C$ $80 \times 122^n = 200 \times 20^n$ $(122/20)^n = 200/80$

$6.1^n = 2.5$

$n \times \log 6.1 = \log 2.5$

$n = \log 2.5 / \log 6.1$

$n = \log 2.5 / \log 6.1$

$n = 0.3979 / 0.7853$

$n ≒ 0.51$

$C = 80 \times 122^{0.51} = 927$

解答：　**$VT^{0.51} = 927$**

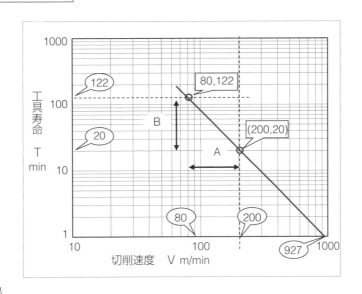

グラフからの算出

$n = A/B$

$n = (\log 200 - \log 80) / (\log 122 - \log 20)$

$n = (2.30103 - 1.90309) / (2.08636 - 1.30103) = 0.39794 / 0.78533 = 0.5067 ≒ 0.51$

∴ $VT^{0.51} = 927$

演習(2-4)

V		25	10
f		0.15	0.15
N		160	300
L	$1 \times N/1000$	4.8	9.0

$VL^n = C$

　$25 \times 4.8^n = C$

　$10 \times 9^n = C$

　$25 \times 4.8^n = 10 \times 9^n$

　$1.875^n = 2.5$

　$n \times \log 1.875 = \log 2.5$

　$n = \log 2.5 / \log 1.875 = 0.39794 / 0.273 ≒ 1.46$

　$C = 25 \times 4.8^{1.46} = 246.9$

解答: VL^1.46=246.9

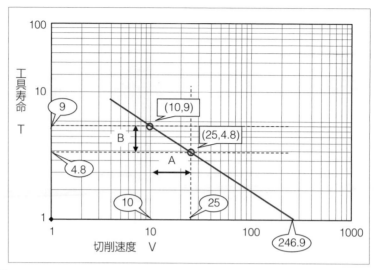

グラフからの算出

n = A/B

n =(log25 − log10)/(log9 − log4.8)

n =(1.39794 − 1)/(0.95424 − 0.68124)= 0.39794/0.273 = 1.45765 ≒ 1.46

VT^1.46 = 246.9

演習(2-5)

D = 80　　f = 0.2　　L = 40

V	N	S = 1000 V / πD	F = f × S	t = L / F	T = t × N
100	60	398	79.6	0.502	30.1
130	30	518	103.5	0.386	11.6
150		597	119.4	0.335	5.9

VT^n = C

100 × 30.1^n = 130 × 11.6^n

(30.1/11.6)^n = 130/100

n = log1.3/log2.595 = 0.1139/0.4141 = 0.275

C = 100 × 30.1^0.275 ≒ 255

VT^0.275 = 255

150 × T^0.275 = 255

T =(255/150)^1/0.275

T = 1.7^3.36 ≒ 5.9min

N = T/t = 5・9/0.335 ≒ 18 個

解答：18 個

演習(2-6)

$VT^{0.5} = 1500$

$t = L/F = 120/60 = 2\text{min}/個$

$N > 100$

$T = N × t = 100 × 2 = 200\text{min}$

$V × 200^{0.5} = 1500 \quad V × 14.142 = 1500$

$V = 1500/14.142 ≒ 106\text{m/mnin}$

$S = 1000V/πD = 1000 × 106/(3.14 × 50)$

∴ $S = 675\text{min}^{-1}$

解答：**675min^{-1}**

パソコンを用いた計算例

演習(1-2)-2　解答例

1)

	A	B	C	D	E	F	G	H	I
	加工径	切削速度	送り	ノーズR		回転数	送り	理論粗さ	
1	D	V	F	R		S	f	Hth	
2	70	120	80	0.4		546	0.147	0.0067	
3									
4									
5									
6									
7									
8									
9									
10									
11									
12									

F3: =1000*B3／(3.14*A3)
G3: =C3／F3
H3: =G3^2／(8*D3)

2)

	A	B	C	D	E	F	G	H	I
	加工径	切削速度	ノーズR	実際粗さ	理論粗さ	回転数	送り		送り
1	D	V	R	H	Hth	S	f		F
2	120	80	0.4	0.012	0.006	212	0.139		29.4
3									
4									
5									
6									
7									
8									
9									
10									
11									
12									

E3: =D3／2
F3: =1000*B3／(3.14*A3)
G3: =(E3*8*C3)^0.5
I3: =F3*D3

演習(2-1)

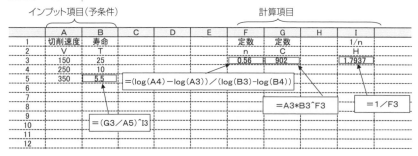

演習(2-2)

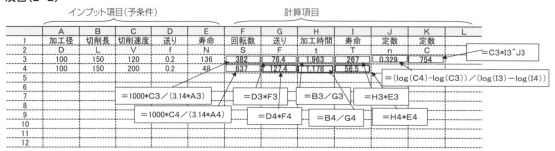

演習(2-3)

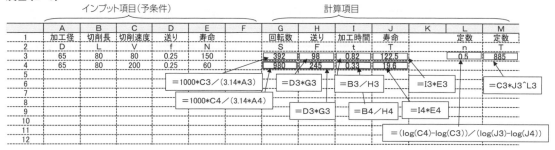

演習(2-4)

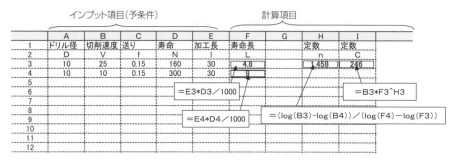

◆工具技術者の実践語録 23 ◆

（1）刃先を知って加工を知れ

（2）振動は工具の天敵である

（3）よい工具は生産性を上げる良薬である

（4）正しく使わないとよい工具も鳴く

（5）工具の善し悪しが品質を決める

（6）刃先を拡大して見ることことから改善が始まる

（7）工具が仕事をして機械が仕事の能率を決める

（8）NC加工機は工具をうまく使う道具である

（9）再研削技術が生産性と品質のバラツキを決める

（10）再研削に熱を上げ過ぎると，工具は病気になる

（11）刃先の異常な損傷は病気の表情であり，放っておくと大変なことになる

（12）不良をつくった犯人(原因)の証拠は，工具に残されている

（13）刃先の状態と削った品物を結婚(照合)させると改善策が生まれる

（14）工具メーカーのいうことは鵜呑みにするな，まず自分で刃先を見よ

（15）工具は使う技術だけではダメ，理論を知り，イノベーションにも貢献しろ

（16）工具が品質とコストを決める重要なキー技術である

（17）工具技術なくして，生産技術なし

（18）工具技術なくして，加工技術なし

（19）工具は技術のブローカになるな，技術のメーカーになれ

（20）工具技術のレベルが，その企業の生産性のレベルを決める

（21）工具技術は，工場の土台である。

（22）工具技術が軟弱であると，つくる部品はひよわなものとなる

（23）工具技術は，製品の母である

あとがき

　筆者が「工具学」を企画した動機は，ユーザーの工具担当者は立派な加工技術を持ち，加工に関してはメジャー中のメジャーであるにも関わらず，マイナーな世界に甘んじている現状を打破したいためである．それと同時に，機械工学のなかに切削理論があるが，工具そのものは切削理論のなかでは付帯的な存在であり，現在のモノづくりの技術レベルを大幅に引き上げ，機械加工の技術革新に大きく寄与してきたにもかかわらず，いつまでも影武者的な存在であってはならないと考えたためである．

　したがって，そのような現状から打破して，「工具による加工技術を中心にした工学」という立派なジャンルをつくりあげ，ほかの「○○工学」と肩を並べて独り歩きできることを願い，この本のタイトルを「工具学」とした所以である．

　しかし「工具学」は，まだまだ未熟で未完成であり，筆者が山ほどある米粒をひとつ拾い上げただけに過ぎず，今後は先輩諸氏や学識者に肉付けをしていただき，つぎの世代に伝承して欲しいと願うところである．

　さらに，日本のモノづくりと生産技術レベルを底上げするために，中小の企業を中心として，工具と加工の診断と教育指導を行なう「工具アカデミー」なるものを編成することも必要と考える．

　「工具学」の執筆にあたり，技術的な助言とデータを提供いただいた各メーカー，工具販売店さんに，深く感謝し，厚くお礼を申し上げる．

協力いただいた工具メーカー

(あいうえお順に掲載)

社名	製品名・特徴	問い合わせ先
イスカルジャパン株式会社	イスカル社は独創的な製品を開発・製造する世界第2位の切削工具メーカー。ねじれ刃構造の突切工具ドゥーグリップ，3コーナー使いヘリカル切刃ミーリング工具ヘリIQミル，多様な加工に対応するヘッド交換式エンドミルのマルチマスター，簡単迅速にヘッド交換可能な穴あけ工具スモウカム等，多彩な工具をレパートリー。	〒560-0082 大阪府豊中市新千里東町1-5-3 千里朝日阪急ビル15F TEL：06-6835-5471 FAX：06-6835-5472 URL：http://www.iscar.co.jp/

社名	製品名・特徴	問い合わせ先
テグテックジャパン株式会社	テグテックジャパンは，2016年に創業100周年を迎える韓国最大手の切削工具メーカー，テグテック社の優れた製品を日本市場に供給。コスト削減，品質の向上と共に，優れた生産性を実現する工具シリーズを数多くレパートリー。高品質で信頼性の高い製品の提供により，日本を始め世界各国に拠点を拡げ，事業を拡大中。	〒560-0082 大阪府豊中市新千里東町1-5-3 千里朝日阪急ビル15F TEL：06-6835-7731 FAX：06-6835-7732 URL：http://www.taegutec.co.jp/

社名	製品名・特徴	問い合わせ先
株式会社 不二越	高精度・高能率加工を提案する超硬アクアドリルEXシリーズと傾斜面座ぐり・偏心穴矯正・薄板加工など広範用途の座ぐり加工が可能なアクアドリルEXフラットシリーズ。ハイスドリルとして最高峰の長寿命を誇るSGドリルシリーズなど。取扱製品は，ドリル，エンドミル，タップ，ブローチ，歯切工具，切断工具	工具事業部 〒930-8511 富山市不二越本町1-1-1 TEL：076-423-5100 FAX：076-493-5221 URL：http://www.nachi-fujikoshi.co.jp/

社名	製品名・特徴	問い合わせ先
三菱マテリアル株式会社 加工事業カンパニー	鋼旋削加工用CVDコーテッド超硬材種「MC6000シリーズ」 鋼加工の安定性に優れる「MC6000シリーズ」 高速領域において，優れた耐熱性・耐摩耗性を発揮する「MC6015」 鋼旋削のスタンダードとして，汎用性のある「MC6025」 断続・中切削領域での優れた耐欠損性を備える「MC6035」 コストダウンの即戦力として幅広い加工領域をカバーします。	〒330-8508 TEL：048-641-4200 FAX：048-641-4159 URL：http://carbide.mmc.com

宮崎　勝実
(みやざき　かつみ)

1943年,群馬県に生まれた.1962年に群馬県立桐生工業高等学校の機械科を卒業.

1965年に小松工業専門学校を卒業.1965年より小松製作所(現在はコマツ)川崎工場に勤務.1970年より小松製作所の小山工場に転勤.1991年に小松製作所でチーフエンジニアに昇格.

一貫して切削工具の研究,開発に従事し,新技術の開発や特許,実用新案などを取得.加工現場において工具の利用技術を主導し,加工技術の向上と切削工具費用の把握に貢献した.定年退職後は,講演や加工技術の改善,指導を行なってきた.

「工具学」
～切削工具の技術,管理の実務的ノウハウ～

©大河出版2016

初版発行・2016(平成28)年6月29日

著者・宮崎　勝実
発行人・金井　實
発行所・株式会社 大(たい)河(が)出版

〒101-0046　東京都千代田区神田多町2-9-6田中ビル
☎(03)3253-6282
Mail:info@taigashuppan.co.jp
FAX(03)3253-6448
振替口座・00120-8-155239
＊
製作・MLS(小幡・しめぎ)
印刷・奥村印刷株式会社
製本・オクムラ製本紙器株式会社
printed in Japan

ISBN978-4-88661-007-2 C3053

☆でか版技能ブックス・シリーズ完結★
① マシニングセンタ活用マニュアル
② エンドミルのすべて
③ 測定機の使い方と測定計算
④ NC旋盤活用マニュアル
⑤ 治具・取付具の作りかた使い方
⑥ 機械図面の描きかた読み方
⑦ 研削盤活用マニュアル
⑧ NC工作機械活用マニュアル
⑨ 切削加工のデータブック
⑩ 穴加工用工具のすべて
⑪ 工具材種の選びかた使い方
⑫ 旋削工具のすべて
⑬ 機械加工のワンポイントレッスン
⑭ よくわかる材料と熱処理Q&A
⑮ マニシングセンタのプログラム入門
⑯ 金型製作の基本とノウハウ
⑰ CAD/CAM/CAE活用ブック
⑱ 難削材&難形状加工のテクニック
⑲ MCのカスタムマクロ入門
⑳ 機械要素部品の機能と使いかた
㉑ MCのマクロプログラム例題集

◇◆入門者向けの「技能ブックス」から進級者向け◇◆

　この本は,2001年に著者が発行した「工具学」(A4版296頁の私家版)に,演習問題を追加した縮刷版である.

・本書に万一,落丁(ページ抜け),乱丁(ページの製本ミス)があった場合には,送料は当社負担で交換いたします.現品を小社宛に送付,願います.

・本書の1部あるいは,全部を無断で複写複製することは,法律で認められた場合を除き,著作権を侵害する犯罪になります.

・定価はカバーに表示しています.

新刊 NCプログラミング入門シリーズ 第1弾 発売中!!

ターニングセンタのNCプログラミング入門

伊藤 勝夫 著

NC旋盤は，X，Zの2つの制御軸で3次元の回転対称形状のワーク削り出す切削加工機だった．ターニングセンタには回転工具機能だけではなく，3軸フライス加工や中心線上の穴あけ加工に回転工具を使用するために，Y軸機能が付加されている．工具が回転するフライス加工に必要な機能は，Y軸機能により使いやすくなり，精度も出しやすい．NCフライス盤からATCマガジンを装備したマシニングセンタに展開したように，NC旋盤から進化したマシンがターニングセンタである．この本ではターニングセンタとして，DMG森精機の「NT3200DCG」を取上げて，NC旋盤からの進化のステップと加工法を解説している．

［主な内容］
第1章：ターニングセンタの構成と機能
第2章：旋削工具と切削条件
第3章：回転工具の種類と切削条件
第4章：座標軸と座標系
第5章：NCプログラミングの基礎
第6章：基本的な移動指令
第7章：刃先R補正
第8章：工具径補正機能
第9章：いろいろな加工法
第10章：旋削加工のねじ切り
第11章：固定サイクル
第12章：NC加工プログラムの作成例
第13章：加工の段取り
参考文献/索引

菊判　210ページ
ISBN978-4-88661-555-8　C3053
定価：本体4000円（税込：4320円）

大河出版
TEL 03-3253-6282　FAX 03-3253-6448
メール：info@taigashuppan.co.jp
〒101-0046 東京都千代田区神田多町2-9-6 田中ビル6階

大河出版・関連図書ガイド

● 金属材料関係図書　　● テクニカブックス　　● でか版技能ブックス

熱処理技術入門 日本熱処理技術協会／日本金属熱処理工業会編 Ａ５判　317ページ	**切削加工のデータブック** ツールエンジニア編集部編 Ｂ５判　156ページ
入門・金属材料の組織と性質 日本熱処理技術協会編 Ａ５判　318ページ	**穴加工用工具のすべて** ツールエンジニア編集部編 Ｂ５判　172ページ
金属組織の現出と試料作製の基本 材料技術教育研究会編 Ａ５判　304ページ	**工具材種の選びかた使い方** ツールエンジニア編集部編 Ｂ５判　156ページ
機械加工のワンポイントレッスン 翁登　茂二・山住　海守共著 Ｂ５判　164ページ	**旋削工具のすべて** ツールエンジニア編集部編 Ｂ５判　164ページ
熱処理108つのポイント 大和久　重雄著 Ｂ５変形判　160ページ	**熱処理ガイドブック** 日本熱処理技術協会編 Ａ５判　266ページ
油圧回路の見かた組み方 佐藤　俊雄著 Ｂ５変形判　192ページ	**形彫・ワイヤ放電加工マニュアル** 向山　芳世監修 Ｂ５変形判　184ページ
工作機械特論 本田　巨範著 菊判　箱入上製本　922ページ	**フライス盤加工マニュアル** 本田　巨範監修 Ｂ５変形判　178ページ
旋盤加工マニュアル 本田　巨範著 Ｂ５変形判　246ページ	**難削材＆難形状加工のテクニック** ツールエンジニア編集部編 Ｂ５判　164ページ
材料力学入門 中山　秀太郎著 Ａ５判　224ページ	**マシニングセンタのプログラム入門** ツールエンジニア編集部編 Ｂ５判　148ページ
エンドミルのすべて ツールエンジニア編集部編 Ｂ５判　156ページ	**よくわかる材料と熱処理Ｑ＆Ａ** 大和久　重雄著 Ｂ５判　164ページ
NC旋盤活用マニュアル ツールエンジニア編集部編 Ｂ５判　158ページ	**測定器の使い方と測定計算** ツールエンジニア編集部編 Ｂ５判　163ページ
治具・取付具の作りかた使い方 ツールエンジニア編集部編 Ｂ５判　164ページ	**測定のテクニック** 技能士の友編集部編 Ｂ５変形判　172ページ
研削盤活用マニュアル ツールエンジニア編集部編 Ｂ５判　163ページ	**機械技術者のためのトライボロジー** 竹内　榮一著 Ａ５判　244ページ